Oracle Mobile Application Framework 开发指南
——构建多平台企业移动应用

[美] Luc Bors 著

熊淑华 徐莹 译

清华大学出版社

北京

Luc Bors
Oracle Mobile Application Framework Developer Guide: Build Multiplatform Enterprise Mobile Apps
EISBN: 978-0-07-183085-0
Copyright © 2015 by McGraw-Hill Education.

All Rights reserved. No part of this publication may be reproduced or transmitted in any form or by any means, electronic or mechanical, including without limitation photocopying, recording, taping, or any database, information or retrieval system, without the prior written permission of the publisher.

This authorized Chinese translation edition is jointly published by McGraw-Hill Education and Tsinghua University Press Limited. This edition is authorized for sale in the People's Republic of China only, excluding Hong Kong, Macao SAR and Taiwan.

Copyright © 2015 by McGraw-Hill Education and Tsinghua University Press Limited.

版权所有。未经出版人事先书面许可，对本出版物的任何部分不得以任何方式或途径复制或传播，包括但不限于复印、录制、录音，或通过任何数据库、信息或可检索的系统。

本授权中文简体字翻译版由麦格劳-希尔(亚洲)教育出版公司和清华大学出版社有限公司合作出版。此版本经授权仅限在中华人民共和国境内(不包括中国香港、澳门特别行政区和中国台湾地区)销售发行。

版权©2015 由麦格劳-希尔(亚洲)教育出版公司与清华大学出版社有限公司所有。

北京市版权局著作权合同登记号　图字：01-2015-1592

本书封面贴有 McGraw-Hill Education 公司防伪标签，无标签者不得销售。
版权所有，侵权必究。侵权举报电话：010-62782989　13701121933

图书在版编目(CIP)数据

Oracle Mobile Application Framework 开发指南——构建多平台企业移动应用 / (美)鲍斯(Bors, L.) 著；熊淑华，徐莹 译. —北京：清华大学出版社，2015
书名原文：Oracle Mobile Application Framework Developer Guide: Build Multiplatform Enterprise Mobile Apps
ISBN 978-7-302-41716-3

Ⅰ. ①O… Ⅱ. ①鲍… ②熊… ③徐… Ⅲ. ①关系数据库系统—程序设计—指南 Ⅳ. ①TP311.138-62

中国版本图书馆 CIP 数据核字(2015)第 239624 号

责任编辑：王　军　于　平
装帧设计：牛艳敏
责任校对：成凤进
责任印制：宋　林

出版发行：清华大学出版社
　　　　网　　址：http://www.tup.com.cn, http://www.wqbook.com
　　　　地　　址：北京清华大学学研大厦 A 座　　邮　编：100084
　　　　社 总 机：010-62770175　　　　　　　　邮　购：010-62786544
　　　　投稿与读者服务：010-62776969，c-service@tup.tsinghua.edu.cn
　　　　质 量 反 馈：010-62772015，zhiliang@tup.tsinghua.edu.cn

印 刷 者：三河市君旺印务有限公司
装 订 者：三河市新茂装订有限公司
经　　销：全国新华书店
开　　本：185mm×260mm　　　印　张：22.5　　　字　数：576 千字
版　　次：2015 年 11 月第 1 版　　印　次：2015 年 11 月第 1 次印刷
印　　数：1~2000
定　　价：59.80 元

产品编号：062762-01

译 者 序

随着智能手机性能的进一步提高,单纯使用 PC 的时代将一去不复返。以手机、平板电脑介质为代表的移动终端应用带来了巨大变革。特别是随着移动应用开发难度的降低和适用人群的增多,越来越多的技术人员投入到了移动应用开发的热潮中,创建的应用大量地进入市场,让手机真正智能起来。为了帮助开发者快速开发移动应用,很多企业组织开发并发布移动开发框架,可以简化移动应用的开发过程,并缩短开发周期。

在 2014 年,Oracle 发布了一个全新的框架 Oracle Mobile Application Framework,简称 MAF。该框架包含一组特定的能力、工具和资源,可支持开发人员基于单一代码库创建多平台的移动应用,并将其投入使用。

本书是针对该框架的权威指南,不仅是一本 *Oracle Mobile Application Framework* 开发的入门教材,同样也适合有一定开发经验的 Oracle MAF 开发者。在本书中,使用大量示例介绍如何使用 Oracle MAF 创建用于 iOS 和 Android 的移动应用。

本书首先指导你配置并熟悉开发环境 JDeveloper,用于创建特定平台的应用。然后在此基础上学习如何使用 MAF 创建 AMX 页面,并了解组件库。TAMCAPP 示例贯穿本书,它包括了几个特性(如会议特性、与会者特性、地图与社交网络等),这些特性几乎覆盖了 Oracle MAF 框架的各个方面，通过示例的学习更易于掌握 Oracle MAF 框架移动应用开发。

本书作者 Luc Bors 是 AMIS 首席顾问，他曾表示："Oracle MAF 将能够帮助我们的顾问为客户加快移动实施的交付。对 Cordova 插件和定制 HTML5 用户界面组件添加扩展的支持，将能进一步扩展能够使用 Oracle MAF 的场景"。

对于这本经典之作，译者在翻译过程中力求再现原书风貌，将原作者要传授的完美再现，但是鉴于译者水平有限，错误和失误在所难免，如有任何意见和建议，请不吝指正。感激不尽！本书全部章节由熊淑华、徐莹翻译，参与翻译的还有蒋太炜、周凡、廖馥璇、刘擎天等。

最后，希望读者通过阅读本书开启移动应用开发的大门！

译者

作者简介

　　Luc Bors 是一名 Oracle ACE，同时也是 AMIS 的 ADF 技术专家。他作为首席顾问和设计师，拥有多年的工作经验。他经常为国际杂志社、网站、AMIS 的技术博客撰写文章，经常主持一些国际会议，如 ODTUG KScope、Oracle OpenWorld 和 UKOUG。2011 年，他在 ODTUG KScope 会议的 Fusion Middleware Track 领域荣获最佳演讲者称号。2012~2014 年期间，Luc 参与移动 Beta 测试项目，并多次在会议上提出 Oracle Mobile Application Framework。

技术编辑简介

　　Joe Huang 是 Oracle 移动平台产品管理团队的一员，专注于为开发者和 Oracle 合作伙伴推广 Oracle 移动应用开发平台。他从事软件开发超过 20 年，并花费 10 年时间专注于研究企业移动。2006年,通过收购Siebel,Joe加入了Oracle,因为他是Siebel平台产品管理团队的一员。在进入Siebel之前,Joe曾供职于CSC(Computer Sciences Corporation),引领各种开发团队提供世界领先企业的创新解决方案。在20世纪90年代,Joe就读于加利福尼亚大学工业工程学院,先后获取学士和硕士学位。他现在居住在旧金山湾区。

审校者简介

Chris Muir 是Oracle公司开发工具的高级首席产品经理,产品包括Oracle JDeveloper、ADF和MAF。他曾经是一名顾问,是Oracle Fusion Middleware方面的专家。2009年,Oracle Magazine为他的开发工作和对用户群做出的努力授予他Oracle ACE Director的称号。

Frank Nimphius 是Oracle移动和应用工具产品管理团队的一位高级首席产品经理。在Oracle供职超过15年,期间Frank专注于Oracle Application Development Framework(ADF)和 Mobile Application Framework (MAF)产品客户支持活动,为内部和外部客户提供技术帮助、培训和文档。在Oracle Magazine上,他经常撰写一些与Oracle ADF和Oracle MAF相关的文章,Oracle以及Oracle相关的一些社区出版了他撰写的很多文章和白皮书。Frank还是 *Oracle Fusion Developer Guide*(McGraw-Hill Education,2010)一书的作者之一。作为Oracle ADF和Oracle MAF的常客,Frank负责运营ADF代码角网站、MAF代码角网站和"OTN Forum Harvest"博客。Frank也是ADF Architecture Square网站的开发者之一,并多次出现在YouTube关于Oracle ADF Architecture和MAF的培训视频上,也参加Oracle Open World会议以及其他用户群活动。回顾过去的这些足迹,Frank非常享受在Oracle社区中参与Oracle ADF和MAF的日子。

致　　谢

　　本书花费了我很多的时间和心血，但如果没有其他人的帮助，这项任务将变得更为艰难。自从我们第一次提出写一本关于 Oracle Mobile Application Framework 方面的书籍，迄今为止已经有两年了。但我仍然忘不了 Chris Muir 问我是否愿意写一本关于 Oracle 移动框架书籍的那一刻。经过几天的考虑后，我才决定开始撰写本书。这期间发生了很多事情。由于第 1 章是回顾过去一年该领域发生的事情，你可以想象在这本书中需要投入的工作量。

　　首先，我要感谢 McGraw-Hill 的团队，Paul Carlstroem 和 Amanda Russell 是我的编辑。他们为了迎合我对本书的规划和我的时间，不得不重新策划本书。

　　当然，我还要感谢 Joe Huang，他是我的技术审查员，他所做的工作非常出色，帮助我解决了所有关于 Oracle Mobile Application Framework 方面的问题。

　　如果没有 Frank Nimphius 和 Chris Muir 的鼎力相助，也不会有这本书。他们对本书中的所有章节都进行了审阅。由于课程在去年变动的地方很多，他们甚至对大部分内容都进行了两次审阅。真的感谢各位对本书做出的努力。

　　我也非常感谢我的雇主 AMIS，他们帮助我回顾各个章节，并提供基础设施和硬件支持。尤其要感谢 Lucas Jellema，他几乎参与了"撰写"本书的所有事情。Lucas 是我的精神导师，总是能够激励我。

当我开始写本书时，我就意识到这是一个十分耗时的工作。这对我的家庭也有影响。首先，我要感谢我的父母，他们总是询问本书的进展，我需要他们的时候他们就会随时出现。感谢他们的支持和理解。

最后，非常感谢我的妻子 Judith，她一直以来都支持我，甚至在我们珍贵的假期我也在写作。没有你的支持和"把这个带上"，我也没法完成本书的创作。同时感谢我的孩子 Olivier 和 Lisanne，他们在周六和周日只能看更多的电视节目，因为我在写作，不能陪他们出去玩耍。

序　言

　　在企业计算的发展史上,有几个转变从根本上改变了我们的工作方式。在 20 世纪 80 年代,出现了个人计算机和基于 IP 的本地网络,实现了客户端-服务器计算。在 20 世纪 90 年代,这些本地网络实现了互联互通,形成了商业互联网和 Web 的雏形。迈入 21 世纪之际,广泛采用面向服务的架构以及简化了复杂系统的互连。

　　我们现在正处于另一个转折点,虽然智能手机和平板电脑已经出现好几年了,但它们现在才开始改变我们的工作方式。现在才是真正的移动计算时代的开始。

　　早期的设备(如苹果公司 1993 发行的 Newton 和 1996 年发行的 Palm Pilots)只是个人数字化助理,没有任何强大的沟通能力,且只有有限的用户界面功能。在 1999 年,黑莓通过网络把智能手机带到了更广阔的市场。然而,直到 2007 年苹果的第一款 iPhone 问世,多点触控界面才把这些设备带入现在的时代,它远不止电子邮件、日历和联系人等有限功能。2010 年,苹果再次创建了一个新的计算类别,那就是引入 iPad。在现代智能手机和平板领域,成千上万的其他设备都跟随 iPhone 和 iPad。

　　这些多点触控设备刚出现时,它们就能够利用大多数企业应用的网络接口。然而,这只是这些设备功能的表面。智能手机和平板电脑除了浏览器外,还有很多重要的内置功能，包括位置意识、惯性传感器、成像能力、音频和其他生物识别技术，这些功能可以集成到应用中，从而改变我们的工作方式。增加连接外围设备的无限可能，这是创造性的思想家潜在的开始。

手机屏幕布局非常有限，需要专业的界面设计。当设备的网络断开时，设备上的应用仍然要能使用。设备上的应用与网络应用相比，可以更好地利用设备和外围功能。出现了一种新的应用。

利用这些设备的功能，我们现在正进入应用设计的时代。作为企业软件的领导者，Oracle 致力于帮助我们的客户充分利用这些可能性。移动计算是一个最具变革性的战略举措。它是真正的未来计算，我们也意识到正处于打开移动计算局面的早期。

然而，希望利用这些可能性的企业面临着许多挑战。设备、操作系统、形式因素以及外围设备的扩散使得很多公司为这些设备提供和维护解决方案变得困难。正如我们许多时候在工业领域看到的那样，工具出现后，简化任务和抽象存在巨大差异。混合开发框架针对移动设备现在是这样做的，Oracle Mobile Application Framework 也同样是这么做的，这毫无疑问是目前最先进的解决方案。

Luc Bors 以独特的定位将 Oracle Mobile Application Framework 开放给开发者。他自 2008 年以来就担任 AMIS 的软件架构师。在世界各地的技术会议上，他不仅是 Oracle ACE，也是一位经常演讲的人。这些年来，他一直指导开发者如何更好地利用最新技术。由于在开发者大会上的精彩发言，他获过很多奖项，并且他是一个在技术方面采用最佳实践的积极倡导者。

在这本书中，你会发现很多实用的知识，帮助读者快速掌握 Oracle Mobile Application Framework 的概念。他将带领读者从基础学起，学习先进的设计理念和技术，构建真正可用的多平台的企业应用。

移动计算的潜力是无限的。打开本书的页面并创建美好的未来。

Bill Pataky
Oracle 移动平台副总裁

前 言

移动开发是许多公司的热门话题之一。使用 Oracle Mobile Application Framework，现在可以基于单一代码库创建多平台的应用。在本书中，你将学习如何使用 Oracle Mobile Application Framework（MAF），并找到许多有用的示例。

在这本书中，你会发现这 18 章内容将指导你学习 MAF 开发原则，教你如何创建用于 iOS 和 Android 的移动应用。

第1章：移动应用开发导论

在介绍 Oracle 的 Mobile Application Framework (MAF)前，该章概述了移动领域，包括设计、设备、平台和技术。

第2章：安装 Oracle JDeveloper 和开发平台

在该章中，你将学习如何配置开发环境，用于创建特定平台的应用。该章并不详细介绍如何准备实际的设备，主要介绍 JDeveloper 配置与相应的 SDK。

第3章：Oracle JDeveloper————用于 Oracle Mobile Application Framework 开发

在开始开发前，请快速浏览 JDeveloper，目的是为了熟悉最重要的窗口、菜单和 IDE(Integrated Development Environment，集成开发环境)的功能。这使你在构建和组织 MAF 的应用时效率更高。该章将介绍 JDeveloper，在这样的开发环境中学习如何找到自己的开发方法。

第4章：创建 AMX 页面

在该章中，你将学习如何使用 MAF 创建 AMX 页面和移动应用的流程。更具体的说，你会了解组件库是框架的一部分，帮助你开发用户组件驱动方式的接口。此外，你将看到如何创建任务，在应用中实现流程。

第5章：绑定和数据控件

绑定层是一个 Oracle MAF 应用最重要的层。它从用户界面中抽象出业务服务实现，使开发人员能够以声明方式使用业务服务。在该章中，你将会学习绑定层的所有概念。

第6章：应用特性

MAF 的应用可以包括多个功能部件，称为特性。在该章中，你将学习如何创建应用特性，以及如何配置访问这些特性的 Springboard 和导航栏。

第7章：使用 Web 服务和本地数据库

MAF 提供多种工作方式用于检索和使用数据。在该章中，你将会学会如何通过调用 Web 服务从应用中获取数据，并学习如何使用设备上的数据库，用于存储数据，以防应用重启。你也将学习属性变更事件和提供者变更事件的概念，可用于应用 UI 对数据变更事件的响应。

第8章：设备交互

你可以通过使用设备交互，真正创建自己的普通桌面应用。通过使用 MAF，你能够接触到设备，并使用服务允许用户获得关于他所在地理位置的上下文信息、拍照、共享和访问联系人、发送电子邮件和短信等。该章将介绍所有与设备交互相关的知识。

第9章：调试并测试 Oracle Mobile Application Framework 应用

调试和测试 MAF 应用是成功开发应用的关键。一个经过彻底测试的应用将带来良好的用户体验。测试和调试过程涉及几个阶段，你将在该章中学习。

第10章：安全性和部署

在构建应用程序时，安全问题一直是一个大问题。在移动背景下，这个问题甚至变得更大。Oracle MAF 为构建安全移动应用提供了巨大的支持。在该章中，你将学习如何实现安全性。

部署到支持的平台也或多或少是一个声明性的过程。你会学习如何为支持的平台配置指定要求。

第 11 章：TAMCAPP 样例应用

该章将介绍示例应用 TAMCAPP，它包括几个特性，这些特性覆盖了你学习 Oracle MAF 框架的各个方面。该章给出了 TAMCAPP 的所有功能。

第 12 章：开发 Springboard

在该章中，你将学习配置 TAMCAPP 应用，以及如何构建自定义的 Springboard，用于这个应用。

第 13 章：创建 Conference Session 特性

在该章中，你将学习如何使用 SQLite 数据库，以及如何与企业同步。除此之外，将使用 MAF 的数据可视化工具，并且将学习如何下载和查看文档。

第 14 章：创建与会者特性

在该章中，你将学习实现用户友好的 UX 模式的一些技术，用于在 Oracle MAF 应用中搜索和导航。除此之外，你还将学习导航编程和绑定层编码。最后，将介绍如何调用手机功能和 Skype，你将学习如何上传图像到服务器数据库中。

第 15 章：开发地图和社交网络

地图告诉你所在的位置。在该章中，将学习如何使用主题地图和地理地图，以更直观的方式显示信息。你也将学习 Google API 和 Twitter API，嵌入到你的 MAF 应用中。

第 16 章：配置安全性和首选项

在移动应用中，安全是非常重要的。Oracle MAF 提供了保护应用和特性的功能。除此之外，还可以使用 Oracle MAF 安全功能有条件地显示和隐藏页面内容，并保护特性，未经授权不能访问。Oracle MAF 还使你能够定义用户的首选项，他们可以自定义应用的外观和行为。

该章将介绍如何保护 TAMCAPP，如何使用首选项配置 TAMCAPP。

第 17 章：实现推送通知

推送通知提供了一种很好的机制，将信息推送到一个 Oracle MAF 应用。TAMCAPP 应用可以响应通知，并基于通知的有效载荷调用用户要求的功能。在该章中，你将学习如何设置 Apple Push Notification Service 和 Google Cloud Messaging Service。

第 18 章：优化 TAMCAPP

本书最后一章介绍一些额外技巧。将介绍应用交互的重要性以及通过使用 URL 模式如何实现这一点。事实上，对于你的应用而言，设备的真正尺寸对应用响应设备尺寸是非常重要的。Oracle MAF 可以实现这些，同时也提供一些布局组件，特别是针对平板的布局。在后台运行的线程也为你的应用注入额外的力量。最后将学习如何自定义组件和 Cordova 插件。

读者对象

本书适合以下读者：
- Oracle MAF 应用的开发人员
- 介绍 Oracle MAF 的技术经理或顾问

本书假定读者没有移动开发的经验知识。你可以在本书中学习到你需要知道的一切。我希望大家喜欢本书！

目　　录

第 I 部分　了解 Oracle Mobile Application Framework

第 1 章　移动应用开发导论·············3
- 1.1 回顾一段短暂的历史···············3
- 1.2 移动设计原则······················5
- 1.3 移动平台···························7
  - 1.3.1 iOS·····························8
  - 1.3.2 Android························8
  - 1.3.3 Windows·····················8
- 1.4 你需要了解的技术有哪些······8
- 1.5 HTML5····························9
  - 1.5.1 CSS3···························9
  - 1.5.2 JSON··························9
  - 1.5.3 Apache Cordova 与 PhoneGap······················9
- 1.6 移动开发面临的挑战···········10
- 1.7 Oracle Mobile Application Framework 简介············11
- 1.8 Mobile Application Framework Runtime Architecture······11
- 1.9 使用 Oracle Mobile Application Framework 进行开发·············13

1.9.1　设计Oracle Mobile Application Framework应用……13
　　1.9.2　开发Oracle Mobile Application Framework 应用……13
　　1.9.3　部署Oracle Mobile Application Framework应用……14
　　1.9.4　应用开发过程中的其他任务……14
　　1.9.5　将Oracle Mobile Application Framework 应用部署到生产环境……14
1.10　小结……15

第2章　安装 Oracle JDeveloper 和开发平台……17
2.1　Android 开发的准备工作……18
　　2.1.1　下载和安装Android API……18
　　2.1.2　Android模拟器……20
　　2.1.3　Android模拟器 Intel HAXM软件……21
2.2　iOS 开发的准备工作……23
　　2.2.1　iOS开发者程序和Apple ID……24
　　2.2.2　应用发布……24
　　2.2.3　下载Xcode……25
　　2.2.4　启动iOS模拟器……26
　　2.2.5　使用iOS模拟器的多个版本……27
2.3　设置 Oracle JDeveloper……28
　　2.3.1　为Android开发设置Oracle JDeveloper……28
　　2.3.2　设置为iOS开发的Oracle JDeveloper……29
2.4　小结……30

第3章　Oracle JDeveloper——用于 Oracle Mobile Application Framework 开发……31
3.1　Oracle JDeveloper 概述……32
3.2　探讨并定制 Oracle JDeveloper IDE……33
　　3.2.1　Oracle JDeveloper中的窗口……34
　　3.2.2　代码编辑器……36
3.3　创建一个 Oracle Mobile Application Framework 应用……38
3.4　Oracle JDeveloper 中的版本控制……41
3.5　小结……42

第4章　创建 AMX 页面……43
4.1　基于组件的开发简介……44
　　4.1.1　Oracle Mobile Application Framework中可用的组件……44
　　4.1.2　更改组件属性……46
4.2　布局组件……48
　　4.2.1　列表视图……49
　　4.2.2　创建自己的列表视图布局……52
　　4.2.3　panelSplitter组件……56
4.3　使用手势……57
　　4.3.1　如何使用手势……58
　　4.3.2　在列表中对列表项重新排序……59
4.4　Oracle Mobile Application Framework 应用的皮肤……59
4.5　Oracle Mobile Application Framework 的数据可视化工具……61
　　4.5.1　创建条形图……61
　　4.5.2　使用Gauge组件……64
　　4.5.3　使用Map组件……64
4.6　Oracle Mobile Application Framework 说明的任务流……67
　　4.6.1　导航……68
　　4.6.2　全球导航……70

4.7	小结 …………………………… 71	6.3.2	远程URL和本地HTML …… 98

第5章 绑定和数据控件 ………………… 73

- 5.1 创建一个简单的数据绑定的 Mobile Application Framework AMX 页面 ……… 75
- 5.2 Model 层中文件的职能 ………… 77
  - 5.2.1 adfm.xml ……………… 77
  - 5.2.2 DataControls.dcx ……… 78
  - 5.2.3 DataBindings.cpx ……… 78
- 5.3 PageDefinition 文件 ……………… 79
  - 5.3.1 可使用的绑定类型 ……… 81
  - 5.3.2 可获得的执行文件是什么 ……………………… 81
- 5.4 数据控件 ………………………… 81
  - 5.4.1 创建Bean数据控件 ……… 82
  - 5.4.2 数据控件概览编辑器 …… 84
- 5.5 不同部分之间如何联系 ………… 84
- 5.6 实现验证 ………………………… 87
- 5.7 Oracle Mobile Application Framework 使用的其他数据控件 ……………………… 91
- 5.8 用编程的方法处理绑定 ………… 91
  - 5.8.1 Getting和Setting绑定属性值 …………………… 92
  - 5.8.2 调用方法 ………………… 92
- 5.9 小结 ……………………………… 92

第6章 应用特性 …………………………… 93

- 6.1 Oracle Mobile Application Framework 特性以及应用配置文件 ……………………… 94
  - 6.1.1 应用配置文件 …………… 94
  - 6.1.2 特性配置文件 …………… 95
- 6.2 定义应用特性 …………………… 95
- 6.3 定义 Oracle Mobile Application Framework 特性的内容 …… 96
  - 6.3.1 Oracle Mobile Application Framework特性的内容 …… 97

- 6.4 如何控制应用特性的显示 ……… 98
- 6.5 使用 springboards 和导航栏 …… 99
- 6.6 springboard 导航 ……………… 101
- 6.7 小结 …………………………… 107

第7章 使用 Web 服务和本地数据库 ……………………… 109

- 7.1 使用 Web 服务 ………………… 109
  - 7.1.1 SOAP-XML与REST-JSON ……………… 110
  - 7.1.2 SOAP-XML服务 ……… 111
  - 7.1.3 REST-XML服务 ……… 112
  - 7.1.4 REST JSON服务 ……… 114
- 7.2 使用本地数据库 ……………… 116
  - 7.2.1 为什么使用SQLite 数据库 ………………… 117
  - 7.2.2 如何使用SQLite数据库 … 118
  - 7.2.3 连接到SQLite数据库 … 118
  - 7.2.4 加密SQLite数据库 …… 119
  - 7.2.5 SQLite的局限 ………… 119
  - 7.2.6 SQLite创建数据库对象 … 121
  - 7.2.7 通过SQLite进行数据选择和操作 …………… 123
- 7.3 属性更改事件的概念 ………… 124
- 7.4 小结 …………………………… 128

第8章 设备交互 …………………………… 129

- 8.1 设备交互的概念 ……………… 130
  - 8.1.1 使用DeviceFeatures 数据控件 ……………… 130
  - 8.1.2 使用Java API ………… 133
  - 8.1.3 使用JavaScript API …… 134
  - 8.1.4 DeviceScope对象 …… 134
- 8.2 实现设备交互 ………………… 135
  - 8.2.1 与联系人列表进行交互 … 136
  - 8.2.2 与摄像头进行交互 …… 137
  - 8.2.3 发送短信 ……………… 139
  - 8.2.4 发送E-mail …………… 139

8.2.5 集成GPS ······················· 140
8.2.6 文件显示 ······················ 141
8.3 实现常用的用例 ····················· 143
　　8.3.1 用例1：用于设备交互：
　　　　　带有照片附件的E-mail ····· 143
　　8.3.2 用例2：跟踪你的
　　　　　日常锻炼 ···················· 145
　　8.3.3 用例3：用于设备交互
　　　　　——创建一个自定义
　　　　　通讯录应用 ·················· 148
8.4 小结 ······························ 152

第9章 调试并测试 Oracle Mobile Application Framework 应用 ··············· 153
9.1 移动应用的测试策略 ··············· 154
9.2 测试Oracle Mobile Application Framework应用 ······················· 155
9.3 调试Oracle Mobile Application Framework应用 ······················· 155
　　9.3.1 配置调试模式 ················ 155
　　9.3.2 启动调试会话 ················ 157
　　9.3.3 使用断点调试Java代码 ······ 158
　　9.3.4 Oracle JDeveloper
　　　　　调试器 ······················ 159
　　9.3.5 调试JavaScript ··············· 160
　　9.3.6 日志 ······················· 163
9.4 小结 ······························ 167

第10章 安全性和部署 ················ 169
10.1 Oracle Mobile Application Framework安全性的概念 ··· 170
　　10.1.1 实现登录 ··················· 170
　　10.1.2 理解认证流程 ··············· 171
10.2 部署Oracle Mobile Application Framework应用 ······················· 183
　　10.2.1 部署配置文件 ················ 183
　　10.2.2 不同平台上的部署 ········· 183
10.3 小结 ····························· 189

第II部分 开发样例应用

第11章 TAMCAPP 样例应用 ········· 193
11.1 数据模型 ··························· 194
　　11.1.1 企业数据模型 ··············· 195
　　11.1.2 设备上的数据模型 ········· 195
11.2 Web 服务 ·························· 196
11.3 TAMCAPP应用设计和流 ······ 196
11.4 注册和登录 ······················ 197
11.5 Springboard ······················ 198
11.6 与会者 ···························· 198
11.7 社交媒体 ·························· 199
11.8 地图 ······························ 199
11.9 会议 ······························· 200
　　11.9.1 我的日程表 ················· 202
　　11.9.2 发言人 ····················· 202
　　11.9.3 组织 ······················· 202
11.10 平板布局 ························· 204
11.11 小结 ····························· 204

第12章 开发 Springboard ············ 205
12.1 创建应用 ························· 205
12.2 定义 TAMCAPP 应用的
　　特性 ································ 206
　　12.2.1 使用特性存档 ·············· 208
　　12.2.2 本地HTML：社交
　　　　　媒体特性 ··················· 209
　　12.2.3 远程URL：组织远程
　　　　　特性 ························ 209
12.3 使用图片 ························· 210
12.4 创建 TAMCAPP 自定义的
　　Springboard ······················· 211
12.5 小结 ······························ 217

第13章 创建 Conference Session 特性 ································ 219
13.1 实现 Browse Conference Sessions ··························· 220

13.1.1	连接数据	220
13.1.2	创建Conference-Session Bean	221
13.1.3	创建Conference Session POJO	223
13.1.4	创建Bean Data Control	223
13.1.5	创建Conference Session 列表AMX页面	224
13.1.6	实现查找会议	226

13.2 阻止不必要的 Web 服务调用 ………… 227
13.3 会议会话的详细信息页面 ………… 228
13.4 查看会议会话文件 ………… 229
13.5 创建视觉跟踪指示器 ………… 230
13.6 评价会议会话 ………… 231
13.7 查看对会议会话的评价 ………… 232
13.8 日程表生成器 ………… 233
    13.8.1 设置本地SQLite数据库 ………… 234
    13.8.2 添加一个会议会话到mySchedule ………… 235
    13.8.3 同步日程表数据 ………… 239
    13.8.4 读写本地数据库 ………… 239
13.9 小结 ………… 244

第14章 创建与会者特性 ………… 245
14.1 实现 Attendees List AMX 页面 ………… 246
    14.1.1 实现导航到Attendee Details AMX页面 ………… 246
    14.1.2 智能导航 ………… 248
14.2 实现 Attendee Details AMX 页面 ………… 249
14.3 编辑个人信息 ………… 254
    14.3.1 保存修改 ………… 254
    14.3.2 与会者图片 ………… 255

14.4 小结 ………… 257

第15章 开发地图和社交网络 ………… 259
15.1 实现地图特性 ………… 259
    15.1.1 会场地图 ………… 260
    15.1.2 景点地图 ………… 266
15.2 嵌入 Twitter 时间轴 ………… 274
    15.2.1 研究Twitter小部件 ………… 274
    15.2.2 在示例应用中使用Twitter小部件 ………… 275
    15.2.3 将Twitter域加入白名单 ………… 276
15.3 小结 ………… 277

第16章 配置安全性和首选项 ………… 279
16.1 初始注册进程 ………… 280
16.2 实现 TAMCAPP 的安全性 ………… 282
    16.2.1 TAMCAPP登录 ………… 283
    16.2.2 应用首选项 ………… 289
    16.2.3 实现TAMCAPP首选项 ………… 290
    16.2.4 在Java代码中使用首选项 ………… 291
16.3 小结 ………… 292

第17章 实现推送通知 ………… 295
17.1 理解推送通知的架构 ………… 296
17.2 设置云服务 ………… 297
17.3 设置 Apple Push Notification Service ………… 298
17.4 创建一个推送通知提供者应用 ………… 303
    17.4.1 配置Provider Application ………… 303
    17.4.2 推送到Android ………… 304
    17.4.3 推送到iOS ………… 305
17.5 实现 TAMCAPP 中的推送支持 ………… 306

17.5.1 在提供者应用中注册…308
17.5.2 配置通知的显示方式…308
17.6 响应推送通知…………………309
17.6.1 onMessage()方法………310
17.6.2 特性的生命周期
监听器……………311
17.6.3 使用推送通知
有效载荷……………313
17.7 小结………………………314

第 18 章 优化 TAMCAPP…………315
18.1 实现平板电脑布局…………316
18.2 使用条形码扫描器来
注册会议会话的与会者…322
18.3 使用 Cordova 插件…………328
18.3.1 准备 TAMCAPP
应用程序……………328
18.3.2 添加Android条形码
插件…………………329
18.3.3 添加iOS条形码插件……330
18.3.4 在Oracle Mobile
Application Framework
应用中使用插件………331
18.4 向 TAMCAPP 添加一个
自定义搜索组件……………334
18.4.1 创建自定义搜索
组件的步骤……………334
18.4.2 准备特性以使用组件…336
18.5 实现一个后台进程…………337
18.6 小结………………………339

第 I 部分

了解 Oracle Mobile Application Framework

第 1 章　移动应用开发导论
第 2 章　安装 Oracle JDeveloper 和开发平台
第 3 章　Oracle JDeveloper——用于 Oracle Mobile Application Framework 开发
第 4 章　创建 AMX 页面
第 5 章　绑定和数据控件
第 6 章　应用特性
第 7 章　使用 Web 服务和本地数据库
第 8 章　设备交互
第 9 章　调试并测试 Oracle Mobile Application Framework 应用
第 10 章　安全性和部署

第 1 章

移动应用开发导论

购买本书的主要原因是希望使用 Oracle 工具来构建移动应用。在开始阅读本书之前，你必须了解一些移动开发的历史、移动设计原则以及目前移动开发所使用的技术。在介绍 Oracle Mobile Application Framework(MAF)之前，本章将会给出关于移动开发的概述，包括设计、硬件设备、平台和技术。但是在此之前，我们先回顾一下完全没有移动这个概念的时代。

1.1 回顾一段短暂的历史

1973 年 4 月 3 日，摩托罗拉公司的一名员工 Martin Cooper 站在曼哈顿的市中心打电话到新泽西。他所使用的电话就是摩托罗拉 DynaTAC 8000x 的原型，也是世界上第一部商业手机。当时，Cooper 站在纽约市第六大道一个 900-MHz 的基站旁，打电话到新泽西总部的贝尔实验室。那时，还没有人想到可以在手机上看电影、玩游戏、发短信。这些神奇的信息好像是在空中移动，最终落到某个人的手机上。但 Cooper 很快意识到一个巨大的商机，就是让手机变得更小、更轻。并且手机的确也是这样变化的(见图 1-1)。

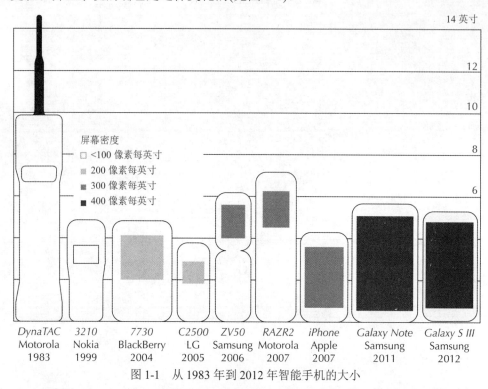

图 1-1 从 1983 年到 2012 年智能手机的大小

(来源：http://qz.com/42150/a-history-of-mobile-devices-told-through-screen-sizes/)

90 年代中期，我开始从事 IT 工作。那时，除了终端用户本身以外，就没有什么是移动化的。然而，从那时起到现在，已经发生了巨大的变化。在过去的 20 年中，发生的一个巨大变化是原本只能在台式机上完成的工作转移到了笔记本电脑上，并且之后我们的移动手机变得更加"智能"，移动手机变成了功能齐全的电脑。因为智能的手机已经超越了一台简单的手机，成为一个完全可以工作的移动办公室。

最初，第一台移动设备不支持任何应用软件。我第一次接触移动开发是在 2004 年，那时我正在为手持条形码扫描仪制作 HTML UI，调用 Web 服务器来获取产品和库存信息。我开发的第一个应用是 BlackBerry 和 Windows 移动设备的应用，采用的框架是 Oracle Mobile Client Framework。Oracle 在 2010 年就放弃了这个框架，转而致力于 ADF Mobile 框架的研究，并于 2012 年发布了 ADF Mobile 框架。基于 ADF Mobile 的开发经验，在 2014 年年中，Oracle 又发布了一个全新的框架，即 Oracle Mobile Application Framework，简称 Oracle MAF。

注意：

"MAF" 是 Mobile Application Framework 的缩写，发音是 M-A-F。

1.2 移动设计原则

做移动设计与桌面应用设计有很大的区别。在这一章节，你将会学习移动手机开发的设计原则。所有这些原则的核心是设计都围绕终端用户。相比于整天呆在一个地点上班的同事，移动工作者的工作有不同的需求和优先级。

移动用户活动的特点包括在短时间内完成工作任务、从一个地点移动到另一个地点、环境的变化频繁地干扰用户，导致他们无法集中注意力。

例如，一个人在候机时，通过移动设备在线预定了一辆出租车。紧接着，他排队依次进入登机口，并打电话到办公室确认他提前预订的酒店信息。当他登上飞机找到座位时，可能已经忘记了他是在哪里完成预订出租车的。因此，任务要满足简单、易于恢复、快速的特点。任何需要花费超过几分钟来完成的任务在移动应用中都是不可行的。

对于孩子而言，他们通常用移动设备来玩游戏。但是在商业领域，连接人和工作系统是移动设备的核心功能。合作和交流对移动体验来说是最重要的。将短信服务(Short Message Service，SMS)、彩信服务(Multimedia Message Service，MMS)、即时通信(Instant Messaging，IM)、e-mail 和手机通话功能都整合到移动应用中，可以更有效地完成任务。例如，一个区域的销售经理要查看不同区域商店的销售情况，他只要在移动设备上用手指滑动到某个商店，然后在屏幕上输入电话号码，就可以打电话给这个商店的经理。移动应用在设计时，独特地使用了内嵌通信功能。

当提到移动设计时，一个应用的设计者通常首先会想到这个应用的约束条件，比如屏幕的尺寸较小。但是，移动应用不仅仅只是桌面应用的缩小版，而应该是支持持续更新、决策和数据输入的紧凑型应用。由于具有成本低、方便携带、计算能力较强等特点，移动设备已经成为一个能够提供分析和独特功能的平台。销售人员通过查看约会地点的路线图，就知道接下来要去哪里，销售经理可以及时地获得实时性能指标，而零售商可以通过拍摄竞争对手的产品营销材料保持与时俱进。

如果移动应用的设计比较糟糕，用户是不会使用它们的，因此接下来的设计原则非常重要，在很大程度上能让用户愿意去使用移动应用。

在设计阶段，要时刻记住手持设备的使用与台式机或笔记本电脑的使用是不一样的。假设一个移动用户正在执行一些任务，那么如何让你的移动应用来帮助用户完成这些任务？用户与设备如何进行交互？应用越流畅，用户就越会去使用它们。然后，要确定应用是否需要在连接状态下工作；了解设备服务集成需求；确定服务器端的数据源和协议。当设计服务器端的服务时，对移动访问提供优化是非常重要的：如果服务器端的 Web 服务很复杂，就需要很多次的访问，那么移动应用就很难使用这些服务。这不仅是因为要考虑需要传输的数据量，也要考虑为了处理回调结果需要编写的客户端逻辑的数量。比较好的一种方法是专门为移动用户提供一组服务器端的接口，以此来提供迅速、有效的回调结果。

编写优秀的移动应用的秘诀在于不仅要理解程序的功能和数据的分割，还要懂得如何让用户更加轻松地完成手头上的任务。线框(wireframe)能够帮助设计者设计出易于使用和理解的移动用户界面。

与此同时，你也需要理解设备上必须开发的商业服务，比如需要创建的所有 Java 模块和控件。此外，需要为应用中的视图和流创建线框图，这能够使应用的功能可视化并且有助于开发过程。设计的最后一步是你需要思考如何将应用的功能划分成独立的应用特性，每个特性代表一组功能和相关视图。然后就可以开始创建线框来设计客户端的用户界面和任务流。

总之，移动开发和设计不同于桌面设计和开发。如果你想要创建一个移动应用的最佳实践来满足你的用户，就需要遵守最重要的移动设计原则。如果你能坚持这些原则，那么就很有可能创建一个成功的移动应用。接下来会详细介绍这些设计原则。

首先，你必须了解你的终端用户。在设计之前，花点时间了解一下终端用户的角色，以及他们在移动过程中可能的特殊需求。了解用户的重要特点、他们的工作环境以及他们要完成的任务，这可以确保你的产品具有正确的特性和最佳的用户体验。

提示：
在设计移动应用阶段，可以使用 Personas。Personas 用来创建虚拟角色，可以代表不同的用户类型。通过思考虚拟 Persona 的需求，设计者也许能推断出真实用户的需求。

接下来，必须要定义关键的移动任务。桌面应用与移动应用的关键任务有很大的区别，当评估一个现有的桌面应用如何转换成一个移动设计时，最好的办法是仔细思考移动用例而非依赖于桌面工作流。要毫不犹豫地终止不重要的移动需求。成功的移动应用是在最初任务的基础上不断简化而来的，如查找同事或管理任务列表。

同时，移动设计必须是上下文相关的。移动应用可能会在火车、仓库、出租车、石油平台等地点使用，这些地点有很多约束条件，如连接性差、噪声干扰大、通过手套有限访问触摸屏。设计时必须要考虑在这些目标工作环境下工作，并且能够最大化地情景感知移动设备。一个带有 GPS 的设备能够显示销售代表的位置，可以帮助他们按时到达下一个约会地点。

创建一个平面导航模型是很重要的。在有限的时间和精力下，用户不愿意用复杂的数据结构来完成一个任务，在许多情况下这也是做不到的。而一个平面导航模型能让用户迅速访问最重要的任务，而不必完全专注于手头全部的工作。一旦用户要开始工作，通过应用并根据导航，你可以清楚地了解用户所在的地点以及如果他们把事情搞砸该如何返回起点。不需要用户登录、进入一个区域、找到一个对象，然后再执行任务，平面导航模型能让用户在登录后立刻迅速访问移动任务。

接下来，考虑并设计出"两分钟"任务。通常，移动设备是用来完成小型任务的，而笔记本电脑和台式机用来做更多扩展工作。移动用户不愿意采纳那种需要大量数据输入或者多步流程的设计，因为这需要大量的时间和精力。移动用户需要迅速工作并且快速完成任务。所以任务需要是简单并且能快速完成的。如果你能预先输入数据或者隐藏不必要的区域，就能提高用户输入数据的速度。

此外，整合分析是有用的。数据分析和商业智能并不局限于桌面应用。移动用户也需要在小屏幕上完成数据分析。一个巨大的文本数据表格阅读起来很耗时间，但如果用彩色标注不同等级的销售数据，就能让用户迅速区分出销售的优秀、一般和差的不同等级情况。第一步要确定什么分析方法对移动用户用例的理解有用，以及如何整合分析结果来帮助决策。如果嵌入一种无用的分析方法，就会占用宝贵的资源，还会让移动用户的工作变得更加困难。

简化查找过程也是很有必要的。在移动应用中，查找是一个非常重要的部分，必须能够快速获得结果。因为移动数据输入比较困难，所以需要简化搜索输入的要求，必要时可以设立一个单独的工作区域，并且在相关数据上标出这个区域的位置。如果一个用户在手持应用上查看库存数据并且想要查找一个物品，所有的搜索结果都需要与库存物品的属性相关。不要要求用户在多个域内输入文本。

充分利用设备本身的功能并且采用嵌入协作方式，可以将协作嵌入到工作流中，包括触发通话功能、连接到社交网络，并且文本可以采用短信服务和即时通信的文本格式。社交网络在用户的工作环境中被广泛使用，这证明了与同事和相关专业人士保持联系的重要性。

不要一下子显示所有的信息。因为屏幕尺寸小，所以在你设计应用时必须考虑手机的型号和你需要呈现的信息量。信息的汇总必须使用基本的概述和有限的动作。详细信息和另外的动作可以在链接页面中获取。

减少自由文本的输入，可以使用选择列表，或者像多选框或单选框这样的组件。尽管移动应用产品做得很美观，但是虚拟键盘目前还未获得用户的满意。

最后，有效利用移动平台是很重要的。移动应用可以在浏览器中运行或者作为本地应用安装在设备中。企业版的应用应当利用移动功能使用户可以通过输入电话号码来拨打电话或者编辑文本来发送短信，通过触摸一个地址在地图上显示它的位置信息，可以旋转设备来选择视图。本地企业级应用比在浏览器中运行的应用支持更多的集成功能，它提供将企业数据传递到本地内置应用(如日历和通讯录)的功能。因此用户不需要注册就可以查看重要的商业信息。理解每个平台并且使合适的移动动作最大化，可以确保完成一个富有成效且自然的移动体验。

1.3 移动平台

移动应用开发可以针对一个或多个移动平台。这些平台是运行在移动设备上的操作系统。移动平台有很多种，有些最近刚开发出来但不太有名，如 Bada 和 Tizen。而另一些开发得比较早，现在已经渐渐消失了，如 BlackBerry 和 Symbian(见图 1-2)。

从本书来看，你必须要了解两个移动平台：苹果的 iOS 和谷歌的 Android。

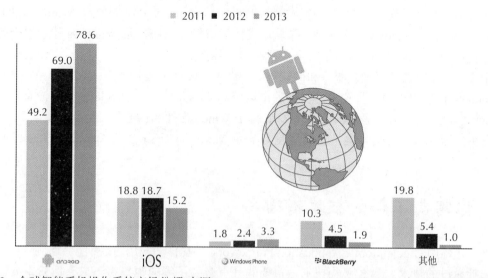

图 1-2　全球智能手机操作系统市场份额(来源:http://www.statista.com/chart/1899/smartphone-market-share/)

1.3.1 iOS

iOS 操作系统是由苹果公司拥有、研制和发布的操作系统。苹果公司于 2007 年发布了这个系统,最初是设计给 iPhone 和 iPod Touch 使用的,后来陆续套用到 iPad 以及 Apple TV 等产品上。iOS 只能在苹果生产的硬件上使用,其他的硬件都无法安装 iOS 系统。iOS 由 OS X 发展而来,被认为是苹果电脑使用的 OS X 操作系统的移动版本。

iOS 的用户界面基于直接操作的概念,使用触控手势而不是鼠标。界面控制包括滑动条、切换、按钮等元素。与 OS 的交互包括轻扫(swipe)、点击(tap)、二指往内拨动(pinch)、二指往外拨动(reverse pinch)等手势,这些在 iOS 操作系统的上下文和它的多点触控界面上都有特定的定义。一些应用使用了内置加速计来响应用户摇晃设备的动作(一个常见的响应结果是取消命令)或者响应用户旋转设备的动作(一个常见的响应结果是从竖屏模式切换到横屏模式)。

1.3.2 Android

Android 是一种基于 Linux 的操作系统,主要用于触摸屏移动设备,如智能手机和平板电脑。这个操作系统最初由 Android 公司开发,这家公司后来在 2005 年被谷歌收购了。第一部 Android 手机在 2008 年 10 月出售。

与 iOS 不同,Android 是开源的操作系统,谷歌以 Apache 开源许可证的授权方式发布了 Android 的源代码。开源代码和不设限的许可证允许软件能被设备制造商、无线运营商和开发爱好者自由修改和发布。此外,Android 有一大批编写应用的开发者,这扩展了设备的功能。Android 最初是 Java 编程语言的定制版本。

这些因素使得 Android 成为世界上使用最广泛的智能手机平台。Android 的开源特点大大鼓励了一批开发者和技术爱好者使用开源的源代码,这是开源社区驱动项目的基础。

1.3.3 Windows

Windows 有一系列广泛的移动解决方案,包括 Windows 8 Pro Tablet、Windows RT 以及 Windows Phone。Windows Phone 是由微软研发的手机操作系统,是 Windows 移动平台的后继者。微软为 Windows Phone 创建了一个全新的用户界面。

此外,软件集成了第三方服务和微软服务,设置了硬件上运行该系统软件的最小需求。由于 Windows 相关的移动平台较多,占据的市场份额又不大,因此 Oracle 至今还没有支持任何 Windows 平台。看上去似乎 Oracle 在等待看哪个 Windows 平台(如果有的话)能获得市场份额,而后再决定为其实现解决方案。这可能是 Oracle MAF 目前还未支持 Windows Phone 的主要原因。

1.4 你需要了解的技术有哪些

当你开始用 Oracle Mobile Application Framework 开发移动应用时,可能会遇到一些未使用过或未听说过的技术。那么哪些技术是重要的且有必要了解的呢?接下来介绍最重要的一些技术。

1.5　HTML5

HTML(Hyper Text Markup Language)是构成网页的主要代码。"HTML5"表示第五代原始语言。考虑到要能够在低功率设备(如智能手机和平板电脑)上运行，HTML5 已经开发了许多新功能。HTML5 不需要安装额外的插件就能传输丰富的内容。

当前的 HTML5 版本可以传输所有信息，包括动画、图片、音乐和电影，也可以用来创建复杂的网页应用。而且 HTML5 是跨平台的。无论你是在使用 PC、平板电脑、智能手机还是一台智能电视机，都可以在这些设备上使用 HTML5。

1.5.1　CSS3

"CSS"(Cascading Style Sheets)是一种基于网页的标记语言，用来描述浏览器的网页外观和显示格式，主要在 HTML 和 XHTML 的网页中使用。简单地说，"CSS3"就是指 CSS 的最新版本，相比于 CSS 前两个版本，增加了一些新功能。CSS3 的模块化结构使得开发者可以使用相对轻量级的代码编写出内容丰富的网页。这意味着完美的视觉效果、较好的用户体验，最重要的是，更加整洁的页面大大加快了加载速度。

1.5.2　JSON

JSON(JavaScript Object Notification)是一种基于文本、开放标准的数据交换格式。对开发者来说，JSON 易于读写；对软件来说，JSON 易于进行语法解析和生成。它以 JavaScript 脚本语言为基础。除了它与 JavaScript 的关系外，它采用完全独立于语言的文本格式。在许多编程语言中都有可使用 JSON 的解析程序，这使得 JSON 成为一种理想的数据交换语言。

1.5.3　Apache Cordova 与 PhoneGap

PhoneGap 是一个移动开发框架，能使软件开发者使用 JavaScript、HTML5 和 CSS 3(而不是设备特定的语言，如苹果的 iOS 平台只能用 Objective-C)来创建移动设备的应用。它产生的应用是混合应用，也就是说它们既不完全是本地的(因为所有的外观都是通过 Web 视图呈现，而不是本地的 UI 框架平台)，也不是完全基于网页的(因为它们不仅仅只是网页应用，它们也可以打包成应用来发布、接入本地设备 APIs)。以 PhoneGap 为基础的软件是 Apache Cordova。这个软件之前被称为"PhoneGap"。Apache Cordova 是一个开源软件。

注意：
在本书中你也许会发现 Cordova 和 PhoneGap 这两个术语总是交替使用。它们都表示相同的应用开源平台和库，使你能够使用 HTML、JavaScript 和 CSS 创建移动应用。2011 年，PhoneGap 代码库以 Cordova 的名义转移到开源的 Apache Software Foundation 项目。Adobe 仍然以 PhoneGap 的名字发布库。重要的是，PhoneGap 和 Cordova 项目是一样的，都是指相同的免费开源库。

1.6 移动开发面临的挑战

实际上，有三种不同的应用方法可供开发者选择，每一种方法都有其自身的优缺点。首先，本地应用指创建并且安装在特定平台上的应用，如 iOS 或 Android，需要使用平台特定的 SDK (Software Development Kit，软件开发包)。如苹果的 iPhone 和 iPad 上的应用要运行在特定的 iOS 系统上，并且应用必须使用 Xcode/Objective-C 语言来编写。Android 用 Java 语言编写，Windows 使用 C#等。本地应用为某种特定的平台编写，不能部署到另一个平台。本地应用能够快速访问本地设备服务，但是需要额外的资源来开发和维护每一个平台，这是非常耗时和昂贵的。

其次，移动 Web 应用有很多。与本地应用不同，移动 Web 应用不安装在设备上，而是通过 Web 浏览器访问这些应用。这些应用是服务器端呈现 HTML 的应用，通常根据设备请求的类型相应地调整设计。服务器端应用的编码语言不受限——可以使用任何一种编程语言来编写。这些应用都是可以跨平台工作的，但是必须通过浏览器使用，并且需要联网。Oracle 通过 MAF Faces(为平板电脑设计)支持移动 Web 应用，并且为智能手机和功能手机设计 MAF Mobile 浏览器(Trinidad)。

最后一种是混合语言编写的移动应用。混合应用结合了本地应用技术和移动 Web 应用的优点。这些应用像一个本地应用一样被安装在设备上，但它们的用户界面(UI)却是基于 HTML5 来编写的。在本地容器中拒绝运行 UI，通常使用设备的浏览器引擎。使用 HTML5 的优点是 UI 的一致性、跨平台性，可以在绝大多数设备上很好地运行。将它与安装在设备上的本地容器结合，为移动用户提供接入本地设备的服务，如照相、GPS 导航和本地设备存储。本地应用在与设备本地服务集成时可能提供更好的灵活性。但是，因为混合应用已经提供了企业应用需要的设备集成，所以这通常不是一个问题。Oracle Mobile Application Framework 是一个用 HTML5 和 Java 编写的混合框架，目标是在移动应用开发时将 iOS 和 Android 放在一个代码库中。

那么什么是最好的方案呢？

当编写本地应用时，你需要根据平台，用不同语言来写代码，接着为每一个平台编译代码并且生成二进制包，然后在设备上运行。如果要升级应用来支持接下来的版本，那么你必须从头开始重做一次检查/修复代码、编译、打包运行的工作。当然，使用本地应用也有很多优点。程序的性能是一个关键的因素。有一些应用必须编写成本地的应用，尤其是当你希望获得实时响应时，如在游戏中或者像无人机远程遥控这样的指令-控制系统。同时，你可以通过本地应用访问核心操作系统和设备功能，如摄像头、加速计、通讯录和日历。目前用 HTML5 实现这些功能并不容易。

目前，用移动设备访问企业应用非常常见。移动应用提高了效率，因为与桌面应用不同，可以在任何时间、任何地点使用它们；但同时，这也会是它的一个缺点，移动平台速度的提升给企业带来了巨大的挑战。iPhone 等智能手机以及平板电脑(iPad)都是强大的平台。但是，当你需要为不同移动平台开发时，通常需要使用不同的工具和语言。从头开始为每一个平台开发移动应用，意味着需要维持多条代码路径。此外，你曾经找到过精通所有移动平台以及与平台相关的编程语言的开发者么？假如你找到一位这样全能的开发者，你是否聘用得起这样一位开发者呢？Oracle Mobile Application Framework 提出了这些问题以及更多的挑战。

1.7 Oracle Mobile Application Framework 简介

Oracle Mobile Application Framework(MAF)能够快速开发大量基于设备的移动应用。在 Oracle JDeveloper 中可以使用 Oracle MAF 创建基于 Oracle MAF 的应用，或者使用 Eclipse 和 Oracle Enterprise Pack for Eclipse(OEPE)来创建。开发者只需要写一次应用，以后就可以将同样的应用移植到多个主导的移动平台，如 Android 和苹果的 iOS。这意味着 MAF 使开发者能够创建便携的、跨设备和操作系统的应用的同时，还可以使用设备特有的功能和传递极佳的用户体验。使用 Oracle MAF 开发的应用可以根据手机和/或平板电脑的尺寸来设计，并且可以打包成苹果的 iOS 或者谷歌的 Android 可以运行的程序。应用将根据不同的规格尺寸进行调整。

1.8 Mobile Application Framework Runtime Architecture

为了能用 Oracle MAF 开发移动应用，需要了解 MAF Runtime Architecture(见图 1-3)。本节不会详细介绍 Runtime Architecture 的不同组成部分，而是概述一下包含在 MAF Runtime Architecture 中的所有组件。本书的其他章节会涉及这些组件的具体细节。Oracle MAF 应用在一个应用容器中运行，被编译成设备本机应用二进制文件。它为 MAF 应用提供了运行环境，在移动设备的操作系统(如 iOS 或 Android)上作为设备本机应用运行。该容器不仅包括了 MAF 应用的客户端组件，还提供了如 springboard 和导航栏这样的导航工具，它们都能访问特定的应用功能。

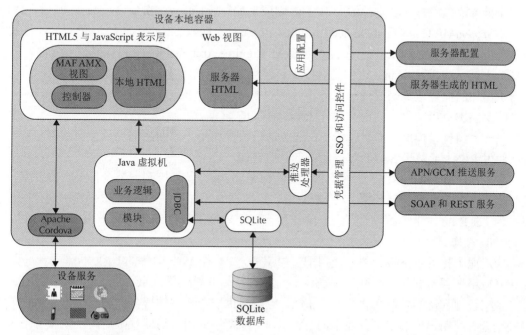

图 1-3 Oracle Mobile Application Framework Runtime Architecture

在设备本地容器中，你会发现 MAF Runtime Architecture 的一些组件。
首先是 Web 视图。Web 视图使用移动设备的 Web 引擎来展现网页的内容。Web 视图是呈现 Oracle MAF 应用用户界面的主要途径。用户界面可以由多种技术组成：服务器的 HTML、本地的 HTML 以及 MAF AMX 视图。

例如，服务器的 HTML 是一个 ADF Faces 或者 Java Server Faces 的应用，表示远程服务器生成的基于 HTML 的 Web 页面。在 MAF 应用中它仅作为一个在浏览器中被呈现的常规的 HTML 网页。所有的 HTML、业务逻辑和页面流都是在一台远程服务器上生成的。通过使用 Cordova JavaScript APIs，这些服务器 HTML 页面可以访问如照相功能等设备服务。为了获取这些设备功能，需要在 MAF 应用中呈现服务器 HTML。

使用 JQuery Mobile 创建的页面就是本地的 HTML，这些网页可以直接嵌入并且部署为 MAF 应用的一部分。本地的 HTML 文件可以通过 Cordova 支持的 JavaScript APIs 获得设备本机功能。

MAF AMX 视图基于 MAF AMX 技术，这种技术在处理基于 HTML5 的用户界面时提供了一种类似于 JSF 的开发体验。MAF AMX 视图使用 JDeveloper 和 Oracle Enterprise Plugins for Eclipse(OEPE)提供的 UI 和代码编辑器。这些视图嵌入在 MAF 应用中并且可以部署到移动设备上。在运行时，Web 视图中的 JavaScript 引擎将 MAF AMX 视图的定义呈现为 HTML5 组件。在 MAF 提供的实现方案中，使用 MAF AMX 组件开发的应用功能通过扩展的动画和手势支持，为用户提供大部分真实的设备本机体验。

控制器代表 Oracle ADF 控制器的移动版本，支持部分 Oracle ADF 任务流组件，这些组件可用于基于服务器的 Oracle ADF 应用。无论是 ADF 有界流还是无界流都是支持的，也支持事件的子集，同时还支持基于服务器的 ADF。

Java 为 MAF 应用提供了一个 Java 运行环境。Java 虚拟机(JVM)在设备本地代码中实现，并且作为本地应用二进制文件的一部分嵌入(或者编译)到每一个 MAF 应用的实例中。JVM 目前是基于 JavaME Connected Device Configuration(CDC)规范的。在不久的将来，JVM 将被升级到基于 JavaSE8。在 JVM 中，你会发现 MAF Runtime Architecture 中的其他三个组件。

首先是一些托管 bean，它们是一些 Java 类，可以创建这些 Java 类来扩展 MAF 的功能，如提供附加的业务逻辑来处理从服务器返回的数据。托管 bean 的执行依赖于嵌入式 Java 的支持，因此当本书出版时，它必须遵守 JavaME CDC 规范。

下一个组件是模型。模型包含了在业务逻辑组件和用户界面之间提供接口的绑定层，也包含了触发 REST 或基于 SOAP Web 服务的执行逻辑。

最后，JDBC 是 JVM 的一部分，它使得 MAF 应用可以连接到一个设备上的数据库。这个数据库用来在设备上存储数据。在 MAF 中，该数据库为加密的 SQLite 数据库，这在图 1-3 中表示为"SQLite 本地数据库"。通过 Java 层，这个本地的数据库使用基于 JDBC 的 APIs 来支持 CRUD 操作。

应用配置指可以下载和更新应用配置的服务，如一个 Web 服务的 URL 端点或者远程 URL 连接。应用配置服务从一个基于 WebDav 的服务器端下载配置信息。

证书管理和访问控制指客户端为 MAF 应用提供安全相关的服务。如一个本地的证书库可以安全地缓存用户证书来支持线下的身份验证，或者根据用户访问权限访问受限服务下可以展现或者隐藏的应用功能。

Apache Cordova 是一个开源代码库，提供 JavaScript API 来访问不同的移动设备服务，如照相功能。Cordova 为 MAF 应用提供大部分的设备集成服务。使用 JDeveloper 设计 MAF AMX-based 视图时，Cordova JavaScript APIs 被进一步抽象为设备数据控件，在 MAF AMX 视图中允许通过简单地拖曳和擦除数据控件的方式来集成设备服务。

Oracle Mobile Application Framework Runtime Architecture 中服务器端的组件

在服务器端，配置服务器是指一台基于 WebDav 的服务器，它包含了应用配置服务使用的配置文件。配置服务器交付为参考实现。因此，任何托管在通用 J2EE 服务器上的通用 WebDav 服务都可以用于此目的。

服务器生成的 HTML 指的是只要满足开发服务器端的应用，任何框架都可用于实现远程 URL MAF 的应用功能。并且，MAF 应用可以使用服务器端的 SOAP 和 REST 服务，从服务器端的资源获取数据。

最后，MAF 应用可以使用 APNS/GCM 推送服务，这些服务能够将通知推送给 MAF 应用。

1.9 使用 Oracle Mobile Application Framework 进行开发

当你开始使用 Oracle Mobile Application Framework 进行开发时，通常会经历这几个阶段：设计、开发和部署。接下来的部分会简单介绍这些阶段，在这本书的其他部分会详细介绍。

1.9.1 设计 Oracle Mobile Application Framework 应用

在设计阶段，要考虑移动用户将会执行的任务，要时刻牢记手持设备不同于笔记本或台式机。设计时要按照在本章前面介绍过的设计原则。你的 MAF 应用如何帮助用户完成工作？用户如何与设备进行交互？应用越简洁，用户就越会使用它。接下来的步骤要确定应用是否需要在联网模式下工作，理解设备服务集成需求，并且确定服务器端的数据源和协议。当设计服务器端的服务时，很重要的一点是要能提供移动访问优化：如果服务器端的 Web 服务非常复杂，就很难被移动应用使用。这不仅是因为需要传输的数据量大，还因为客户端必须编写大量的业务逻辑来处理回调结果。更好的方法是显示一组专门为移动服务提供的服务器端的接口。你还需要理解必须开发的客户业务服务，如所有的 Java 模块和需要创建的数据控件。此外，你需要为应用中的视图和任务流创建线框，这有助于你可视化应用的功能，并且有助于开发过程。在设计的最后一个步骤，需要考虑如何将应用的功能划分成不同的应用特性，分别表示一组功能和相关的视图。然后你可以开始通过创建线框来设计客户端的用户界面和任务流。

1.9.2 开发 Oracle Mobile Application Framework 应用

在开始开发之前，必须首先配置开发环境。需要下载并安装 MAF 扩展或者插件，然后安装必要的组件并完成开发和部署所需要的配置。以上这些都会在第 3 章中进行讨论。

当使用 JDeveloper 或者 OEPE 来创建 MAF 应用时，可以使用 MAF 应用创建向导和对话框，而不是从头开始编码。这是 JDeveloper 和 Oracle 开发工具的一个重要特点，向导和智能编辑器补充了许多重复的任务，你只需要对其他任务编码。

注意：

Oracle 支持 MAF 的两个 IDE：Oracle JDeveloper 和 Eclipse through Oracle Enterprise Pack for Eclipse (OEPE)。类似于 JDeveloper，OEPE 可以从 Oracle Technology Network (OTN) 网站上免费下载。MAF 有三个 Eclipse 插件：一个用于设计，一个用于运行环境部署，还有一个用于

示例应用。这些插件都被添加到了 Oracle Enterprise Plugin for Eclipse 中。

创建应用得到的产品包括 MAF 应用的描述符文件、应用功能的描述符文件、图标的默认图片、所有支持平台的标签以及一组用来访问移动设备服务的数据控件(如摄像头、GPS 或 E-mail)。

当实现这些应用功能时，需要全面评估业务，确定哪一个应用功能需要包含在 MAF 应用中。使用 MAF 提供的概述编辑器，实现一个应用功能的任务，包括确定它的类型(HTML、远程 URL、MAF AMX 或本地 UI)与确定它的显示属性(显示名称、导航条以及 springboard 图标)，它的显示行为由移动设备的性能以及用户角色共同确定。

1.9.3 部署 Oracle Mobile Application Framework 应用

在应用的部署阶段，首先需要创建一个部署配置文件，该文件支持设备和仿真器各自的平台。创建一个部署配置文件，也许需要挑选用于 MAF 应用不同方向的显示图标(如横屏或竖屏方向)，并且要设置应用的发布选项(如 debug 版本或 release 版本)。然后可以继续将应用部署到移动设备或仿真器上。

注意：
需要在测试和调试之前将 MAF 应用部署到设备或仿真器上；换句话说，部署完毕后才能运行应用。一旦部署了应用，就可以进行测试、调试和优化。

1.9.4 应用开发过程中的其他任务

为了确保和配置应用安全性，需要配置登录服务器，如 Oracle Identity Connect 服务器，或者通过基本的 HTTP 验证机制使用网页保护功能。此外，必须配置访问控制服务器。

在确保你的应用功能基本上与预期一致后，可以实现 Java 代码来访问服务器端的数据。对于连接应用，这些 Java 类应该能直接调用 Web 服务。如果你的应用使用 SOAP 或者 REST XML-based 数据源，则可以通过数据控件来调用 Web 服务，借助于一组帮助类，你可以通过调用你的代码来调用数据控件并返回数据。如果你的应用使用 JSON-based 数据源，你的代码应该直接调用 JSON 服务并返回数据，然后你需要分析从服务器获取的 JSON 数据，并且相应地填充保存数据集合的对象。对于非连接的应用，你的代码应当填充本地 SQLite 数据库。然后，返回用户界面的代码可以从 SQLite 数据库中检索数据，而不是直接调用 Web 服务。

确保将安全性添加到应用中且访问服务器端数据后，应用部署运行正常并且应用准备进行最后的测试和调试。

1.9.5 将 Oracle Mobile Application Framework 应用部署到生产环境

将应用部署到生产环境通常包括发布到企业服务器、企业 App Store、Apple App Store 或应用市场，如 Google Play。在发布 MAF 应用之后，终端用户可以将它下载到他们的移动设备，并且能通过单击指定的图标来访问它。应用功能包括显示指定的图标，如显示终端用户及其设备。

1.10 小结

在过去的几十年里，从 1973 年第一次移动呼叫到现在的智能手机，移动开发经历了许多演变的阶段。现代的移动设备需要现代的开发框架。Oracle 的 Mobile Application Framework 使你可以同时为 Android 和 iOS 平台下的不同设备创建混合应用。

本章节主要内容如下：
- 移动开发需要的技术
- 移动设计原则
- Oracle Mobile Application Framework
- 开发 MAF 应用的步骤

第 2 章

安装 Oracle JDeveloper 和开发平台

SDK 在使用 JDeveloper 开发 Android 和 iOS 应用时，还需要安装一些工具，这是因为在部署过程中，创建 MAF 应用需要使用平台特定的 SDK。如果是开发 Android 应用，JDeveloper 就会使用 Android SDK。它既适用于微软的 Windows 系统，也适用于苹果的 OS X 系统。如果是开发 iOS 应用，JDeveloper 就会使用苹果的 XCode，但这仅适用于苹果的 OS X 系统。因此，如果想要使用 JDeveloper，就需要安装相关的 SDK。当然，iOS 应用只能在 Mac 上开发，而 Android 应用在 Mac 和普通电脑上都能开发。

本章将介绍如何安装开发环境，用于创建特定平台的应用。本章不会针对具体设备讲述安装细节，而是重点介绍 JDeveloper 的配置以及相关的 SDK。

注意：
虽然 Linux 也是一个通过 MAF 进行 Android 应用开发的平台，但是不在本书的讨论范围之内。

2.1 Android 开发的准备工作

如果你准备开发一个 Android MAF 应用，就需要下载 Android SDK。JDeveloper 用该 SDK 为 Android 平台创建应用。Android SDK 可以从网站 http://developer.android.com/sdk/index.html 上下载。根据网站上的提示，下载适合你的操作系统的 SDK。除了下载链接，这个网站(见图 2-1)还包含一些其他的信息，如文献和样例。尤其是文献，有助于我们理解与 Android SDK 配合使用的工具。

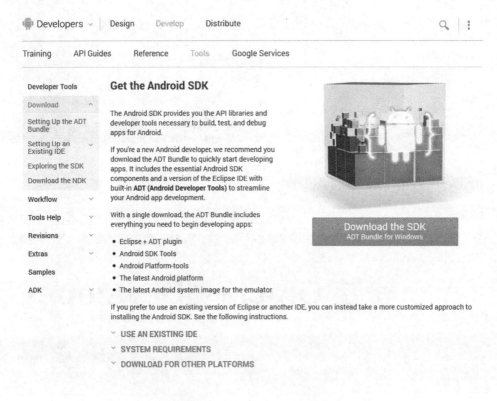

图 2-1　Android SDK 的下载页面

2.1.1 下载和安装 Android API

下载并解压 Android SDK 后，会发现 SDK 包含了最新的 API 版本。只要 MAF 支持这个 API 版本，就不必再额外下载 API 包。如果在开发时需要下载并安装额外的 Android API 版本，可以调用 SDK Manager。

注意：
MAF 不一定支持最新的 Android API 版本，所以需要经常在 http://otn.oracle.com 上查看 Android API 可支持的版本。

这些 API 版本对应于不同的 Android 操作系统版本；如 API 15 对应于 Android 4.0.3 Ice Cream Sandwich。注意到 MAF 只认证特定的 Android API。如果想了解你的 MAF 版本所支持的 Android API 版本的具体信息，可以查阅 Oracle 认证列表。

提示：

如果是 Windows 系统，则在 Android SDK 的根目录下双击 SDK Manager.exe 文件。如果是 Mac 或者 Linux 系统，则打开终端并在 Android SDK 下定位到 tools/ directory，然后启动"android"可执行文件。

为了下载并安装 API 版本，必须先选中所需的 API 版本，并且在相应的安装对话框中选中同意协议。安装后，SDK Manager 会显示安装信息(见图 2-2)。

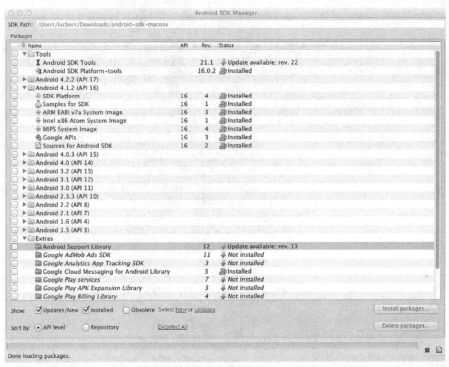

图 2-2　Android SDK Manager

MAF 还需要安装"Google Cloud Messaging for Android Library"，用来获得推送消息，并且这个特性可以随意嵌入到 MAF 应用中。可以在 Android SDK Manager 的"Extras"区域中找到这个组件(见图 2-3)。

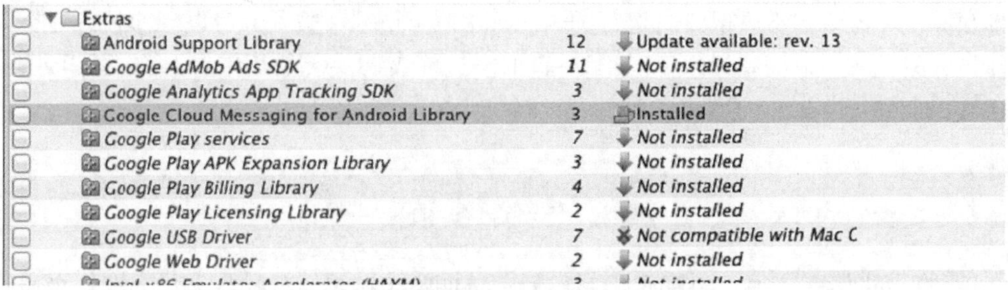

图 2-3　Extras 区域

2.1.2 Android 模拟器

安装好所需要的 Android SDK 以及额外的工具后,可以继续测试 Android 设置。当创建 MAF 应用时,可以先用 Android 模拟器进行测试而不是在一个真实的设备上运行这个应用。为了能在 Android 模拟器上进行测试,需要创建虚拟设备。

一台 Android 虚拟设备(Android Virtual Device, AVD)是一套配置集,可以在你的普通电脑或 Mac 上通过定义硬件和软件来模拟实际的 Android 设备。创建 AVD 最简单的方法是使用图形化 AVD Manager。进入命令行,从<sdk>/platform-tools/目录下调用 Android 工具包,就可以启动 AVD Manager,然后挑选 Tools 菜单和 Manage AVDs 子菜单选项。AVD Manager 采用易于使用的用户界面来管理 AVD 配置。AVD 创建完毕后,可以查看它的详细内容,核对配置是否满足你的需要(见图 2-4)。

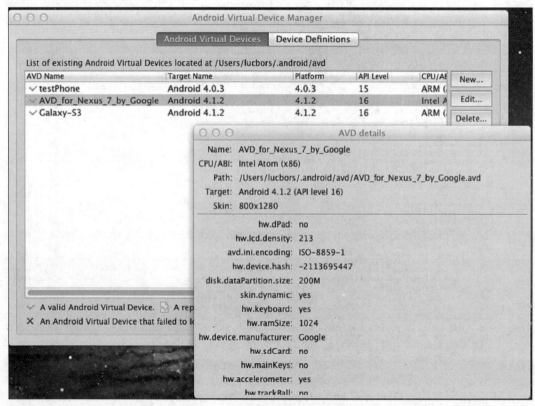

图 2-4　Android 虚拟设备管理器

在一台 AVD 中,可以定义虚拟设备的硬件特点。比如,可以定义设备是否有摄像头,有多少内存等。还需要定义虚拟设备运行的 Android 平台是哪个版本。可以创建任意多个需要的 AVD。为了测试应用,需要为每个通用设备创建一个 AVD,并且应用对设备的配置是兼容的,然后在每一个设备上测试应用。

注意:
不要过度指定 AVD,否则会导致模拟器的性能下降。

配置完实际的 AVD 后,可以使用它来启动 Android 模拟器。模拟器可以使你不需要物理设备，就能完成对 Android 应用的原型制作、开发以及测试。模拟器能够模拟移动设备的硬件和软件特性。当然，有些功能模拟器是做不到的，比如实际拨打电话或发送短信。与此同时，模拟器还提供了一个屏幕界面，上面放置着你的应用以及其他 Android 应用(见图 2-5)。

图 2-5　Android 模拟器运行 Nexus 7

该模拟器的主要缺点在于 Android 模拟器尝试着模拟整个设备，包括 ARM CPU 指令集，所以 Android 模拟器运行起来非常慢，这一点让许多 Android 开发者很失望。不过幸运的是，有可替代的办法来解决这个问题。

2.1.3　Android 模拟器 Intel HAXM 软件

当使用 Android 模拟器时，你很快便会问自己："如何能让 Android 模拟器速度更快呢？"但是可惜的是，众所周知由 Google 编写的默认模拟器即便对于 Android 开发者，速度也是相当慢的。

幸运的是，Intel 的 x86 Hardware Accelerated Execution Manager(HAXM)能够解决这个问题。HAXM 可以被认为是一套驱动程序，能够将 Android 模拟器直接插入 PC 或 Mac 的加速硬件，它可以让 Android 模拟器在实际开发中运行得足够快，并且还能拯救你不至于抓掉自己的头发！

Intel 的 HAXM 适用于 Windows、Mac 以及 Linux 主机。为了能让 HAXM 运行，你的电脑必须有 Intel 的 CPU，能在 BIOS 层支持 Intel VT-x、EM64T 和 Execute Disabled(XD) Bit 功能。幸好，现在大部分台式机和笔记本电脑都满足这些要求。

可以通过 Android SDK Manager(见图 2-6)中的 Extras 选项下载 Intel HAXM 软件。

但是，这只能下载软件，并不能安装软件。要安装 HAXM 软件，如果是 Windows 系统，可以在 Android SDK 安装目录下搜索 IntelHaxm.exe。而如果是 OS X 系统，就要搜索 IntelHAXM.dmg，然后运行相关的程序。比如，在 Windows 系统上，如果还未更改默认设置，则可以在以下路径：C:\Program Files \Android\android-sdk\extras\Intel\Hardware_Accelerated_Execution_Manager\IntelHaxm.exe 下找到这个可执行文件。

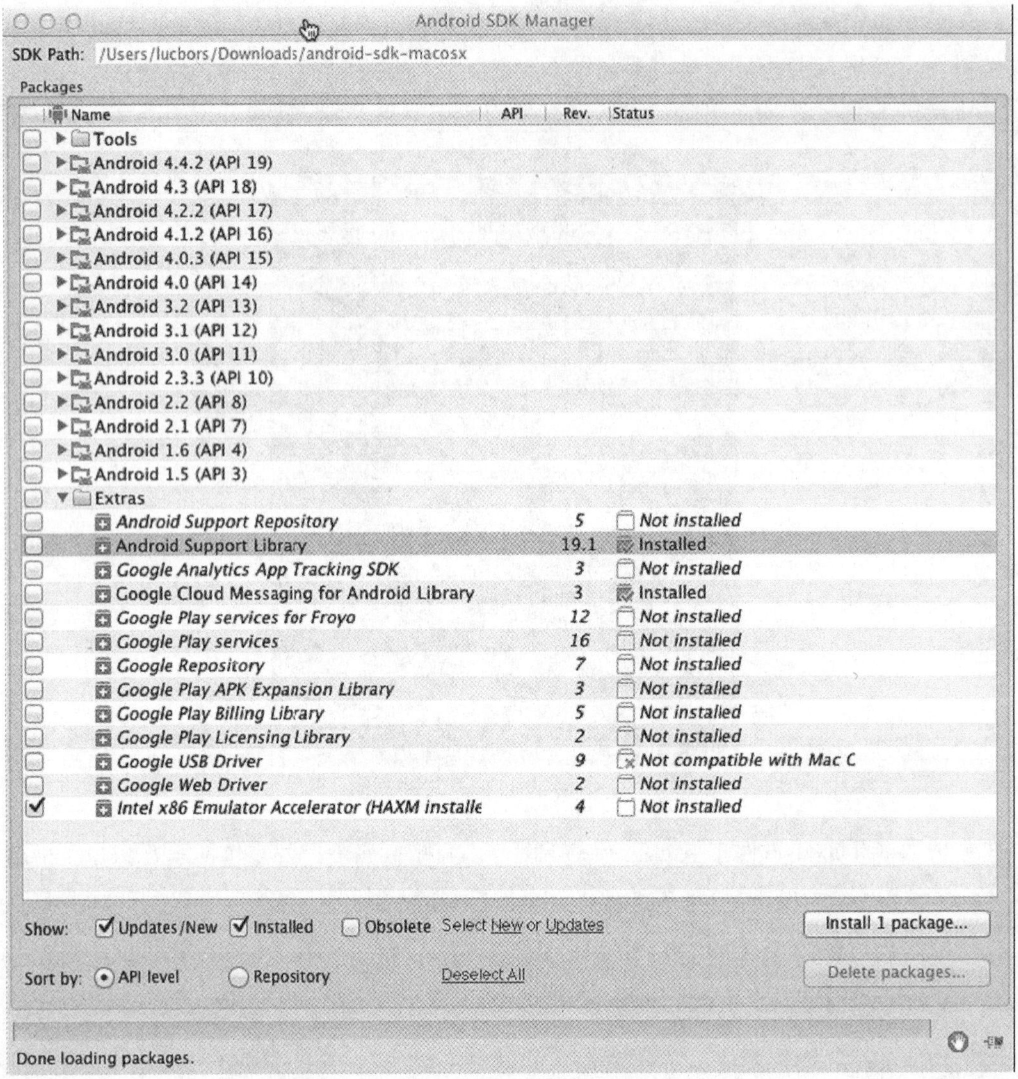

图 2-6　安装 HAXM 软件

注意：

一旦安装完 HAXM 后，请注意在本书出版时，如果是在 Windows8.1+或者是在 OS X 10.9+ 系统上使用 HAXM，就需要使用热修复补丁；否则，这款软件会将你的计算机挂起。关于热修复补丁以及它的安装可以参见以下网址：http://software.intel.com/en-us/android/articles/intel-hardware-accelerated-execution-manager-end-user-license-agreement-macos-hotfix。

成功安装 HAXM 软件后，下一步是在 Android SDK Manager 中，根据你正在创建的 Android 版本(如版本为 Android 4.2.2 API 17)，下载对应版本的 Intel x86 Atom System Image(见图 2-7)。

最后，必须创建一个新的 Android 虚拟设备(Android Virtual Device，AVD)，在 CPU/ABI 选项中选择 Intel Atom(x86)(见图 2-8)。

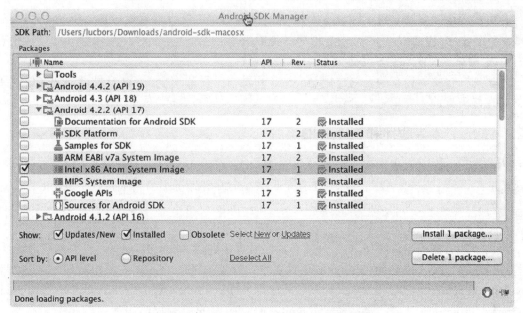

图 2-7　下载并安装 Intel x86 Atom System Image

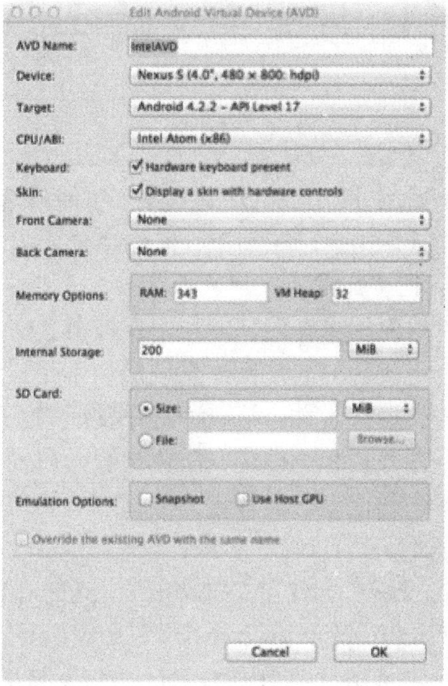

图 2-8　创建一个新的 Android 虚拟设备

正如之前的例子所示，可以简单地启动 AVD 并使用它来部署 MAF 应用。而现在你会发现，Android 模拟器的启动时间缩短、总体性能提高，开发过程也没那么痛苦了。

2.2　iOS 开发的准备工作

相比于在 Google 和 Android 上开发，苹果不允许你使用 Xcode 来开发 iOS 应用，也不允许你免费将应用部署到一台实际设备上，并且你需要是 iOS 开发者程序(iOS Developer Program)的成员。不过你可以加入 iOS 开发者程序的免费版本，这个版本允许你下载 Xcode 并且对应用进行开发/测试。只是你仍然不能将应用部署到一台实际设备上。

部署到一台实际设备的设置比用 Android 开发稍微复杂一些。iOS 开发之前要完成的所有工作将在接下来的内容里进行介绍。

2.2.1 iOS 开发者程序和 Apple ID

为了注册 iOS 开发者程序，需要一个 Apple ID。作为 iOS 设备的消费者，你可能已经拥有了 Apple ID，但更好的做法是，用你工作单位共享的邮件地址另外再创建一个 Apple ID，这可以在苹果网站上进行创建，URL 如下：https://appleid.apple.com/cgi-bin/WebObjects/MyAppleId.woa/。

最简单的方法是当你注册 iOS 开发者程序时直接创建 Apple ID。有两种不同的 iOS 开发者程序(如果把 iOS University Program 也算在内，就是三种)。第一种是标准程序，被称为 IOS Developer Program，它可以让个人开发者将应用发布到 iTunes App Store。第二种是 Apple iOS Enterprise Program。如果想要分发 in-house iOS 应用的所有权给组织内的员工，必须注册 Enterprise Program。可以在网站 https://developer.apple.com/programs/ios/enterprise/ 上注册 Enterprise Program；可以在网站 https://developer.apple.com/programs/ios/ 注册标准的 iOS Developer program。

2.2.2 应用发布

出于本书的目的，在部署 MAF 应用到 iOS 系统时，可能只选择用 iOS 模拟器或者 iPhone、iPad 设备 。然而，在一次实际开发中，在某个阶段你会想要将自己的应用发布给其他人，此时就会使用已经注册好的苹果 iOS 开发者账户。

为了能发布应用，首先，需要创建开发证书和发布证书。证书被用来对你的应用或者安装程序包进行编码和签名。对应用代码签名使操作系统能识别是谁注册的应用，以及核实应用在签名后没有被修改过。证书的类型有两种。第一种是开发证书，能在 iOS 设备上运行应用并且在开发过程中使用存储技术。在开发和测试中，需要对运行在设备上的所有 iOS 应用签名。第二种是发布证书，能将应用发布到指定的设备进行测试或者将应用提交到商店。提交你的应用到苹果商店时需要使用发布证书。

证书可以在 Developer Member Center 的 Certificates, Identifiers & Profiles 部分创建，网址如下：https://developer.apple.com/account/ios/certificate/certificateList.action。这个网站上有关于如何申请这些证书的详细说明。请务必拿到开发者证书和发布证书。

接下来，需要创建一个 App ID。每一个应用都需要一个 App ID，用来在开发者程序中唯一标识你的应用。可以在 Member Center 中创建一个 App ID，网址如下：https://developer.apple.com/account/ios/identifiers/bundle/bundleList.action。比如，iOS 使用 App ID，连接你的应用到苹果推送通知服务。一个 App ID 是由两部分组成的字符串，它被用来识别开发团队中的一个或多个应用。这个字符串包括一个 *Team ID* 和一个 *bundle ID* 搜索字符串，用点号(.)分隔这两个部分。Team ID 是由苹果公司提供的，表示唯一的一个特定的开发团队，而 bundle ID 搜索字符串是由你提供的，用来匹配一个单独应用的 bundle ID 或者一组应用的一组 bundle ID。推荐的做法是使用反向域名风格的字符串来表示 App ID 中的 bundle ID 部分。App ID 的一个例子是 ABCDE12345.com.yourcompany.yourapp。

最后，需要 Provisioning Profile。一个 Provisioning Profile 是一个 App ID 和一个能发布应用的证书的组合。开发配置文件和发布配置文件能让应用在设备上真实运行。所有的 iOS 应用都需要在开发过程中使用 Provisioning Profile。对于 iOS 应用，直到你指定了开发所使用的设备后才能在设备(iPhone 或 iPad)上运行。Provisioning 是准备和配置应用在设备上启动的过程。在开发和测试过程中，你需要指定能启动应用的设备。当你提交应用到商店时，只需要提供你的应用(发布配置文件)即可。

2.2.3 下载 Xcode

一旦完成了所有的管理任务，仍需要安装用来开发 iOS 应用的 SDK，它就是 Xcode。Xcode 的最新版本可以在 Apple App Store 下载，旧版本可以在 Xcode 的网页： https://developer.apple.com/xcode/上下载。这个网页(见图 2-9)包含了 Xcode 的所有版本，包括文档。并且，网页上还有引导你到 App Store 下载 Xcode 的链接。

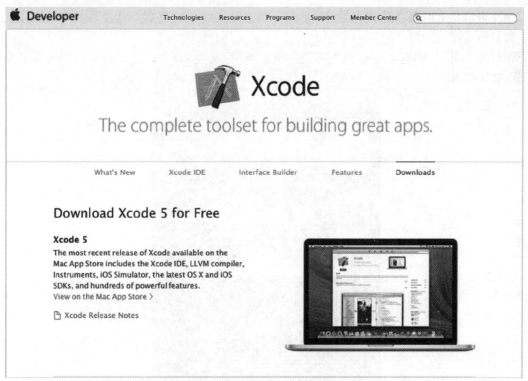

图 2-9　Apple Xcode 网站

注意：

MAF 不必支持 Xcode 的最新版本。在下载 Xcode 之前，请到 http://otn.oracle.com 网站上检查目前 MAF 所支持的版本。

也可以从 Apple App Store 上直接下载 Xcode(见图 2-10)。在 Apple App Store 中搜索 Xcode，就会出现要下载和安装的应用。

图 2-10　App Store 中的 Xcode

2.2.4　启动 iOS 模拟器

Xcode 中附带了最新版本的 iOS 模拟器。为了让 iOS 模拟器进入发射台(Launchpad)或停靠栏(Dock)，你可以使用以下步骤：在 Finder 中，使用 COMMAND-SHIFT-G 的按键组合，并且粘贴以下路径：

/Applications/Xcode.app/Contents/Developer/Platforms/iPhoneSimulator.platform/Developer/Applications/

现在可以将 iOS 模拟器拖曳到停靠栏中。当启动 iOS 模拟器后，它会显示 iPhone 上的默认安装应用。

可以把 iOS 模拟器当作一台实际设备来使用(见图 2-11)。也可以通过硬件|设备菜单将 iPhone 切换成 iPad。

图 2-11　在运行的 iOS 模拟器

2.2.5 使用 iOS 模拟器的多个版本

前面的内容中提到过 Xcode 中附带了最新版本的 iOS 模拟器。如果想要使用旧版本的 iOS 操作系统进行开发，可以通过 Xcode 下载安装这些旧版本。打开 Xcode，进入 Xcode | Preferences 菜单，在 Preferences 中选择 Downloads 区域(见图 2-12)。只需要单击想要使用版本的"Check and Install Now"按钮即可。

图 2-12　下载 iOS 模拟器的 Xcode Preferences 界面

如果想要运行 iOS 模拟器，可以在所有已经安装的版本中进行切换，正如图 2-13 所示。之后当你使用 JDeveloper 创建 MAF 应用时，就可以给 JDeveloper 指定应用要部署到的模拟器版本。这样就能够在不同 iOS 版本上对应用进行测试。

提示：
如果将 MAF 应用部署到模拟器，但应用却消失了，这可能是因为你为模拟器选择了错误的 iOS 版本。请尝试着更换它的版本。

图 2-13　切换 iOS 版本

2.3 设置 Oracle JDeveloper

一旦安装好了相关的 Android SDK 或 XCode 软件,最后的配置步骤是告知 JDeveloper Android SDK 或 XCode 软件在本地机器上的位置。第一步是下载并安装支持 MAF 的 JDeveloper 扩展版本,这可以在 JDeveloper 中的 Check for Updates 菜单中下载。

提示:
对于 MAF,如果因为某种原因导致你不能使用 "Check for Updates" 功能,可以到 OTN 上的 JDeveloper Extensions 网站下载 JDeveloper 的扩展版本。

下载好的扩展版本可以通过本地文件系统中的 Check for Updates 进行安装。

安装完 MAF 扩展版本后,基本上就可以开始开发你的第一个 MAF 应用了。只是还需要在 JDeveloper preferences 中设置一些属性。这些设置可以让 JDeveloper 定位平台特定的 SDK。你需要打开 JDeveloper 并且访问 Preferences。

注意:
操作系统不同,Preference 菜单项的位置就会不同。在 Windows 系统上,Preference 菜单项位于 Tools | Preferences。在 Mac 系统上,它位于 JDeveloper | Preferences。

在 Preferences 窗口,你会找到 Mobile Application Framework 的选项。当展开该选项时,就会看到包括 Android Platform 和 iOS Platform 的选项。每个平台页面都包含了你所选择的移动平台的路径和配置参数。

注意:
在编写本书时,所支持的平台是 Android 和 iOS。如果未来 Oracle 决定支持其他平台,这些平台的配置可能仍然适用。同时还需要注意 JDeveloper 12.1.3 支持 MAF。

2.3.1 为 Android 开发设置 Oracle JDeveloper

为了在 JDeveloper 中设置 Android 开发(见图 2-14),需要选择 Android Platform 选项并且为 JDeveloper 提供安装好的 Android SDK 的路径。JDeveloper 会尝试着为你完成所有的设置,但你需要仔细检查以确保它们确实指向一个有效的 SDK 安装路径。

同时,你也需要提供签名证书。当 JDeveloper 使用 Android SDK 来创建应用时会使用这些签名证书。如果使用调试模式,则可以使用默认设置。如果需要使用发布模式,则使用 Java key tools 来生成证书。通常,需要在命令行输入如下命令:

```
keytool -genkey -v -keystore <Keystore Name>.keystore -alias <Alias Name>
-keyalg RSA -keysize 2048 -validity 10000
```

然后在 Android 发布模式下,在 JDeveloper Android preferences 中输入生成的密钥的名字和密码。

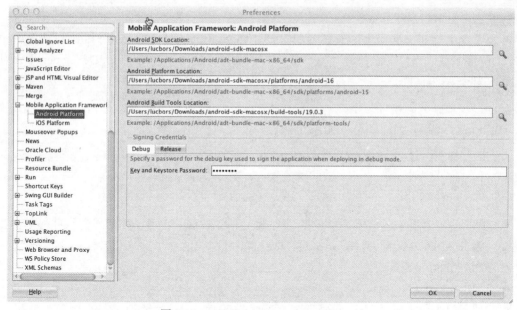

图 2-14　JDeveloper Android preferences

2.3.2　设置为 iOS 开发的 Oracle JDeveloper

为了在 JDeveloper 中配置 iOS 开发(见图 2-15)，需要从支持平台列表中选择 iOS Platform。现在你需要指定 iOS 模拟器 SDK 的位置、Xcode 创建工具的位置以及 iTunes 的位置。JDeveloper 利用 iTunes 的位置将应用部署到 iTunes 以实现设备同步。需要提醒的是，因为 Xcode 和相关的 iPhone 模拟器只能装在 Mac 上，所以只有在 Mac 上运行 JDeveloper 时配置这些设置才有意义。

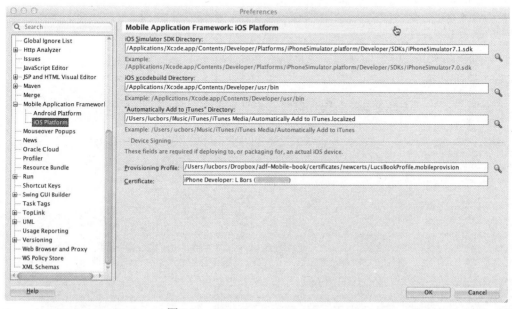

图 2-15　JDeveloper iOS preferences

注意：

必须至少运行 iTunes 和 iOS 模拟器一次，才能在 Mobile Application Framework iOS 平台的 Preferences 页面上配置它们的目录位置。如果跳过这些步骤，通常在 JDeveloper 中该部署将失败，因为 XCode/iTunes 命令行不支持这种许可证条件。

最后，需要把签约信息提供给 JDeveloper，如 Provisioning Profile 和一份开发者证书。你可以使用在 2.2 节中介绍的配置文件和证书。

2.4 小结

用 MAF 进行开发，需要配置并安装额外的工具。本章中学习了如何设置这些额外的工具以及如何为 MAF 开发配置 JDeveloper，主要内容如下：

- 安装 Android SDK
- 使用 Android 模拟器
- 获取 Apple ID 和证书
- 安装 Xcode
- 使用 iOS 模拟器

第3章

Oracle JDeveloper ——用于 Oracle Mobile Application Framework 开发

前几章已经学习了 Oracle Mobile Application Framework，以及如何设置 Oracle MAF 的开发环境。

在开始创建 MAF 应用之前，为了熟悉最重要的窗口、菜单以及集成开发环境(Integrated Development Environment，IDE)的特性，建议先快速浏览 JDeveloper。这样可以更有效地创建和组织 MAF 应用。本章将介绍 JDeveloper 平台，以及如何在这个开发环境下找到你自己的开发方式。

3.1　Oracle JDeveloper 概述

JDeveloper 是 Oracle 公司提供的一款免费使用的工具，用来帮助开发者在 Oracel Fusion Middleware (FMW) 栈下创建应用。创建 JDeveloper 工具是为了尽可能地提高开发者的生产力，促进声明式开发模型的发展，并提高开发者编写代码的能力。

Oracle JDeveloper 将 Java、SOA、Web 2.0、数据库、XML、Web 服务以及移动开发的开发特性整合到同一个工具里。它包含了完整的开发生命周期：从最初的设计和分析，经过编码和测试阶段，到最后的部署。

注意：
你需要的 JDeveloper 是针对 MAF 开发的完整的 Studio 版本。

JDeveloper 是一个致力于提高开发者生产效率的集成开发环境(IDE)，它提供可视化和可声明的方式来设计应用，简化了对组成应用的组件的定义，从而简化并消除了冗余的编码过程。

在安装完 JDeveloper，并首次启动它之后(见图 3-1)，JDeveloper 将提示你选择"Select Role"选项(见图 3-2)。

图 3-1　JDeveloper 启动窗口

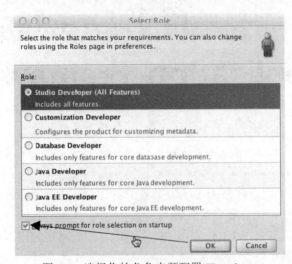

图 3-2　选择你的角色来预配置 JDeveloper

注意：
JDeveloper 中附带了一个安装程序，你必须使用它来安装 IDE。对于平台特定的要求和安装，必须参考 Oracle Fusion Middleware Documentation Library 中的"Installing Oracle JDeveloper"指南。

接下来将为 JDeveloper 配置你所选择的任务。如果选择的是 Studio Developer，则可以使用 JDeveloper 中所有可用的功能。

注意：
只有选择的是 Studio Developer 时，才能开发 MAF 应用。

接下来取消选中的复选框"Always prompt for role selection on startup"，这样就不会在每次启动 JDeveloper 时，提示你进行角色选择。

注意：
可以随时更改角色，也可以重新激活 Prompt at startup 选项，其方法是通过在 JDeveloper 中简单地调用 Tools 菜单并在 Tools 菜单中选择 Switch Roles 选项(见图 3-3)。

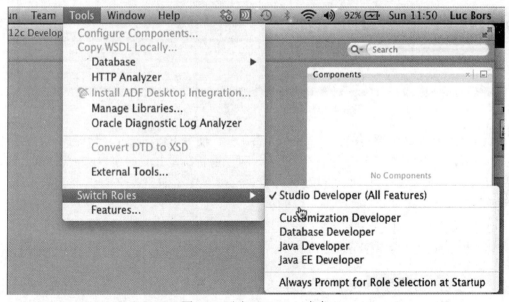

图 3-3　更改 JDeveloper 角色

当启动 JDeveloper，并取消"tip of the day"和"Oracle usage Reporting"信息之后，你会看到 IDE 或多或少变空了。现在，可以在引导下开始使用 JDeveloper。

3.2　探讨并定制 Oracle JDeveloper IDE

JDeveloper 是一个开箱即用的集成开发环境(IDE)。它虽然附带了默认的设置和风格，但是开发者自己可以修改许多参数，本书不会介绍相关细节。在开发 Oracle MAF 应用的过程中，你会用到 IDE 的一些部件。为了帮助你开始使用，还需要进一步研究 IDE 的这些部件。

3.2.1 Oracle JDeveloper 中的窗口

为了能轻松使用 JDeveloper，必须学着分清楚 JDeveloper 中的所有窗口和面板，并且能够管理它们。JDeveloper 使用不同的窗口和面板来显示不同内容。这些窗口大部分可以移动，并且定位这些移动的窗口时不需要依赖其他窗口。

当启动 JDeveloper 时，会看到一个预定义的 IDE 布局，如图 3-4 所示。

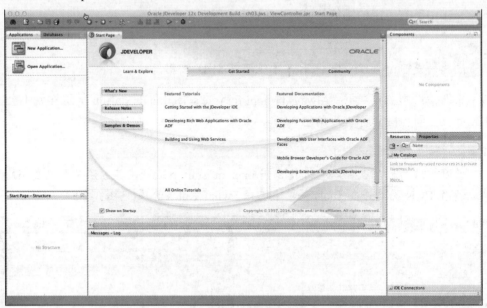

图 3-4　JDeveloper 初始与默认风格的 IDE

通常，JDeveloper 推荐的默认设置可以正常工作。使用 JDeveloper 一段时间后，你可能会发现窗口和面板的默认位置与你想的不太一样。可以重新布置 IDE 的窗口，按照你喜欢的方式来组织它们。如果嫌这些太麻烦，可以通过调用 Windows 菜单，并选择 Reset Windows To Factory Settings 选项将它恢复为出厂设置。

你可能经常会用到的窗口如下：

- **应用导航**　这是 JDeveloper 中应用的主要容器。它使用面板来管理应用的内容。这些面板包括：
  - **项目面板**　这个面板用来导航应用的 Artifact，主要是源代码。你可以在一个 Artifact 上通过右击来创建、查看和编辑多个 Artifact。你也可以在合适的编辑器中通过双击 Artifact 来打开它。
  - **数据控制面板**　这个面板显示的是当前应用的"数据模型"。当创建应用的用户界面时，将会使用数据控制面板。在数据控制面板上，可以通过拖放数据模型的某些部分来创建用户界面上的内容。
- **应用资源**　这包含了应用范围内所有的资源和配置文件，适用于整个应用。在应用资源窗口中，你会发现应用中使用的链接，以及 iOS 和 Android 上的应用图片，如闪屏图像(Splash Screen Images)。

- **结构窗口** 该窗口显示了当前所选对象的层次结构视图。如果它显示的是一个 Java 文件的结构，那么你将会看到类的方法和成员变量。你可以在结构窗口上单击一个节点，假设它是一个 Java 类的方法，那么与它相同的方法就会在相应的源代码编辑器中自动突出显示。因此，在使用大型类或复杂的结构时，结构窗口就成为了一笔宝贵的财富。
- **组件面板** 组件面板显示了在可视化编辑器中使用的元素。例如，在一个 MAF AMX 页面上，可以直接从组件面板拖动 UI 组件。
- **Property Inspector** Property Inspector 显示了一个列表，表示当前选择的组件的属性及其值。Property Inspector 主要是用来查看和编辑 MAF 组件的属性。
- **编辑器窗口** 这是你运行所有任务使用的 IDE 的一部分。它通常出现在 JDeveloper 的中心位置，是你编辑所有 Artifact 的窗口。无论什么类型的文件，Java 类、XML 文件、配置文件或者图表，对它们的编辑都在编辑窗口中进行。编辑器会根据显示的文件类型，在底部贴上标签。这些标签使你可以在同一个文件的不同视图之间进行切换。比如，对于一个 MAF 移动页面，可以在源视图和预览之间进行切换。对于一个配置文件，在对相同的任务编码时，可以在概览(声明式开发)和源视图之间进行切换。

注意：
JDeveloper同步编辑器窗口中不同标签的内容，这样可视化编辑器中发生的更改能立刻反映在代码或者源编辑器上，反之亦然。此外，JDeveloper同步编辑器窗口和结构窗口，以及 Property Inspector和编辑器窗口。这意味着做同样的任务，你有多种可选择的方式，而结果是一样的。

之前提到的所有窗口和面板都会突出显示，如图 3-5 所示。

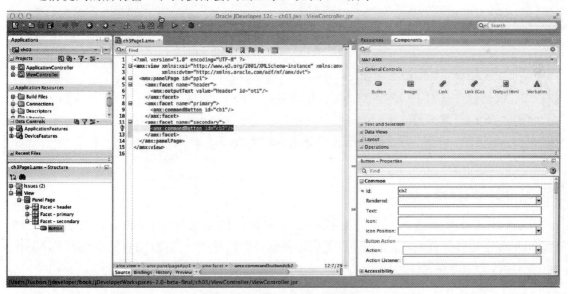

图 3-5　JDeveloper 窗口和面板

同时还包括一个历史标签。切换到历史标签可以比较一个文件的多个版本。你会看到相比于旧版本，当前版本发生了哪些改变(见图 3-6)。

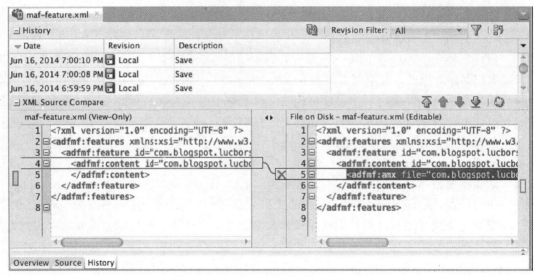

图 3-6　JDeveloper 文件历史记录功能

Oracle JDeveloper 的本地历史记录

只要配置了 JDeveloper，它就会保留每一个文件的本地历史记录。可以在 JDeveloper Preferences 中更改这个设置。根据开发者的设置，JDeveloper 会保持这个历史记录几天(见图3-7)。

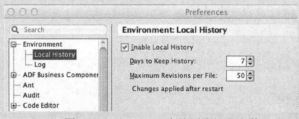

图 3-7　JDeveloper 本地历史记录参数

如果你去度假，回来时，当调用历史记录功能可能会意外地发现所有的历史记录都已经被删除了。因为默认状态下，历史记录只能保存七天。请注意，不要完全依赖于这个版本控制。在本章的后半部分将学习版本控制选项。无论是否与版本控制系统相关，如果弄乱了代码，但想恢复之前的工作状态，那么历史标签会成为你的大救星。

3.2.2　代码编辑器

编辑器窗口可以包含所有类型的内容。内容初始显示的方式可以在 JDeveloper 的 Preferences 中进行配置。如果想在不同类型的编辑器中打开一个文件，可以简单地在 File Types | Preferences 中更改设置(见图3-8)。

提示：

当再次打开 JDeveloper 时，它会加载上一次关闭 JDeveloper 时所有打开的文件。当默认编辑器是 "Preview" 或 "Design" 时，打开窗口时可以需要花一点时间来呈现 JDeveloper 初始化文件。"Source" 编辑器速度稍微快一些，所以如果在关闭 JDeveloper 时总是留下一些打开着的文件，"Source" 绝对是默认的首选编辑器。

第 3 章　Oracle JDeveloper——用于 Oracle Mobile Application Framework 开发　37

图 3-8　更改文件的默认编辑器

在代码编辑器中，你可以(显然地)编辑代码。这可以是 Java 文件、XML 文件，并且还可以是属性文件、文本文件、JavaScript 文件和 CSS(Cascading Style Sheets，层叠样式表)。代码的显示方式、颜色、字体、布局都可以在 JDeveloper 中配置。这些可以在代码编辑器节点下的 JDeveloper Preferences 中进行配置。在不同的节点上，许多设置都可以更改，而且甚至可以通过导入代码样式模板来添加自己的"代码样式"("Code Style")(见图 3-9)。这可以确保所有的开发者使用的代码样式一致。

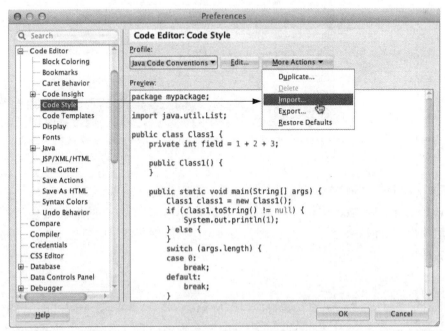

图 3-9　JDeveloper 代码编辑器的参数

3.3 创建一个 Oracle Mobile Application Framework 应用

既然你已经找到了自己使用 JDeveloper 的偏好方式并且设置好了 IDE 参数,那么现在是时候创建你的第一个 MAF 应用了。可以用多个方法创建一个新的 MAF 应用。可以在工具栏新建图标,在应用导航栏新建应用,或者简单地使用 File | Application | New 菜单。如果选择创建一个新的应用,JDeveloper 会让你选择想要创建的应用类型。

提示:
除了之前提到的能显示 New Gallery 的方法,还可以使用 CTRL-N 按键组合。

由于 JDeveloper 是一个能为许多 Oracle Fusion Middleware 提供解决方案的 IDE,所以在所构建应用的基础上可以创建许多不同种类的应用类型。对于本书,你要创建的是一个新的 Mobile Application Framework 应用(见图 3-10)。

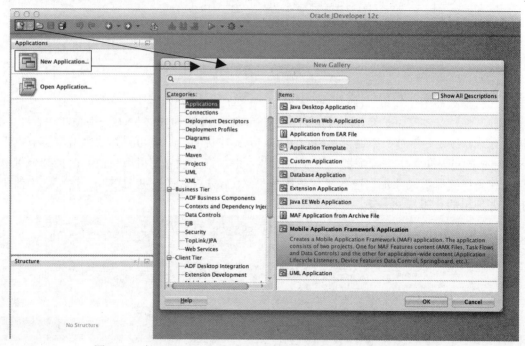

图 3-10　在 New Gallery 中选择 Mobile Application Framework 应用

当单击 OK 按钮时,JDeveloper 将引导你完成一个向导,可以用它来配置父级 MAF 应用。第一步(见图 3-11),在存储应用文件的文件系统上定义应用的名称和目录。还可以输入 Application Package Prefix。这将作为你的应用中所创建的所有文件的根 Java 包结构,有助于你构建应用的内容。请务必想出一个包命名的约定,以确保所创建的包位于不同的路径上,从而避免命名冲突。

注意:
Application Package Prefix(应用包前缀)与 Directory(目录)不相同。一个"Directory"具体到你的开发计算机,而"Application Package Prefix"是任何一台计算机的文件系统的抽象。

第 3 章 Oracle JDeveloper——用于 Oracle Mobile Application Framework 开发

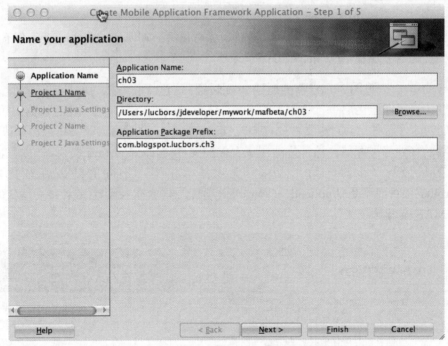

图 3-11 创建新的 MAF 应用的第一步

第二步(见图 3-12)是创建 MAF 应用中的项目。一个 MAF 应用通常包括两个项目。第一个项目是 ApplicationController。它用来存储 MAF 应用中的应用级 Artifact。名称"ApplicationController"被默认输入。同时，在向导的这个步骤必须设置项目文件的存储目录。该目录来源于在第一步设置的应用目录。另外要注意项目的功能。JDeveloper 给项目添加了项目功能。关于真正所需要的功能信息来源于应用模板。

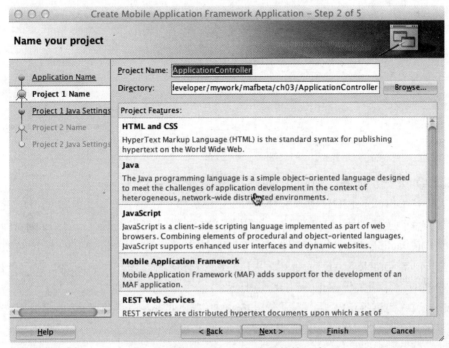

图 3-12 创建新的 MAF 应用的第二步

提示：

JDeveloper 使用应用模板来设置和配置新创建的应用。可以通过使用应用菜单来找到应用和项目模板；选择管理模板(Manage Template)。

在向导的第三步(见图 3-13)，需要配置 Java 设置。这意味着需要为项目定义一个默认的包。默认包的默认设置在应用层进行设置，后缀为"application"。此外，必须配置 Java 源路径和输出目录。它决定了你的 Java 源文件的存储位置。请注意，这是根路径。在添加默认包到根路径后，实际的文件将被存储。这同样适用于存储类文件(编译好的 Java 类)所在的输出目录。

向导的最后两个步骤与第二步和第三步基本相同，不同的是最后的步骤适用于 ViewController 项目而不是 ApplicationController 项目。只要输入设置(或者接受默认值)，然后完成新建 MAF 应用向导。

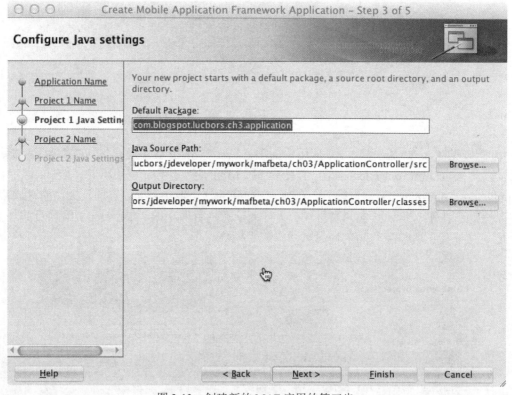

图 3-13　创建新的 MAF 应用的第三步

Eclipse 中 Oracle Mobile Application Framework 的开发

在本书中，JDeveloper IDE 用来解释 Oracle MAF 和开发过程。如果选择的 IDE 是 Eclipse，也可以开发 MAF 应用。为了能在 Eclipse 中开发 MAF，必须首先安装 Oracle Enterprise Pack for Eclipse(OEPE)(Oracle Eclipse 企业软件包)。OEPE 提供了一套为 Eclipse IDE 设计的插件，用来创建、配置和部署 Oracle MAF 应用。如果 Eclipse 是你的首选 IDE，你应该有自己使用 Eclipse 的方式。本书中不介绍关于 Eclipse IDE 的配置。

在 Eclipse 中安装完 OEPE 后，必须在 Eclipse 中打开 perspective(角度)对话框并且选择 Oracle MAF。当单击 OK 按钮，Eclipse IDE 更新为一套新的视图和编辑器，它最适合用于开发 Oracle MAF 应用。

开始工作时，从主菜单中选择 File | New | Other。然后在新建向导中，展开 Oracle，接着是 Mobile Application Framework，然后从 Oracle 模板的可选列表中选择 MAF 应用。

现在，已经创建了一个新的 MAF 应用，可以使用本书中使用的说明和样例来开发这个新的 MAF 应用。可能会有一些差异，但在本质上应用开发是相同的。

3.4 Oracle JDeveloper 中的版本控制

之前，我们提到了 JDeveloper 的本地历史记录功能。只要你是项目的唯一一位开发者，JDeveloper 的本地历史记录功能就会在一定程度上起作用。然而，在应用的开发过程中，往往开发者不止一人。这意味着你将在相同的代码基础上与他人一起工作。为了定义更改并确保开发者使用的是程序的最新版本，可以(必须)使用一个版本控制系统。JDeveloper 使你能够连接到一个版本控制系统，并从 JDeveloper IDE 中管理你的源代码控制。JDeveloepr 支持几种不同的版本控制系统。

默认情况下，JDeveloper 包含的插件使你能够使用 Subversion(subversion.tigris.org)或者 GIT(git-scm.com)。很容易就可以配置 JDeveloper 来使用 Subversion 或者 GIT。可以通过 Team | Version Application 菜单来修改应用的版本。JDeveloper 允许你选择版本库(见图 3-14)。选择完版本库后，JDeveloper 开始导入向导，在此必须输入版本库特定的设置。请参考 JDeveloper 在线帮助来获得 GIT 和 Subversion 具体的设置和要求。

图 3-14　JDeveloper 中的 Version Application

如果你喜欢其他的版本控制系统，可以使用 Check for Updates，查看是否有你所选择的版本控制系统适用于 JDeveloper 的扩展。可能会有版本控制系统的扩展，比如 ClearCase、ConcurrentVersionsSystem (CVS)和 Perforce。

提示：
JDeveloper 在线帮助包括如何设置和使用你自己的版本控制系统。

3.5 小结

在开始 MAF 开发之前,了解你选择的开发工具是很有用的。在开发工作中,你会经常使用这些工具,你会习惯 JDeveloper 支持移动应用开发的方式。一旦熟悉了 JDeveloepr,IDE 会为你提供多种定制环境的方式以满足你的需求。本章主要内容如下:
- 如何配置 JDeveloper 启动角色
- 如何在 JDeveloper 中找到自己的开发方式
- 本地历史记录是如何工作的以及如何使用版本控制系统
- 如何创建 Oracle MAF 应用

第 4 章

创建 AMX 页面

优秀的用户界面和用户体验是移动应用成功的关键。因为用户使用移动应用是要完成任务的，所以移动应用的每一个功能都应该致力于帮助用户完成任务，除此以外的其他所有内容都应该丢弃。像以移动应用而闻名的苹果和谷歌这样的厂商，他们通过精心打造的用户界面来实现出众的用户体验。他们扩大调查范围来准确地知道当用户按下一个按钮、轻扫屏幕，或者触摸一个图标时，用户真正期望的是什么。如果你开发的自定义界面没有按照这种方式工作，用户就会感到困惑，并且可能永远不再使用你的移动产品。

本章将介绍如何使用 Mobile Application Framework 来创建移动应用的 AMX 页面和移动应用流。具体而言，你将学习组件库，它是框架中的一部分，这有助于你通过组件驱动的方式来开发用户界面。此外，还将学习如何通过创建任务流来实现应用流。

首先介绍 Mobile Application Framework，更具体而言，在框架结构中有 AMX 页面和控制器的角色(见图 4-1)。

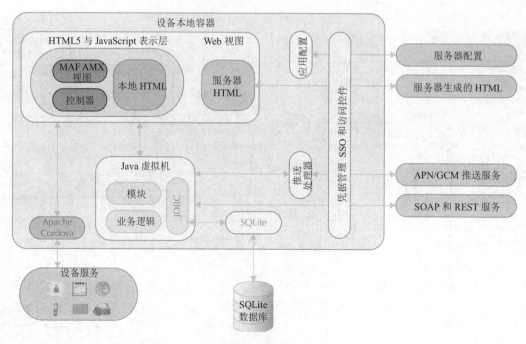

图 4-1　框架中的 AMX 页面和控制器

运行时，AMX 视图和控制器负责在设备的 Web 视图中呈现用户界面和控制导航。框架的这些部分没有直接连接数据源(比如 Web 服务)，也不参与设备交互。它们只呈现 HTML 5 视图和导航。

本章通篇使用的示例都是从 Plain Old Java Objects(POJOs)中检索数据。为了在应用中显示这些数据，我们会使用粘合层(binding layer)。我们会在第 5 章讨论框架的粘合层部分。你现在没有必要尝试着去了解这些部分，因为我们现在关注的是如何使用可获得的 UI 组件来创建用户界面，以及如何实现任务流和导航。

4.1　基于组件的开发简介

基于组件的开发就像拼装 LEGOs 玩具。你有一堆砖并且可以用它们来任意搭建你喜欢的汽车或者房子。每一块砖都有其特定的属性，可以按照自己喜欢的方式将它们组合在一起。

组件库中的组件非常像 LEGOs 玩具。它们被预先定义；它们有自己的属性和行为。没有必要深入了解这些是如何实现的。可以把它们看作黑盒子，这些黑盒子可以组合成一个全功能的用户界面。并且它们可以按照任何你喜欢的方式来创建许多不同种类的用户界面。

移动应用框架组件库也是如此。可以通过使用框架组件库中的组件来开发 AMX 页面。该组件库包含了许多预定义的组件，并且要用属性来配置它们。

下面详细介绍这些可用的组件。

4.1.1　Oracle Mobile Application Framework 中可用的组件

MAF 组件库包含使用 MAF 创建移动应用需要的所有组件。它包含两大类。第一类是可用于创建用户界面的通用组件。第二类是为数据可视化专门创建的组件，比如图形、gauges、地图等。你将在接下来的部分学习这两大类。

正如图4-2中所示,通用组件可以被进一步划分出子类别。这使开发者能够更容易地找到组件。

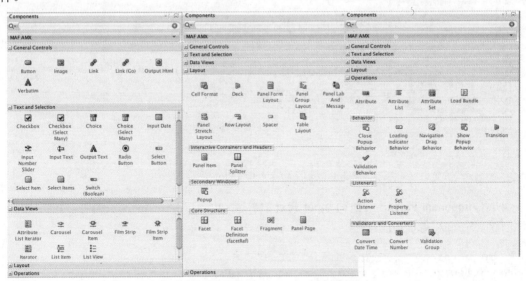

图4-2　MAF组件库中可获得的组件

提示:
如果不确定在哪里可以找到一个组件,可以使用Component Palette的搜索功能(见图4-3)。这样就能够快速定位一个组件。

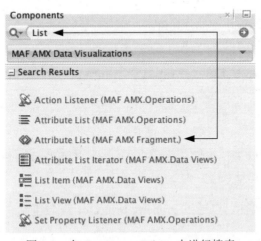

图4-3　在Component Palette中进行搜索

下面介绍一个如何使用Component Palette的基本样例。Oracle MAF的组件库包含一个名为Input Text的组件。可以在JDeveloper的"Text and Selection"类别下的Component Palette找到这个组件。可以使用Component Palette将一个组件拖放到AMX页面中,如图4-4所示。

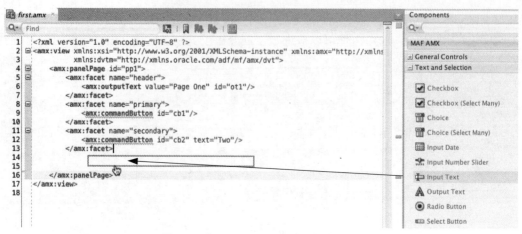

图 4-4　从 Component Palette 拖放组件

当从 Component Palette 上拖动 Input Text 组件到 Oracle MAF AMX 页面时，JDeveloper 会为你创建一个输入文本字段：

```
<?xml version="1.0" encoding="UTF-8" ?>
<amx:view xmlns:xsi=http://www.w3.org/2001/XMLSchema-instance
          xmlns:amx=http://xmlns.oracle.com/adf/mf/amx
          xmlns:dvtm="http://xmlns.oracle.com/adf/mf/amx/dvt">
    <amx:panelPage id="pp1">
        <amx:facet name="header">
            <amx:outputText value="Header" id="ot1"/>
        </amx:facet>
        <amx:facet name="primary">
            <amx:commandButton id="cb1"/>
        </amx:facet>
        <amx:facet name="secondary">
            <amx:commandButton id="cb2"/>
        </amx:facet>
        <amx:inputText label="label1" id="it1"/>
    </amx:panelPage>
</amx:view>
```

提示：
如果你有信心，就可以不使用 Component Palette。不用拖放组件，同样也可以将组件直接输入到 AMX 源代码中。其结果是一样的。

此 Input Text 组件的属性可以通过 Property Inspector 获得和更改。这将在下一节进行学习。

4.1.2　更改组件属性

MAF 所有的组件都有一系列的属性。这些属性决定了运行时组件的外观、行为和风格。属性可以在 Property Inspector 中更改。Property Inspector 可以显示纵向和横向的布局。横向布局使用标签将属性进行分类，而垂直布局使用可折叠控件将属性进行分类。

两个方向(见图 4-5)显示的属性相同。在 Structure 窗口，可以从组件的上下文菜单中调用 Property Inspector，如图 4-6 所示。

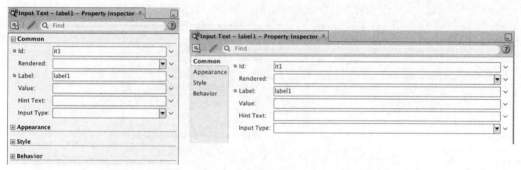

图 4-5 Property Inspector 的垂直布局(左)和水平布局(右)

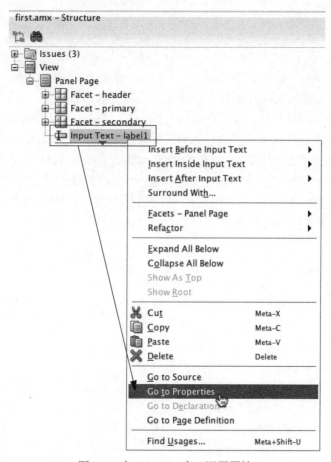

图 4-6 在 Structure 窗口调用属性

提示：
如果你是第一次接触 JDeveloper 和 Mobile Application Framework，Property Inspector 提供了一种非常方便的方法来更改组件属性。更改属性会立刻反映在定义了移动 AMX 页面的 XML 上。逐渐获得信心和经验后，可能会发现直接在 XML 代码中工作更容易，因为你知道要输入什么代码。其结果是一样的，但是直接输入代码开发的速度往往会更快。代码编辑器提供了这两个组件和属性的自动提示列表(见图 4-7)。

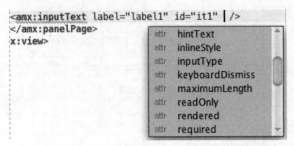

图 4-7 源代码编辑器中的自动提示属性

4.2 布局组件

移动应用通常遵循页面布局的最佳实践。苹果和谷歌提供的标准和指南，对这些为不同平台(比如 iOS 和 Android)设计的布局进行了描述。许多这样的布局可以用 Oracle Mobile Application Framework 的移动布局组件来创建。

在本章，我们会介绍几种布局组件，如 tableLayout、rowLayout、cellFormat 和 panelSplitter。当创建一个 AMX 页面时，首先需要创建 AMX 页面的"骨架"("Skeleton")，或者核心结构。这个结构将有一个单一的"视图"("view")组件作为外部布局组件。接下来的代码样例会展示这种"骨架"结构。这个"视图"组件不能被配置，因为它没有属性。然而，框架需要用这个组件作为 AMX 移动页面上所有组件的外部容器。通常，页面组件树的下一个组件是 PanelPage 组件，接下来我们会讨论它。

```
<?xml version="1.0" encoding="UTF-8" ?>
    <amx:view xmlns:xsi=http://www.w3.org/2001/XMLSchema-instance
            xmlns:amx=http://xmlns.oracle.com/adf/mf/amx
            xmlns:dvtm="http://xmlns.oracle.com/adf/mf/amx/dvt">
    <amx:panelPage id="pp1">
        <amx:facet name="header"/>
        <amx:facet name="primary"/>
        <amx:facet name="secondary"/>
    </amx:panelPage>
</amx:view>
```

如果不愿意使用 PanelPage，也可以不使用它，但它是一个非常强大的组件，可以帮助你创建移动 AMX 页面。PanelPage 组件有四个已经被定义的页面。这些页面是占位符组件，用来确保每当页面被呈现时，总能在预先定义的位置上展示页面的内容。一个面板页面包括以下几个方面：

- 页眉(Header) 这个通常包含移动页面的标题，并且呈现在移动页面的顶部。
- 页脚(Footer) 页脚呈现在移动页面的底部。
- 初级(Primary) 通常包含一个按钮，往往用来导航回到之前呈现的视图。
- 中级(Secondary) 同样也用来显示一个按钮；例如，导航到下一个视图。

如果要创建一个新的 AMX 页面，JDeveloper 会询问你想要使用哪一个，如图 4-8 所示。

第 4 章 创建 AMX 页面 **49**

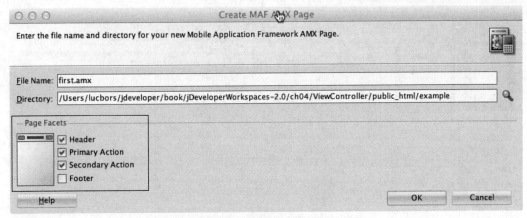

图 4-8 为新的 AMX 移动页面选择页面

注意：

不必在这时选择任何页面布局，因为之后只要通过调用面板页面的上下文菜单并选择可用的布局的方法，或者通过简单地在代码编辑器中输入页面布局代码的方法就可以随时添加。

panelPage 组件将呈现可以在 AMX 页面的页眉和页脚之间滚动的内容，如图 4-9 所示。这张图显示了 MAF 应用的一个截图，在本节，它将会被用来解释几种布局组件的用法。

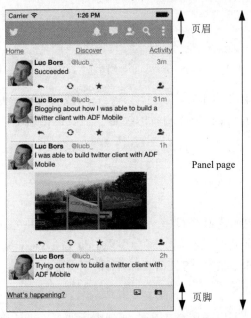

图 4-9 带有页眉和页脚的样例 Panel Page

4.2.1 列表视图

MAF 有几个预定义的列表布局，它们都有自己具体的特点。当通过从 Data Control 拖曳一个集合(collection)来创建列表视图时，JDeveloper 会向你显示一个 ListView Gallery，如图 4-10 所示，在 ListView Gallery 中，可以在 50(目前是 64)多个预定义的列表视图中任意选择一个列表视图。这样能节省大量的时间，因为这些预定义的布局已经设置了正确的显示属性。

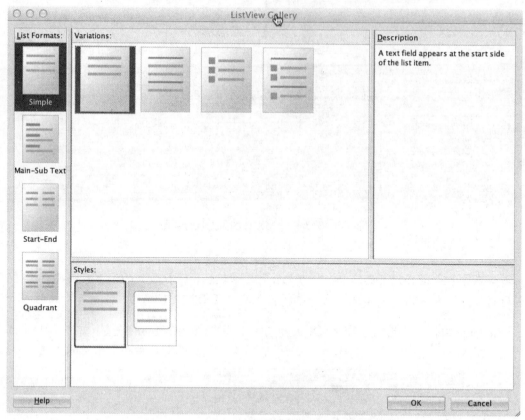

图 4-10 从 ListView Gallery 创建一个新的视图列表

可以选择任何一种预定义的布局。它可以是带有图像的布局，也可以是包含链接到不同的 AMX 页面的列表项的布局，或者是这两者的组合。主要包括以下四大类：

- Simple
- Main-Sub text
- Start-End
- Quadrant

创建一个列表时，可以考虑几个设置。这些设置必须在 Edit List View 编辑器中进行配置。一旦你选中了其中某一个预定义的布局，就会出现 Edit List View 编辑器。图 4-11 显示了从预定义布局中选择一个 Simple 列表后的 Edit List View 编辑器。

列表项选项

当在创建一个列表时，可以配置列表来支持列表项选项。当使用 Single Item 方式时，列表会根据集合选中当前列表项进行配置。SelectionListener 属性和 SelectedRowKeys 属性都被添加到 List View 中，以适应列表项选项。如果选择 None，则选项不可用。

使用分割器

当在创建一个列表时，还可以为该列表配置一个分割器属性。分割器属性被用来组织列表项。分割器模式可以设置为两个不同的值。在这两个选项中，可以使用 showDividerCount 属性，这将显示指定组条目的数量。第一种选择要使用分割器属性的完整值，例如，按星期几或者按国家来组织列表项。这个示例如图 4-12 所示。

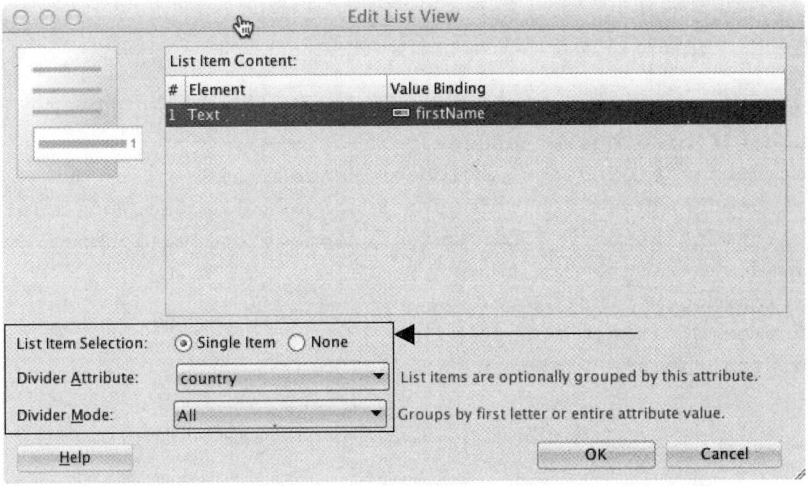

图 4-11　Edit List View 编辑器

```
<amx:listView var="row"
    value="#{bindings.attendees.collectionModel}"
    fetchSize="#{bindings.attendees.rangeSize}"
    selectedRowKeys="#{bindings.attendees.collectionModel.selectedRow}"
    selectionListener="#{bindings.attendees.collectionModel.makeCurrent}"
    dividerAttribute="country"
    dividerMode="all"
    showMoreStrategy="autoScroll"
    bufferStrategy="viewport" id="lv1">
```

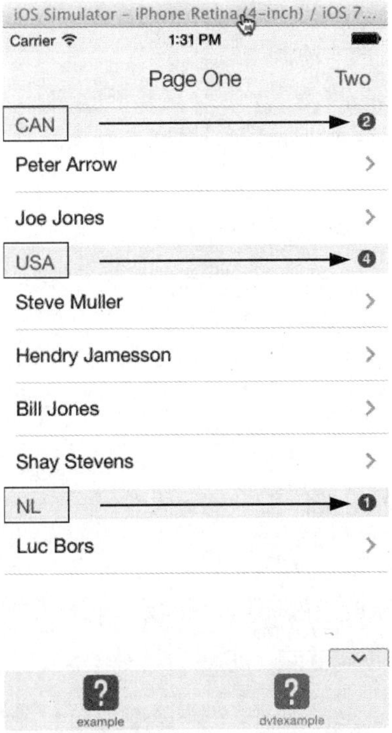

图 4-12　使用分割器的列表和所有的 dividerMode

其他选项要使用 dividerAttribute 的首字母。通常，在给一个列表排序时我们会使用它，例如，按照姓氏排序，见图 4-13。当使用首字母分割模式(firstLetter dividerMode)时，MAF 还将创建一个字母索引，并将列表项目中含有的字母突出显示。

```
<amx:listView var="row"
      value="#{bindings.attendees.collectionModel}"
      fetchSize="#{bindings.attendees.rangeSize}"
      selectedRowKeys="#{bindings.attendees.collectionModel.selectedRow}"
      selectionListener="#{bindings.attendees.collectionModel.makeCurrent}"
      dividerAttribute="lastName"
      dividerMode="firstLetter"
      showMoreStrategy="autoScroll"
      bufferStrategy="viewport" id="lv1">
```

图 4-13　带有分割器并使用首字母分割模式的列表

注意：
分割器本身不会对数据进行分类。为了在列表中正确显示数据，需要对数据进行分类。这通常会使用到 Java 方法。

4.2.2　创建自己的列表视图布局

布局时虽然有很多选择，但肯定会遇到预定义的布局不满足你的要求的情况。如果出现这样的情况，需要知道如何创建你自己的布局。让我们来看看接下来的例子，它是基于 Twitter 客户端实现的。在图 4-14 中，你会看到几个布局区域。

第 4 章　创建 AMX 页面　**53**

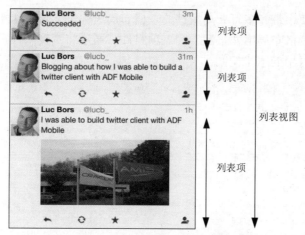

图 4-14　执行中的列表视图

组件很容易辨认。首先，可以看到带有嵌套列表项组件的 listView 组件。这种实现方式很直截了当。

```
<amx:listView var="row" value="#{bindings.timeline1.collectionModel}"
    selectedRowKeys="#{bindings.timeline1.collectionModel.selectedRow}"
    selectionListener="#{bindings.timeline1.collectionModel.makeCurrent}"
    showMoreStrategy="autoScroll" bufferStrategy="viewport"
    fetchSize="#{bindings.timeline1.rangeSize}" id="lv1">
    <amx:listItem showLinkIcon="false" id="li1">

    <!--content of list view goes inhere -->

    </amx:listItem>
</amx:listView>
```

接下来是要更精确地分析布局，并确定你的布局中需要使用的组件。

列表项中的内容包括几个布局区域。从上往下看图 4-15，可以看到有四行。第一行包含表头，第二行包含推文的内容，第三行是可选的，如果第二行是推文，那么第三行就包含一张图片。最后，第四行包含返回推文、喜好或回复推文的图标以及 Twitter 用户定位的图标。

图 4-15　执行中的表格布局组件

多行布局最好是使用带有多行布局组件的表格布局组件来实现。这种情况下，必须要使用四行布局组件。这个表格布局组件来源于列表项组件。通过将宽度属性设置到 100%，可以确保组件能够占据所有可用的水平空间。

```
<amx:tableLayout width="100%" id="tl2">
    <amx:rowLayout id="rl2">
        <!-header goes here -->
    </amx:rowLayout>
    <amx:rowLayout id="rl3">
        <!-tweet goes here -->
    </amx:rowLayout>
    <am x:rowLayout id="rl6" rendered="#{row.photo!=''}">
        <!-image goes here -->
    <amx:rowLayout id="rl4">
        <!-footer goes here -->
    </amx:rowLayout>
</amx:tableLayout>
```

到目前为止，我们创建的仍然是一个非常简单的布局。布局中每行的内容都被嵌入到单元组件中。这可以用于行和表格中特定的布局。

在每一行，可以看到几个组件和一些特定的排列，如图4-16所示的突出显示部分。让我们逐行来看并解释这种布局的可能性。在第一行，有一张 Twitter 账户的图像，旁边附有姓名、用户定位以及发布推文的时间。

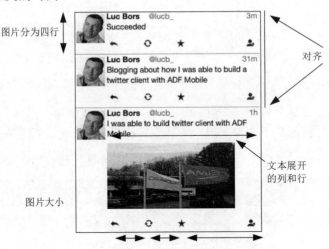

图 4-16　特定的布局功能

可以清晰地分辨这四个部分，它们位于各自的 cellFormat 组件中。cellFormat 组件是实际内容的容器。通过使用 width 属性和 halign 属性，一行就是一个组件，因此第一个单元格占了四行，并且每一行有固定的宽度，第二个和第三个单元格分别使用了可用宽度的20%。第四个单元格使用尾部对齐的方式，以便能将推文时间放在每行的末尾。这是第一行的一部分；然而，第一行下面对它进行了扩展。这可以通过使用单元格 rowSpan 属性来包含那张图片。

```
<amx:rowLayout id="rl2">
    <amx:cellFormat width="54px" halign="center" valign="top"
                    rowSpan="4" id="cf5">
```

```
            <amx:image id="i7" source="/images/#{row.image}.png"
                    inlineStyle="height:48px;width:48px;margin-top:4px" />
        </amx:cellFormat>
        <amx:cellFormat width="20%" height="12px" id="cf4">
            <amx:outputText value="#{row.name}" id="ot1"
                    inlineStyle="font-size:small; font-weight:bold;"/>
        </amx:cellFormat>
        <amx:cellFormat width="20%" height="12px" id="cf4a" halign="end">
            <amx:outputText value="@#{row.handle}" id="ot1a"
                    inlineStyle="font-size:small; color:Gray;"/>
        </amx:cellFormat>
        <amx:cellFormat width="50%" height="12px" id="cf14" halign="end"
                    columnSpan="2">
            <amx:outputText value="#{row.when}" id="ot3"
                    inlineStyle="font-size:small;color:Gray;"/>
        </amx:cellFormat>
</amx:rowLayout>
```

第二行显示推文的内容。为了能让显示的文本占据可用的水平空间，你必须了解布局的工作机制。当使用表格、行以及单元格组件来构建布局时，框架使用了以下的策略：第二行及以下连续行的布局由第一行的布局来决定。为了使推文的内容占据更多的空间而不仅仅是一个单元格，必须使用 columnSpan 属性。在这种情况下，使用 columnSpan 4 将推文内容延伸到第一行的所有列。我们使用内部的 style 属性来包装文本。同时，这也可以用一个 CSS 文件中的 style 类来实现。

```
<amx:rowLayout id="rl3">
    <amx:cellFormat width="100%" height="12px" id="cf6"
                halign="start" columnSpan="4">
        <amx:outputText value="#{row.text}" id="ot2"
inlineStyle="font-size:small;text-wrap:normal;white-space:pre-wrap;"/>
    </amx:cellFormat>
</amx:rowLayout>
```

接下来是有条件地显示图片。无论图片的尺寸是多大，我们都可以使用一个固定的值，因为它总是占据相同大小的空间。

```
<amx:rowLayout id="rl6" rendered="#{row.photo!=''}">
    <amx:cellFormat id="cf9">
        <amx:image id="i15" source="/images/#{row.photo}.png"
                inlineStyle="height:108px; width:216px;"/>
    </amx:cellFormat>
</amx:rowLayout>
```

第三是最底部一行的四个图标。这些图标都可以呈现在它们自己的单元格中，并且可以使用 width 属性确定单元格的大小，使用 halign 属性是确定单元格中内容的对齐方式。

```
<amx:rowLayout id="rl4">
    <amx:cellFormat id="cf7" height="12px" width="20%" halign="start">
        <amx:commandLink id="cl8">
            <amx:image id="i8" source="/images/tla1-Reply.png"
                    inlineStyle="height:24px; width:24px;"/>
```

```
                </amx:commandLink>
            </amx:cellFormat>
            <amx:cellFormat id="cf11" height="12px" width="20%" halign="start">
                <amx:commandLink id="cl9">
                    <amx:image id="i9" source="/images/tlal-Retweet.png"
                        inlineStyle="height:24px; width:24px;"/>
                </amx:commandLink>
            </amx:cellFormat>
            <amx:cellFormat id="cf13" height="12px" width="20%" halign="start">
                <amx:commandLink id="cl10">
                    <amx:image id="i10" source="/images/tlal-Favorites.png"
                        inlineStyle="height:24px; width:24px;"/>
                </amx:commandLink>
            </amx:cellFormat>
            <amx:cellFormat id="cf12" height="12px" width="20%" halign="end" >
                <amx:commandLink id="cl11">
                    <amx:image id="i11" source="/images/tlal-User-Add.png"
                        inlineStyle="height:24px; width:24px;"/>
                </amx:commandLink>
            </amx:cellFormat>
</amx:rowLayout>
```

4.2.3 panelSplitter 组件

panelSplitter 布局组件可以被用来有条件地呈现 UI 的不同部分，而无须导航到不同的 AMX 视图。这还可以基于 Twitter 客户端的样例来说明。相同的移动应用如图 4-17 所示，但现在只是与标题下显示的链接相同。

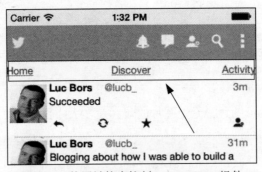

图 4-17 使用链接来控制 panelSplitter 组件

panelSplitter 组件有一个 selectedItem 属性。该属性决定了 panelSplitter 组件的哪一个子 panelItem 在指定时刻对终端用户可见。样例包含了三个 panelItem，其中每一个都呈现了它们自己特定的内容。每当 panelItem 的 ID 与 panelSplitter 组件的 selectedItem 属性值匹配时，panelItem 的内容就会对用户可见。这是动态的，并且可以在运行时设置。为了在多个 panelItem 之间进行切换，可以使用 Home、Discover 以及 Activity 链接。调用这些链接可以设置 activePanel 属性的值。

```
<amx:panelSplitter selectedItem="#{pageFlowScope.UiBean.activePanel}"
                   animation="slideLeft">
    <amx:panelItem id="home">
        <!—List view from previous section goes here -->
```

```
        </amx:panelItem>
        <amx:panelItem id="discover">
            <!--List view from previous section goes here -->
        </amx:panelItem>
        <amx:panelItem id="activity">
            <!--List view from previous section goes here -->
        </amx:panelItem>
</amx:panelSplitter>
```

通常，还会使用 panelSplitter 组件来创建平板电脑布局，即左侧放置列表而右侧放置具体内容。在第 18 章中，你将会学习如何使用 panelSplitter 组件来创建样例应用的平板电脑布局。

也可以通过 deck 组件对显示组件进行切换。deck 组件使用 commandLinks 来呈现内容，而不是使用之前的样例中使用的 panelItems。可以使用一个 setPropertyListener 来设置将要展现的 child 的值，而且 deck 组件还支持转场动画。

```
<amx:deck displayedChild="#{pageFlowScope.UiBean.activePanel}">
    <amx:commandLink id="home">
        <!--List view from previous section goes here -->
        <amx:setPropertyListener from="discover"
               to="#{pageFlowScope.UiBean.activePanel}" type="swipeStart"/>
    </amx:commandLink>
    <amx:commandLink id="discover">
        <!--List view from previous section goes here -->
        <amx:setPropertyListener from="activity"
               to="#{pageFlowScope.UiBean.activePanel}" type="swipeStart"/>
        <amx:setPropertyListener from="home"
               to="#{pageFlowScope.UiBean.activePanel}" type="swipeEnd"/>
    </amx:commandLink>
    <amx:commandLink id="activity">
         <!--List view from previous section goes here -->
        <amx:setPropertyListener from="discover"
               to="#{pageFlowScope.UiBean.activePanel}" type="swipeEnd"/>
    </amx:commandLink>
    <amx:transition transition="slideRight" triggerType="backNavigate"
               id="t1"/>
    <amx:transition transition="slideLeft" triggerType="forwardNavigate"
               id="t2"/>
</amx:deck>
```

4.3 使用手势

自从有了触摸屏，应用交互就有了一个额外的维度。带有触摸屏的移动设备支持手指手势，因而使你能够用手指来控制应用。

可以使用单指的手势，比如向上轻扫、向下轻扫、从左到右快速滑动，还可以使用所谓的长按(taphold)手势。同时，还有两指的手势，比如二指往外拨动表示放大，二指往内拨动表示缩小。

MAF 支持许多手势，这使得用户可以用他们习惯的方式来控制 MAF 应用。Oracle MAF

支持以下手势：SwipeLeft(向左轻扫)、SwipeRight(向右轻扫)、SwipeUp(向上轻扫)、SwipeDown(向下轻扫)、SwipeStart(轻扫开始)、SwipeEnd(轻扫结束)以及 TapHold(长按)。

4.3.1 如何使用手势

可以使用一些组件来实现对手势的支持。它们不呈现任何 UI 组件，但它们是操作器或监听器。这些组件包括 setPropertyListener、setActionListener、showPopupBehavior 以及 closePopupBehavior，可以将它们添加为其他组件的子组件。支持这些监听器的组件包括 commandButton 和 listItems 组件。之后，我们会讨论使用数据可视化(Data Visualization)组件来触发弹窗。

为了实现实际操作中的手势支持，可以使用这些组件的"type"属性。这个属性含有该组件响应手势的值。

例如：如果当用户长按 listItem 时，你想要打开一个弹窗，通常会使用 type="tapHold"，正如代码样例所示：

```
<amx:listView id="lv" value="#{bindings.data.collectionModel}" var="row">
    <amx:listItem action="gosomewhere">
        <amx:outputText id="ot1" value="#{row.description}"/>
        <amx:showPopupBehavior type="tapHold" alignid="pp1"
                               popupid="pop1" align="startAfter"/>
    </amx:listItem>
</amx:listView>
```

可以在 Property Inspector 或源代码编辑器中看到一个组件所有可使用的手势(见图 4-18)。

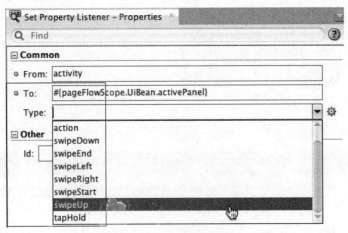

图 4-18　Type 属性可选值

我们在后面的章节会讨论一些常用的模式，比如"向左轻扫来删除"和"长按来打开弹窗"。

另一种模式是"下拉刷新"。许多应用使用这种模式来刷新列表视图。在 Mobile Application Framework 中，这可以通过使用设置为"swipeDown"类型的 setActionListener 来实现。

```
<amx:listView var="row"
    value="#{bindings.allLocations.collectionModel}"
    fetchSize="#{bindings.allLocations.rangeSize}" id="lv1">
    <amx:listItem id="li1">
        <amx:actionListener type="swipeDown"
```

```
            binding=
                "#{pageFlowScope.locationsBackingBean.checkForUpdates}">
```

当实现了这个模式后，当用户向下滑动时，列表项中的 actionListener 组件就会触发 checkForUpdates 方法。

注意：

checkForUpdates 方法是一个在 backing bean 中实现的自定义方法。之后你将会学习如何实现这些 backing bean。

4.3.2 在列表中对列表项重新排序

有一个特殊的手势，不需要编码就可以实现。它由框架提供，在一张列表中对列表项重新排列。并且，可以简单地把列表项拖动到一个新的位置。

下面是如何实现这个"拖动来重新排序"。让我们回顾之前创建的 listView。这个 listView 是一个相对静态的视图，但是我们可以通过使用 listView 的 editMode 属性给它添加一些行为。当设置了 editMode 为 true，用户就可以移动 listItems。示例可以见图 4-19。

```
<amx:listView var="row" id="lv1"
value="#{bindings.attendees.collectionModel}"
fetchSize="#{bindings.attendees.rangeSize}"
editMode="true">
<amx:listItem id="li1">
    <amx:outputText value="#{row.firstName} #{row.lastName}" id="ot2"/>
  </amx:listItem>
</amx:listView>
```

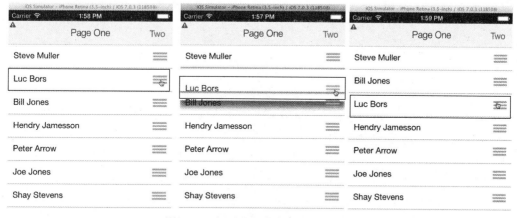

图 4-19　在列表中给列表项重新排序

4.4　Oracle Mobile Application Framework 应用的皮肤

皮肤是一种根据颜色和字体给 Oracle MAF 应用带来特定的外观和感受的机制。它在应用中由三份不同的文件进行配置。Oracle MAF 应用的默认皮肤家族在 maf-config.xml 文件中被定义。

```
<?xml version="1.0" encoding="UTF-8" ?>
  <adfmf-config xmlns="http://xmlns.oracle.com/adf/mf/config">
    <skin-family>mobileAlta</skin-family>
</adfmf-config>
```

如果要使用一个自定义皮肤或者是皮肤的扩展版本，那么接下来需要配置皮肤的文件是 maf-skins.xml。如果你不想改变默认的皮肤，这个文件就会是空的。如果想要改变原有的皮肤，或者创建一个新皮肤，就要对这个文件做一些修改。

我们来看看可能进行的修改：

- 可以通过创建一个新的 CSS 文件来自定义默认皮肤。
- 可以通过在 maf-skins.xml 文件中定义"skin-addition"属性，在现有的皮肤上进行添加。
- 可以为 Oracle MAF 应用创建一个全新的皮肤。这可以通过在 maf-skins.xml 文件中添加一个新的 <skin>元素来实现，不需要使用<extends>元素。

皮肤的实际定义在 maf-skins.xml 文件中，可以见图 4-20。

图 4-20 maf-skins.xml

这个文件需要包含调整样式的 CSS 文件的参考文件。

可以在移动应用的 ApplicationController 项目中创建一个新的 CSS 文件。要创建 CSS 文件，可以调用 New Gallery，并在 Web Tier 选项下，选择 HTML | CSS File。一旦创建了 CSS 文件，就将 JDeveloper 给新的 CSS 文件添加的默认内容删除，因为我们要添加自己的内容。

现在的 CSS 文件是空的。在给 CSS 文件添加新样式之前，最好首先定义一个 skin- addition，以确保这个 CSS 文件可以在运行时获取。要做到这一点，先打开位于 ApplicationController 项目的 META-INF 目录下的 maf-skins.xml 文件，然后从 Component Palette 上拖曳 skin-addition 到这个文件里。指定 mobileAlta 为皮肤 id，并且选择你刚才创建的 CSS 文件来设置样式表属性。

提示：

可以在 amx.css 文件中找到 MAF 使用的默认样式。这个文件位于 www\css 目录下。要访问该目录，你必须先将一个 MAF 应用部署到模拟器或设备上，然后找到部署目录(例如，C:\JDeveloper\mywork\application name\deploy)。www\css 目录位于由部署生成的平台特定的 artifacts 中。对于 iOS 系统，这是 temporary_xcode_project 目录；对于 Android 系统，这是 assets

目录。

```xml
<?xml version="1.0" encoding="UTF-8" ?>
<adfmf-skins xmlns="http://xmlns.oracle.com/adf/mf/skin">
    <skin-addition id="s1">
        <skin-id>mobileAlta</skin-id>
        <style-sheet-name>css/tamcapp.css</style-sheet-name>
    </skin-addition>
</adfmf-skins>
```

4.5 Oracle Mobile Application Framework的数据可视化工具

到目前为止，我们一直在讨论通用组件，比如输入组件和布局组件。此外，这个框架还为你提供了一套扩展的数据可视化工具(Data Visualization Tools，DVTs)。DVTs 可以被用来以图形的形式显示信息，有助于更好地理解数据。

我们再来看看本章用来解释分割器属性的例子。当这个数据显示在列表中时，该应用的用户只能在应用的当前可视区域中看见数据。如果他们想知道在某个国家的与会者的人数，他们将不得不亲自对这些数据进行计数和分类。但如果这些信息是以图形的形式展现，就很容易看出与会者的分布情况。与其他组件来自于 Mobile Application Framework 组件库一样，数据可视化组件可以从组件面板中获取(见图 4-21)。

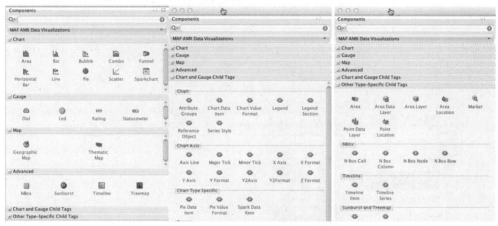

图 4-21　MAF AMX 数据可视化组件

接下来的部分，我们会介绍来自每种类别的组件。组件都不太一样，但是我们会在每个类别中选择一种组件进行介绍，这样可以了解它们是如何工作的。首先，将学习如何实现一个条形图；接下来将学习使用 gauge 组件；最后会学习如何使用 map 组件。

4.5.1　创建条形图

条形图是使用水平或垂直条来显示各种类别之间比较结果的图表。图表中的一个轴表示某个具体的参与比较的类别，而另一个轴表示相应的值。在这个例子中，你将会学习如何创建一个条形图来显示每一个国家与会者的人数。

当从数据控制拖曳集合到页面上(见图 4-22)时，JDeveloper 会向你显示创建图表的几个选项。图表主要分为九大类，并且在每一类别中有多种类型的图表。每种类型又可以有多个快速启动布局。作为一名开发者，这些可以帮助你尽可能地用少量的代码快速地创建图表。在此样例中，只要随便挑选一个不带图例的条形图，如图 4-23 所示。

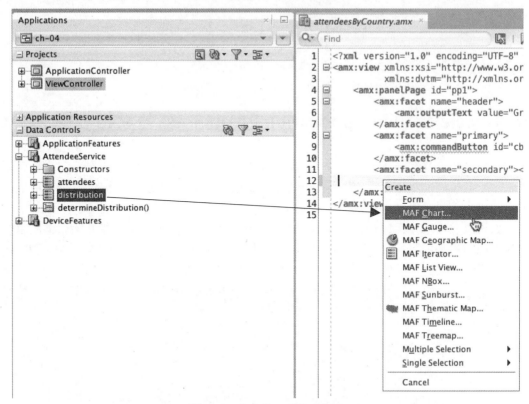

图 4-22　拖曳为一个移动图表

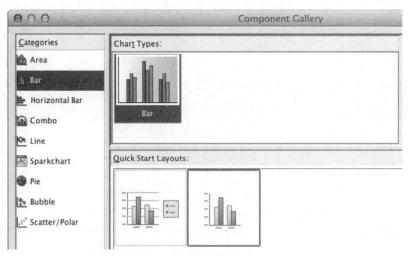

图 4-23　图表组件 Gallery

选择此选项后，需要做的就是告诉 JDeveloper 条柱的属性和 x 轴的值。对于本样例，我们想让一个条柱表示一个国家，条柱的高度表示这个国家与会者的人数。该配置可以见图 4-24。

第 4 章 创建 AMX 页面 **63**

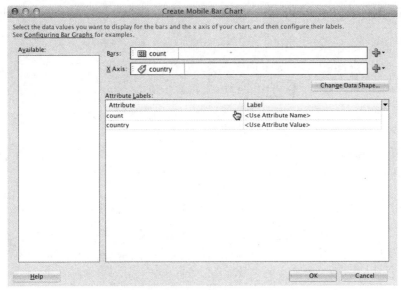

图 4-24 创建一张移动条形图

```
<dvtm:barChart var="row" value="#{bindings.distribution.collectionModel}"
            animationOnDisplay="auto" id="bc1">
  <amx:facet name="dataStamp">
     <dvtm:chartDataItem group="#{row.country}" value="#{row.count}"
                    series="#{bindings.distribution.hints.count.label}"
                    id="cdi1"/>
  </amx:facet>
  <dvtm:yAxis majorIncrement="1" minorIncrement="1"/>
  <dvtm:legend rendered="false" id="l1"/>
</dvtm:barChart>
```

运行时，运行结果就是一张条形图，如图 4-25 所示。

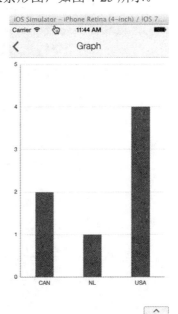

图 4-25 运行时的条形图

4.5.2 使用 Gauge 组件

Gauge 组件通常被用来显示相对于一个给定阈值的单一数据值。

四种不同类型的 Gauge 组件如下所示：
- **LED Gauges**　根据一种单一的彩色图像显示值。
- **Status Meter Gauges**　压力或临界体积。
- **Dial Gauges**　比如显示速度或温度。
- **Rating Gauges**　显示比率，比如 3/5。

你将在后面章节中学习 Dial Gauges 和 Rating Gauges。

4.5.3 使用 Map 组件

本章的最后一个组件样例将会介绍如何使用 map 组件。通常，如果你不熟悉某个城市或具体地址附近的地区，那么查看地址信息是没有什么意义的。但是，数据可视化工具使你能够在地图上绘制出具体地址的位置。下面介绍它的工作原理。

同样，可以使用"拖曳为"。在这种情况下，需要从弹出菜单中选择 MAF Geographic Map，如图 4-26 所示。

图 4-26　拖曳为地理地图

当选择 MAF Geographic Map，会看到一个弹窗(见图 4-27)，可以在弹窗中配置 Mobile Geographic Map。可以根据坐标来创建数据点，但是对于此样例，我们使用地址信息。

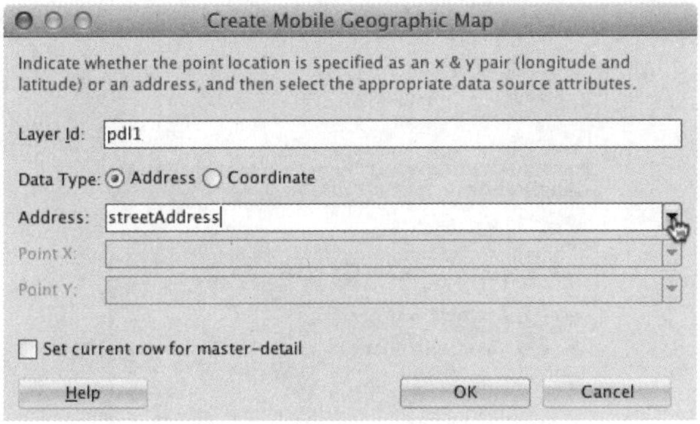

图 4-27　地理地图点的 Map 配置

返回 Create Mobile Geographic Map 弹窗后，会看到为你创建的 XML 代码：

```
<dvtm:geographicMap id="map1">
  <dvtm:pointDataLayer value="#{bindings.attendees.collectionModel}"
                       id="pdl1" var="row">
    <dvtm:pointLocation address="#{row.streetAddress}" id="ptl1"
                        type="address">
      <dvtm:marker id="mrk1"/>
    </dvtm:pointLocation>
  </dvtm:pointDataLayer>
</dvtm:geographicMap>
```

运行时，地图会显示一个点来表示所有"与会者"的集合，每一个点都表示某个具体与会者的地址。

配置 Map 组件

Geographic Map 组件可以使用谷歌地图作为地图提供商，也可以使用 Oracle 地图查看器。在默认情况下，MAF 使用谷歌地图。图 4-28 显示了使用谷歌地图提供商的 Map 组件。

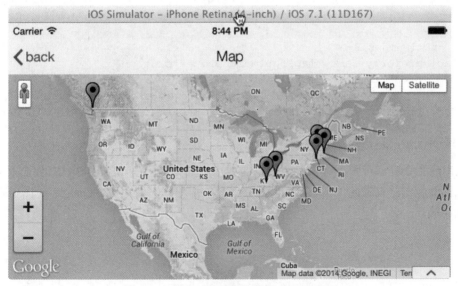

图 4-28　基于谷歌地图浏览器的地理地图

MAF 应用使用的地图提供商的定义在 adf-config.xml 文件中进行配置(见图 4-29)，这可以在应用级资源中找到。当创建一个新的移动应用时，会创建该文件，并且可以用来定义应用级属性。

图 4-29　adf-config 文件

下面的代码片段显示了 googleMaps 和 oraclemaps 分别作为地图供应商时的配置。你必须对它们中的一个"取消注释"，这样才能使用相应的地图查看器。

```
<adf:adf-properties-child
             xmlns="http://xmlns.oracle.com/adf/config/properties">
   <adf-property name="adfAppUID"
             value="ChapterFive.com.blogspot.lucbors.ch5"/>
<!-- google maps -->
   <adf-property name="mapProvider" value="googleMaps"/>
   <adf-property name="geoMapKey" value=""/>
<!-- -->

<!-- oracle maps -->
   <adf-property name="mapProvider" value="oraclemaps"/>
   <adf-property name="mapViewerUrl"
             value="http://elocation.oracle.com/mapviewer"/>
   <adf-property name="baseMap" value="ELOCATION_MERCATOR.WORLD_MAP"/>
<!-- -->
</adf:adf-properties-child>
```

Oracle 地图查看器对图上每个点的数据的要求更加苛刻一些。在图 4-30 中，你会看到 Oracle 地图中点的数据与之前展示的 Google 地图中点的数据相同。请注意，Google 地图中那些点的数据更加精确。

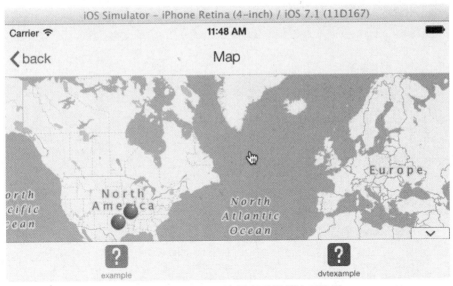

图 4-30　基于 Oracle 地图查看器的地理地图

4.6　Oracle Mobile Application Framework 说明的任务流

　　Mobile Application Framework 使你能够创建具有有界和无界任务流的 AMX 应用功能。有界任务流也被称作一个任务流的定义，代表一个应用的可重复使用的部分。这些有界任务流有一个单一的入口点并且没有出口点。他们有自己的活动集合、控制流规则，以及它们自己的内存空间和 managed-bean 的寿命。无界任务流不能重用，并且它们有多个入口点。将你的任务流实现为有界任务流是最佳的，因为这使你能够重用应用功能并能以模块化的方式来工作。

　　任务流帮助你直观地创建应用功能中页面和其他活动之间的流。可以在任务流程图中可视化呈现任务流。当我们看任务流的发展时，最好从任务流程图开始。任务流程图可以用可视化的方式来构建一个任务流。可以向这个流程图上添加元素，还可以在他们之间画被称为控制流规则的导航路径。这也有助于你实现路由决策、方法调用和通配符导航。你将学习当开发样例应用时如何实现任务流，见图 4-31。

　　现在将只专注于任务流的基本功能。可获得的用于构建 Oracle MAF 任务流的组件可以在组件面板、任务流程图的上下文中找到。

提示：
　　可以用两种不同的方法来创建任务流。第一种方法是使用不存在的页面并且在它们之间定义流。随后，通过在任务流程图上双击来创建页面。第二种方法是从现有的页面中来创建任务流。可以在任务流程图上减少现有的页面，然后在它们之间定义导航。也可以混合使用这两种方法。

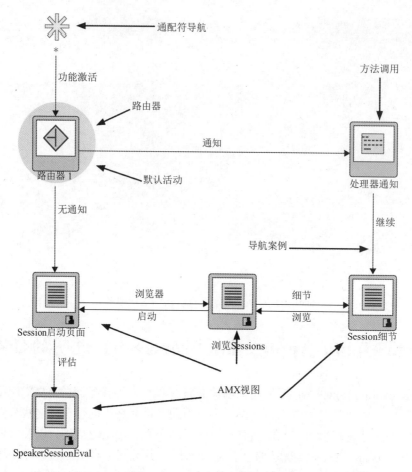

图 4-31 一个更加复杂的任务流

4.6.1 导航

许多移动应用都有在应用的不同部分之间定义的导航。本节将学习 MAF 如何定义和调用导航。为了解释这个过程，使用图 4-32 展现的样例任务流。

AMX 页面之间的导航在 AMX 任务流中进行定义。可以在两个 AMX 视图活动之间添加导航案例。这个导航由一个"控制流"规则定义。这个控制流规则有一个源和一个终点，分别在"From Activity ID"和"To Activity ID"中定义。

除了活动之间的导航，还可以配置控制流规则来实现动画页面转场，支持滑动、翻转和淡出操作。

要在两个 AMX 视图之间导航，你需要一个动作组件，比如命令按钮、命令链接，或者列表项。这些组件有一个可以使用的"动作"属性。动作属性的可能值来源于在相应的任务流中定义的导航规则。图 4-33 显示了可获得的动作"goToSecond"和"goToThird"，这些都是导航规则。

第 4 章 创建 AMX 页面 **69**

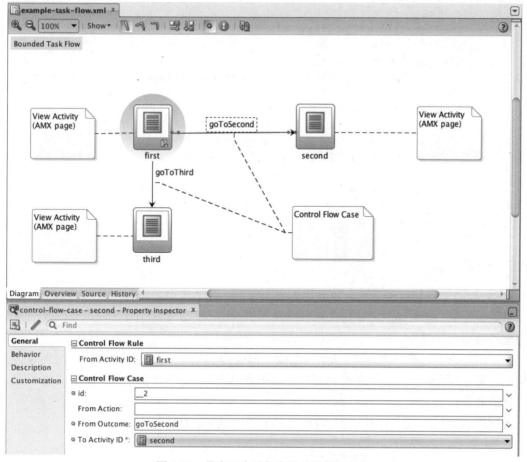

图 4-32 带有两个导航案例的样例任务流

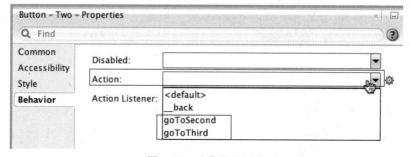

图 4-33 动作的可用值

注意：
返回动作(_back)是自动获取的，能够导航到之前访问的页面。

```
<?xml version="1.0" encoding="UTF-8" ?>
<amx:view xmlns:xsi=http://www.w3.org/2001/XMLSchema-instance
        xmlns:amx=http://xmlns.oracle.com/adf/mf/amx
        xmlns:dvtm="http://xmlns.oracle.com/adf/mf/amx/dvt">
  <amx:panelPage id="pp1">
    <amx:facet name="header">
      <amx:outputText value="Header" id="ot1"/>
```

```
            </amx:facet>
            <amx:facet name="primary">
            </amx:facet>
            <amx:facet name="secondary">
                <amx:commandButton id="cb2" action="goToSecond" text="Two" />
            </amx:facet>
            <amx:listView var="row" value="#{bindings.attendees.collectionModel}"
                          fetchSize="#{bindings.attendees.rangeSize}" id="lv1">
                <amx:listItem id="li1" action="goToThird">
                    <amx:outputText value="#{row.firstName} #{row.lastName}"
                                    id="ot2"/>
                </amx:listItem>
            </amx:listView>
        </amx:panelPage>
</amx:view>
```

4.6.2 全球导航

MAF 也有全球导航的概念。这是被定义为可以在任务流中的所有视图活动中被调用的导航，不需要为每一个可能的路径定义单独的控制流规则。为了实现全球导航，我们要使用一个"通配符控制流规则"。

为了创建一个通配符流，可以从组件面板中拖曳 Wildcard Control Flow Rule 元素到被调用的流的任务流程图中。创建一个控制流案例，从通配符元素到任务流活动，用于调用和定义导航案例的名称。

通配符由星号(*)定义，并作为 from-activity-id 元素的值(见图 4-34)。

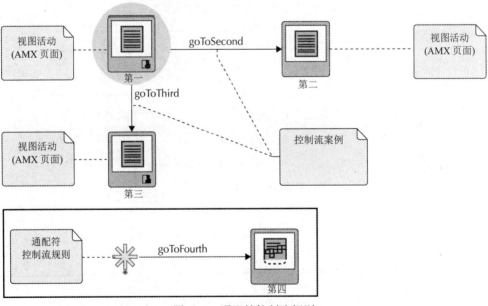

图 4-34　通配符控制流规则

```
<control-flow-rule>
    <from-activity-id>*</from-activity-id>
        <control-flow-case>
```

```
            <from-outcome>goToFourth</from-outcome>
            <to-activity-id>fourth</to-activity-id>
        </control-flow-case>
</control-flow-rule>
```

"goToFourth"导航的实现结果适用于所有视图活动。

4.7 小结

Oracle Mobile Application Framework 提供了一组广泛的可用于创建移动 AMX 页面的用户界面组件。此外，还有一组数据可视化工具，可以用来创建交互式仪表盘。本章没有解释所有可获得的组件，也没有讨论所有的属性。但是，阅读完本章之后，你会对基于组件的开发有一个总体的了解。很多 Oracle Mobile Application Framework 的组件将会在之后的样例应用中进行讨论。

本章主要内容如下：
- 什么是基于组件的开发
- Oracle MAF 组件库中可获得的组件有哪些
- 这些组件的通用特性是什么
- 如何使用布局组件
- 如何使用数据可视化工具
- 如何创建移动任务流

第 5 章

绑定和数据控件

Oracle MAF 与其他移动框架相比,一个巨大优势是它支持声明式地构建用户界面。如第 4 章所述,此声明式的支持使开发者不写代码就能创建应用的某些部分。另一方面,Oracle MAF 支持你从 Web 服务、POJOs 和 SQLite 数据库中检索数据。对于一些应用,其用户界面的实现和业务服务的实现是分开的,然而,这两个层需要有机结合在一起。为此,该框架使用了一种特殊的层,称为数据绑定或 MAF 模型。这个 Model 层是一个架构层,将你应用的 UI 与后端的业务服务(如 Web 服务)结合在一起,因而这是该框架从业务服务中解耦用户界面的实现。使用 MAF 模型有许多优点,目的是能提高开发者的开发效率。MAF 模型的主要优点包括:

- 通过鼠标拖放来创建数据绑定组件。
- 无须理解底层业务服务的实现过程。
- 无须编写 Java 代码就能处理业务服务和视图层之间的标准交互。

- 能够将验证规则、UI 提示、默认属性值以及其他业务逻辑声明式地添加到业务服务中作为元数据，而且不需要更改业务服务本身的代码。数据模型中的这些声明式的增强能够传递到从数据控件中创建的组件。
- 能够用相同的方式处理多种类型的业务服务。

为了使用 MAF 模型，理解 MAF 模型架构的基础是很重要的。

MAF 模型由两部分组成。第一部分是数据控件，第二部分是声明式绑定。数据控件抽象了业务服务的实现技术，通过使用元数据接口来描述服务的操作和数据集合，包括有关的属性、方法和类型的信息。从 Web 服务创建的数据控件与从 POJO 创建的数据控件没有什么不同。这使开发者不必学习每种单一业务服务类型的 API；数据控件使开发者能通过数据控件 API 来处理它们。

第二部分的声明式绑定被用来绑定由数据控件显示的服务和 UI 组件，并且它被用来抽象在数据控件中调用方法或从数据集合中访问数据的细节。

在运行时，这两部分被组合成 MAF Model 层，读取从适当的 XML 文件中描述的数据控件和绑定的信息，然后实现了用户界面和业务服务之间的双向连接。这个工作机制的具体细节将在本章的后半部分进行介绍。

观察该 MAF Mobile 架构(见图 5-1)，会发现一个称作 Model(模型)的部分。Model 层负责显示数据服务，并且在 Mobile AMX 页面上或 Java 代码中使用这些数据服务(见图 5-2)。在后台有许多框架有助于开发者免去编写重复的编码，但是对于使用 Model 层的开发者，没有必要去了解框架的所有内容。然而，理解 Model 层中使用的原则和机制是非常重要的。

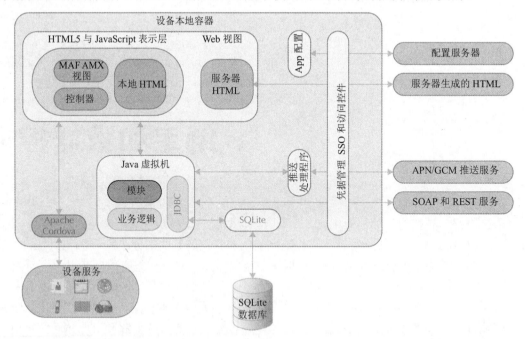

图 5-1　框架上下文中的 Model 层

本章将介绍 Model 层以及如何使用声明式和编程式的方法来使用 Model 层。

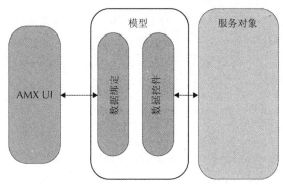

图 5-2　位于数据服务和 UI 之间的 MAF Model

5.1　创建一个简单的数据绑定的 Mobile Application Framework AMX 页面

要理解 Model 层以及 JDeveloper 中对可视化和声明式的支持,最好先创建一个简单的数据绑定的 MAF AMX 页面。通过一次一个步骤,你将逐渐了解创建这样一个数据绑定的 AMX 页面时会发生哪些情况,以及会涉及哪些文件。

注意:
本节将介绍 Model 层中的一些概念和 Artifacts。这些内容会放在本章后半部分进行介绍。

创建数据绑定页面的第一步是打开 Data Controls 面板。在该面板上,你会找到一些预定义的数据控件。这些数据控件是由框架为你创建的。在本章节的样例中,将使用 AttendeesService 数据控件,你将创建这个控件。该数据控件显示了 Attendees 集合,所以可以在 AMX 页面上使用它。一旦创建了 AttendeesService 数据控件,就从数据控件将 Attendees 集合拖放到(见图 5-3)现有的 AMX 页面上,并且,JDeveloper 会自动连接到许多 UI 组件,帮助开发者免去了创建应用页面时大量繁杂的工作。

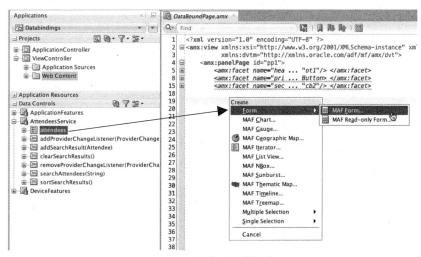

图 5-3　从数据控件拖放

JDeveloper 显示了 Attendees 集合中可获得的用户界面控件。对于本样例，在所有可选项中，使用一个简单的 MAF Form。

JDeveloper 显示了一个 Edit Form Fields 对话框，在接受了默认选项后，JDeveloper 就会创建一个数据绑定的 AMX 页面，它包含了 Attendees 集合中所有属性的 inputText 组件。

```
<amx:panelFormLayout id="pfl1">
    <amx:inputText value="#{bindings.id.inputValue}"
                   label="#{bindings.id.hints.label}" id="it5"/>
    <amx:inputText value="#{bindings.firstName.inputValue}"
                   label="#{bindings.firstName.hints.label}" id="it3"/>
    <amx:inputText value="#{bindings.lastName.inputValue}"
                   label="#{bindings.lastName.hints.label}" id="it2"/>
    <amx:inputText value="#{bindings.country.inputValue}"
                   label="#{bindings.country.hints.label}" id="it7"/>
    <amx:inputText value="#{bindings.email.inputValue}"
                   label="#{bindings.email.hints.label}" id="it1"/>
    <amx:inputText value="#{bindings.phone.inputValue}"
                   label="#{bindings.phone.hints.label}" id="it6"/>
    <amx:inputText value="#{bindings.photo.inputValue}"
                   label="#{bindings.photo.hints.label}" id="it4"/>
</amx:panelFormLayout>
```

可以看到代码包含了表单中的几个条目"#{bindings.<attributeName>.<proper ty>}"。这些表达式被称为 EL 表达式，表示绑定容器，它们也被称为 PageDefinition。所有这些条目：EL 表达式、绑定关键字以及 PageDefinition，都会在之后进行介绍。

AMX 页面不是唯一一个受拖放影响的文件。刚才的操作创建或更改了一些其他的文件。在项目导航中，这些文件用斜体表示(见图 5-4)。

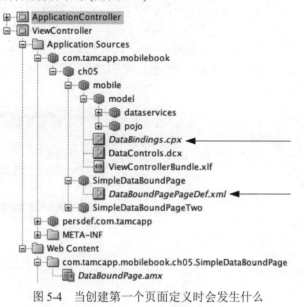

图 5-4 当创建第一个页面定义时会发生什么

创建了 DataBindings.cpx 文件和<PageName>PageDef.xml 文件。这两个文件都是 MAF Model 层的核心元素，在接下来的内容中将介绍它们的功能。

注意：
页面定义文件名默认为<PageName>PageDef.xml，其中 <PageName> 指 PageDefinition 文件所属的名称。

此外，adfm.xml 文件在 adfmsrc 下的 META-INF 目录中被创建。

5.2 Model 层中文件的职能

当把 Attendees 集合拖放到页面上时，就创建了几个 XML 文件。在移动应用中，所有这些文件都有它们各自的职能。这些文件都以这种或那种方式相关联。在接下来的章节中，你将学习这些文件能够做什么，以及它们之间是如何关联的(见图 5-5)。

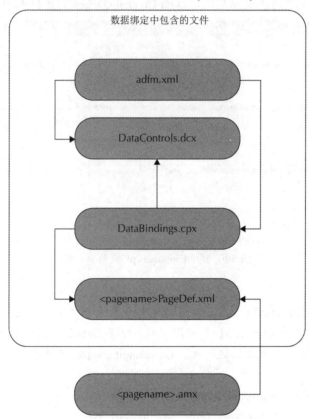

图 5-5　数据绑定中包含的文件

在运行时，这些 XML 文件会被转换为轻量级 Java 类的实例(绑定对象)。该框架使用这些类来提供业务服务和它们的数据，以及用户界面之间的交互。

5.2.1 adfm.xml

这个 adfm.xml 文件是注册表中的一条记录，保存了到其他配置文件(如 DataBindings.cpx 和 DataControls.dcx)的路径。在设计时和运行时，该框架都使用了这个文件。在运行时，该框架读取文件并根据需要加载配置文件。

5.2.2 DataControls.dcx

DataControls.dcx 文件包含了项目中所有数据控件的定义和配置。在本章节的后半部分你将会学习关于数据控件更详细的内容。

5.2.3 DataBindings.cpx

DataBindings.cpx 文件是一个注册表,用来映射移动页面和它们相应的 PageDefinition 文件,并且它还定义了 MAF 应用运行时绑定的上下文。在运行时,当一个页面包含 MAF 绑定时,与业务服务的交互就会由应用通过被称为绑定上下文的单个对象进行管理。绑定上下文是一个运行时应用中所有数据控件和页面定义的映射(命名为 data,并由 EL 表达式#{data}来访问)。

当查看 DataBindings.cpx 文件(将 Attendees 集合拖放到 AMX 页面时创建的)时,页面和 pageDefinition 之间的关系是显而易见的。Data Control Usages 的条目如图 5-6 所示。

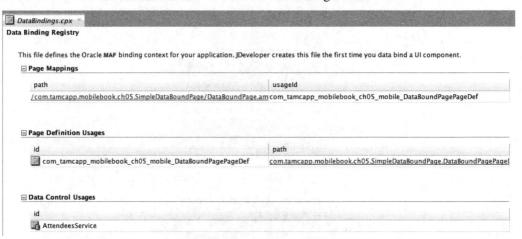

图 5-6 DataBindings.cpx 概览编辑器

注意:

在 MAF 应用中,DataBindings.cpx 文件必须有一个唯一的全名。这意味着当你将自主研发的 MAF 应用中的功能组合到一个 MAF 应用中时,所有 DataBindings.cpx 文件必须在一个不同的路径上。稍后,将学习如何做到这一点。DataBindings.cpx 文件的命名约定通常包含一个应用特定的部分,比如:

com.tamcapp.mobilebook.**appone**.mobile.databindings.cpx

com.tamcapp.mobilebook.**apptwo**.mobile.databindings.cpx

DataBindings.cpx 文件的位置来源于视图控制器包的命名,这是从创建移动应用时你定义的默认包名中派生的包名。

在 Oracle MAF 应用中创建第一个 PageDefinition 文件时,DataBindings.cpx 文件就被创建了,它通常是在你将数据控件拖放到一个页面上(参见上文的图 5-3)时创建的。一旦 DataBindings.cpx 文件可用,之后每创建一个 PageDefinition 文件,就会更改 DataBindings.cpx 文件。更改包括创建一个新的 Page Mappings 条目和一个新的 Page Definiton Usage。

注意：
有一个选项可以对任务流中所有的页面使用一个单一的 PageDefinition 文件。为了实现这一点，需要进入 DataBindings.cpx 文件，并且手动编辑这个文件，使所有的移动页面关联到同一个 PageDef.xml 文件。其优点是显而易见的。只需要在一个(而不是两个)PageDefinition 文件中定义迭代器绑定，因而应用的总尺寸会较小。然而，缺点是页面很少显示相同级别的信息，并且因此你用页面中没有使用的信息污染了 PageDefinition 文件。因此，建议给每个移动页面定义一个单独的 PageDefinition 文件。

5.3 PageDefinition 文件

如前所述，当从数据控件拖放一个数据集合、一个属性或者一个操作到页面上时，就创建了 PageDefinition 文件。它包含支持页面上的用户界面组件的绑定。运行时，Model 层使用该文件来实例化页面的绑定。页面的绑定可以通过使用 EL 表达式 #{bindings}来获取。该表达式通常相当于当前页面的绑定容器。

注意：
还可以通过在 MAF AMX 页面上调用上下文菜单(见图 5-7)并选择 Go to Page Definition 来创建 PageDefinition 文件。如果 AMX 页面没有可选择的 PageDefinition，JDeveloper 将要求你确认创建一个新的 PageDefinition。

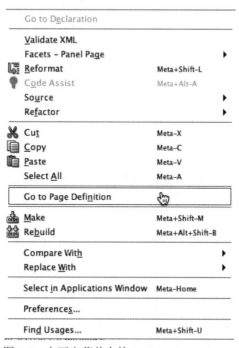

图 5-7　上下文菜单中的 Go to Page Definition

PageDefinition 文件通常包含如下三大块：
- Parameters
- Executables

- Bindings

这些内容都将被介绍。代码样例显示了突出显示这三大块的 PageDefinition 文件的 XML 表现形式。

```xml
<?xml version="1.0" encoding="UTF-8" ?>
<pageDefinition xmlns=http://xmlns.oracle.com/adfm/uimodel
    version=" 12.1.3.11.19" id="DataBoundPagePageDef"
    Package="com.tamcapp.mobilebook.ch05.SimpleDataBoundPage">
    <parameters/>
    <executables>
        <variableIterator id="variables"/>
        <iterator Binds="root" RangeSize="25" DataControl="AttendeesService"
            id="AttendeesServiceIterator"/>
        <accessorIterator MasterBinding="AttendeesServiceIterator" Binds="attendees"
            RangeSize="25" DataControl="AttendeesService"
            BeanClass="com.tamcapp.mobilebook.ch05.mobile.model.pojo.Attendee"
            id="attendeesIterator"/>
    </executables>
    <bindings>
        <attributeValues IterBinding="attendeesIterator" id="id">
            <AttrNames>
                <Item Value="id"/>
            </AttrNames>
        </attributeValues>
        <!--
         ……More attributeValues
        -- >
        <action IterBinding="attendeesIterator" id="Next"
            RequiresUpdateModel="true" Action="next"/>
        <action IterBinding="attendeesIterator" id="Previous"
            RequiresUpdateModel="true" Action="previous"/>
    </bindings>
</pageDefinition>
```

此外，也可以在 Overview Editor 中表示 PageDefinition，能准确地显示出每一个绑定的来源。在图 5-8 中，可以看到 ID 属性源自数据控件中 Attendees 的集合。这张图还显示了 PageDefinition 的绑定和可执行文件部分。

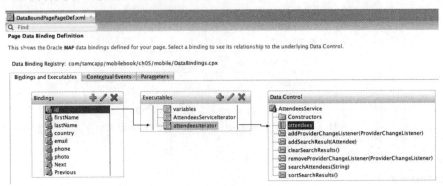

图 5-8　PageDefinition 概览

在基于 Attendees 集合的样例页面中，有动作绑定和属性绑定。这还不是全部，还有更多可使用的绑定类型。

5.3.1 可使用的绑定类型

在 PageDefinition 文件中，可以定义所有类型的绑定。目前，有三种类型的绑定对象。第一种是值绑定。值绑定通过引用迭代器绑定来显示 UI 组件的数据。页面上的每一个从数据控件显示数据的 UI 组件都被绑定到一个绑定对象。

值绑定有许多不同的绑定对象：
- Attribute bindings 将文本字段绑定到对象的一个特定属性。
- Tree bindings 将整个表格或树绑定到一个数据集合来显示所有行。
- List bindings 将列表项绑定到数据集合中一个属性的所有值。
- Graph bindings 将一张图表绑定到源数据。

接下来，第二种是方法动作绑定(Method Action bindings)。这些绑定命令组件，比如按钮或链接，在数据控件中自定义你想要用户能调用的方法。一个 Method Action 绑定的对象封装了如何调用一个方法和方法可能使用的参数(如果有的话)的细节。你可能会创建这种绑定来使用设备功能。

最后，第三种是动作绑定(Action bindings)。Action bindings 绑定命令组件，比如按钮或链接，来使用内置的集合级别的操作，比如创建、删除、下一页或前一页。

5.3.2 可获得的执行文件是什么

可以在 PageDefinition 中定义多种可执行文件。最常见的可执行文件是迭代器。迭代器中包括一个集合，表示带有一个当前行指针的行集合；在前面的内容里介绍过的表达式 #{bindings.firstName.inputValue}实际上等于"在 Attendees 集合中 Attendees 迭代器指向的记录的首字母。"

首字母属性和 Attendees 迭代器之间的关系在 PageDefinition 文件中被定义。

然后是 InvokeAction 可执行文件。在页面生命周期的任何一个阶段，InvokeAction 可执行文件可以调用现有的动作或在动作绑定中定义的方法绑定。当 AMX 视图在 MAF 中初始化加载时，可以使用 InvokeAction 可执行文件来调用一个方法。

最后是方法迭代器。这绑定到一个迭代器，它能遍历数据控件中由自定义方法返回的集合。这种方法迭代器通常与一个 Method Action 绑定对象有关。Method Action 绑定封装了如何调用方法以及该方法可能使用到的参数(如果有的话)的细节。Method Action 绑定本身绑定到能提供数据的方法迭代器。

5.4 数据控件

数据控件抽象了数据服务层。它是底层数据服务的 XML 定义，描述了数据服务，包括显示的属性和操作。因为这种抽象，不管底层业务服务的技术是如何实现的，开发者都可以用类似的方法使用该数据控件。在 Oracle MAF 中，可以使用 Bean 数据控件和 Web 服务数据控件。数据控件使你能够声明式地将用户界面组件绑定到数据服务。Oracle MAF 高度依赖数据控件的使用，以此从任何种类的数据源获得数据进入用户界面。

5.4.1 创建 Bean 数据控件

可以在 Java 类中用两种不同的方法创建 Bean 数据控件。最简单的方法是将类拖放到 Data Controls 面板上。另一种方法是调用类的上下文菜单并选择 Create Data Control(见图 5-9)。

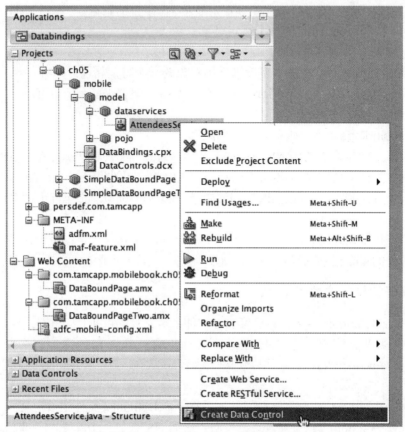

图 5-9　Create Data Control 菜单选项

创建完 Bean 数据控件后，就可以在 Data Controls 面板上找到它。

提示：
如果没有立刻看到新创建的数据控件，需要在 Data Controls 面板上调用 Refresh 按钮。

基于 Attendees 类的数据控件包含一个基于类中的 Attendees 数组的集合，Attendees 对象中所有属性的实例变量、集合的内置操作，以及 Attendees 类的所有方法的最后操作。如图 5-10 所示。

数据控件包含的 Attendees 集合来自于相应的 Java 类中的 Attendees 集合。该属性来源于 Attendees 对象。操作都表示 Java 类的方法。每种方法都会倒置一个在数据控件上的操作。所有这些都可以理解为它们都基于我们创建的 Attendees Java 类。但是什么是内置操作呢？这些操作来自于哪里？它们的功能是什么？

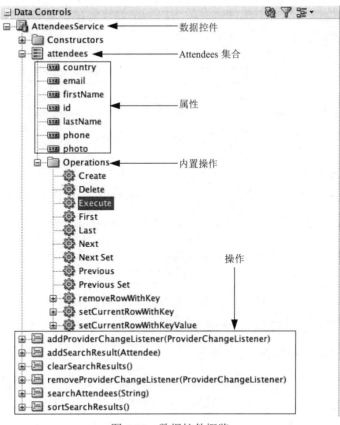

图 5-10　数据控件概览

内置操作

内置操作是框架绑定层的一部分，能够免费获得。这些操作可以导航集合，添加或删除行，还可以设置当前行。

- Create　这个操作可以在集合中创建一个新的行。
- Delete　这个操作可以用来在集合中删除当前行。
- Execute　这个操作将会执行和刷新当前集合。
- First　这个操作会设置第一行为当前行。
- Last　这个操作会设置最后一行为当前行。
- Next　这个操作会设置集合中的下一行为当前行。
- Next Set　这个操作会转移到集合中的下一个设置。
- Previous　这个操作会设置之前的记录为当前行。
- Previous Set　这个操作会转移到集合中之前的设置。
- removeRowWithKey　根据操作提供的关键值删除关键值对应的行。
- setCurrentRowWithKey　根据传递的关键值设置集合中的当前行。
- setCurrentRowWithKeyValue　根据关键值设置集合中的当前行。

所有这些操作都可以在页面上使用，只要简单地从 Data Controls 面板将它们拖放到 AMX 页面上即可。下面的样例将演示如何在集合中浏览下一行或前一行——都由绑定层解决，不用编写任何代码。

页面上的两个按钮指向页面的绑定容器中的一个动作绑定。这些动作绑定的 ID 分别是"Previous"和"Next"。

```
<amx:commandButton actionListener="#{bindings.Previous.execute}"
          text="Previous"
          disabled="#{!bindings.Previous.enabled}" id="cb4"/>
<amx:commandButton actionListener="#{bindings.Next.execute}"
          text="Next"
          disabled="#{!bindings.Next.enabled}" id="cb3"/>
```

这两个按钮的 actionListener 属性包含了一个 EL 表达式,解析为 PageDefinition 中的 Next 和 Previous 动作绑定。这些动作绑定将会在 attendeesIterator 上调用 Previous 和 Next 动作。

```
<action IterBinding="attendeesIterator" id="Next"
     RequiresUpdateModel="true" Action="next"/>
<action IterBinding="attendeesIterator" id="Previous"
     RequiresUpdateModel="true" Action="previous"/>
```

当你要从一张列表导航到选定的列表项的详细信息时,可以使用 setCurrentRowWithKey 操作。你将在本书中学习更多关于该操作的知识。

5.4.2 数据控件概览编辑器

DataControls.dcx 文件的概览编辑器提供了数据控件对象的层次视图以及你的数据模型的公开的方法。你可以打开数据控件,然后你会得到数据控件上可用的所有集合、属性和操作的可视化的表现形式,正如图 5-11 所示。可以通过选择对象并单击 Edit 图标来更改数据控件对象的设置。

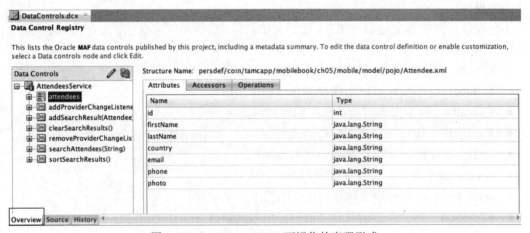

图 5-11　DataControls.dcx 可视化的表现形式

5.5　不同部分之间如何联系

在之前的章节里,你已经学习了 Model 层的各个部分,在本章节,你将会学习这些部分如何协同工作来创建交互式的数据绑定页面。

图 5-12 显示了如何使用数据控件来通过表达式语言(Expression Language,EL)和绑定透露

(数据)服务。该图中的各个部分有不同的职能。你将会学习它们的功能。

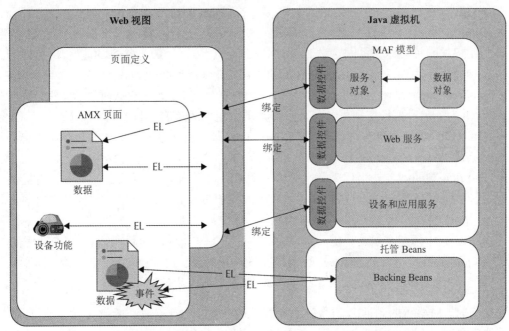

图 5-12　MAF Model 与服务和 AMX 页面的交互方式

- EL　表达式语言是一种语法，它定义了在 AMX 页面内到另一个源的联系。它在呈现页面时被解析，并且将数据捆绑到 UI。EL 表达式通常是"动态的"连接，当 EL 表达式指向的底层数据发生变化时，相应的 UI 也会被更新。
- Bindings　每个 AMX 页面都有一个包含它的绑定的回调页面，被称为 Page Definition 文件。有一个名为 datacontrols.cpx 的文件，它会告知框架每个 AMX 页面的每一个回调 Page Definition 的名称。
- Data Controls　数据控件是一个包装器，它能让框架以一种抽象的方式绑定到数据，而不管数据的来源。这个数据可以是一个 Java 类、一个 Web 服务，或者一些其他的数据来源。datacontrols.dcx 文件包含了为该项目定义的所有数据控件的列表。数据控件在 Data Controls 面板上可视化呈现，这使开发者能够从 Data Controls 面板上将数据控件拖放到 source/structurePane，以便创建数据绑定组件。
- Managed Beans　一个托管 bean 只是定义在任务流上的一个带有标识符和作用域的 Java 类。可以在顶层的无界任务流(adfc-mobile-config.xml)中定义托管 beans，或者在个别有界任务流中定义托管 beans。托管 beans 的作用域包括应用(整个应用可以访问此实例)、页面流(同一个任务流中的其他页面可以访问此实例)，以及视图(只有创建它的页面可以访问此实例)。

表达式语言
一个典型的 MAF 数据绑定 EL 表达式使用如下语法来指代绑定容器中任何一种类型的绑定对象：

```
#{bindings.BindingObject.propertyName}
```

- **bindings** 是一个变量，它标识被表达式引用的绑定对象位于当前页的绑定容器中。所有的 MAF 数据绑定 EL 表达式必须以这个 bindings 变量为开头。
- **BindingObject** 是属性的 ID 或者绑定对象的名称，它在页面定义文件中被定义。绑定对象的 ID 或者名称对页面定义文件来说是唯一的。一个 EL 表达式可以引用页面定义文件中的任何绑定对象，包括参数、可执行文件或者值绑定。
- **propertyName** 是一个变量，它确定每一个数据绑定 UI 组件的默认显示特性，它还在运行时为绑定对象设置属性。每一种类型的绑定对象都有不同的绑定属性。
- **Data Object**　一个为对象定义的用来保存数据的 Java 类。它代表数据的一"行"并用合适的 getters/setters 为数据定义属性。它本身不会从另一个存储中检索数据。
- **Service Object**　一个用来定义对象上的 CRUD 操作的 Java 类。根据开发者提供的功能，它从存储中返回其他数据对象。对此对象没有具体的接口，并且对它的定义留给开发者来完成，但是我们在这里给它下个定义。它是一个典型的 Service Object，使用 JDBC 来访问一个本地存储，或者使用 Web 服务来获取它的数据，然后填充返回的 Data Object 的数组。一个 Service Object 同时也是一个类，开发者会在这个类上创建一个数据控件包装器，以便能在 Data Controls 面板上显示它的方法。

在运行时，MAF Model 层读取描述数据控件的信息，并且读取合适的 XML 文件中的绑定信息，然后实现用户界面和业务服务之间的双向连接。我们可以使用一个简单的样例来说明这是如何工作的(见图 5-13)，这个样例是一个 AMX 页面，显示了从一个服务中检索到的一位雇员的名字。这个 AMX 页面包含了一个组件，该组件使用 EL 表达式#{bindings.name.inputValue}来设置其属性值。框架通过分析这个表达式来进行下一步的操作。框架将会根据"name"在 AMX 页面的 PageDefinition 文件中查找(1)属性绑定。

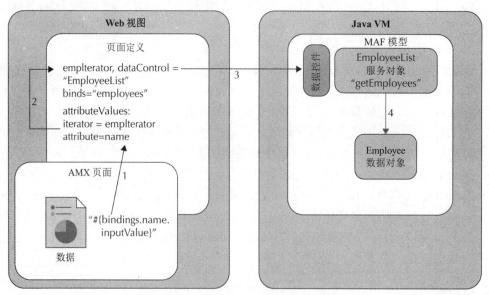

图 5-13　在运行时数据绑定的工作方式

因为在 databindings.cpx 文件中被注册，所以可以很清楚地知道这个 PageDefinition 文件的内容。

"name"的属性绑定也包含对正在被用来在(2)中检索"name"数据的迭代器的引用。这个迭代器的其中一个属性来源于集合最初的数据控件。查找(3)，并且调用集合的 getter 方法从底层雇员数据对象中检索(4)数据，然后将该数据一路返回到用户界面。

5.6 实现验证

绑定层还可以用于验证。可以对 Java 类的属性定义声明式的验证。有几种可以定义在属性上的验证。每一种属性可以有多个被定义的验证。如果想给一个属性添加一条验证规则，可以打开相应的 Java 类的数据控件结构文件。

只有通过调用数据控件集合中的 Edit Definition 选项创建了该文件后，该文件才可以使用（见图 5-14）。

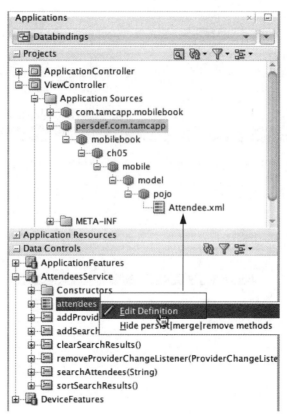

图 5-14　创建数据控件结构文件

一旦创建了该文件，就能在编辑器中打开它（见图 5-15）并且编辑其属性。你可以编辑许多东西，比如 UI 提示，暗示某个属性是一个关键属性等。但本章将着眼于验证。

如前所述，验证的类型有很多，在每种类型中又有许多不同的运算符和比较类型。例如，可以定义一个"比较"验证规则——可以检验一个属性是否"等于"文本值。

注意：

尽管 Add Validation Rule 对话框意味着你可以使用"Regular Expression"和"Script Expression"，但这两个选项并不起作用（见图 5-16）。你可以添加它们，但是在运行时，这将会导致一个错误，提示该框架为"cannot create the validator"。

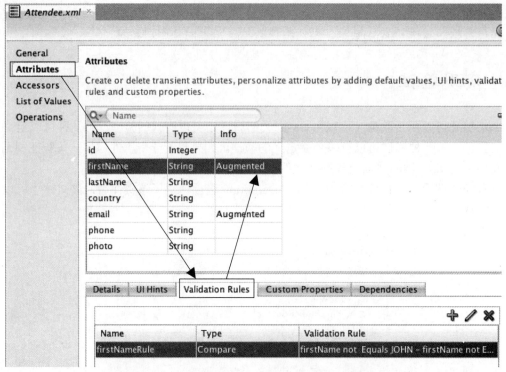

图 5-15　带有验证规则的 Attendees POJO 属性的概览

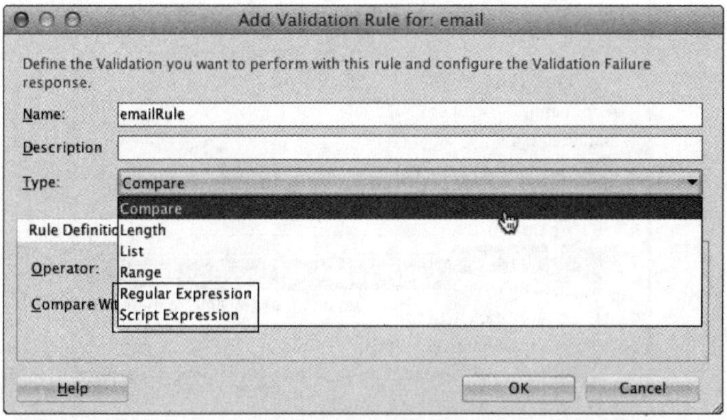

图 5-16　显示正则表达式和脚本表达式的编辑器

在本节样例中，你将会学习如何添加一个简单的验证以防止用户输入相同的名字和姓氏。当给一个属性添加验证时，所有这些都可以在 Rule Definition 选项卡(见图 5-17)上声明式地被完成。因此，在这种情况下需要选择一个带有操作符"Equals"的"Compare"验证。

名字需要与姓氏进行比较。为了指示框架这么做，必须在"Compare With"部分选择"Expression"。最后，输入用于比较的"表达式"，在这个例子中就是输入"姓氏"。

定义了验证规则之后，还可以添加如果违反了验证规则该怎么做的属性。这可以在 Failure Handling 选项卡上完成。在这个选项卡上，可以配置验证的严重程度，可以是"Informational Warning"，也可以是"Error"(见图 5-18)。根据所选择的严重程度，在运行时，每当验证失败，框架会显示合适的 Error 或 Warning 弹窗。对于关于姓氏和名字的样例验证，仅仅抛出一个错误是没有意义的。这个验证会作为一个警告来实现。

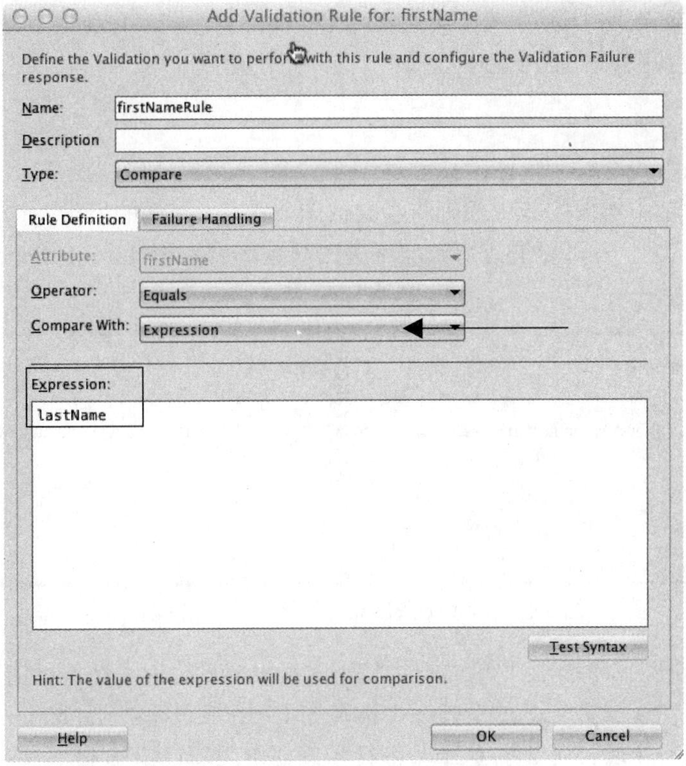

图 5-17　添加一条验证规则

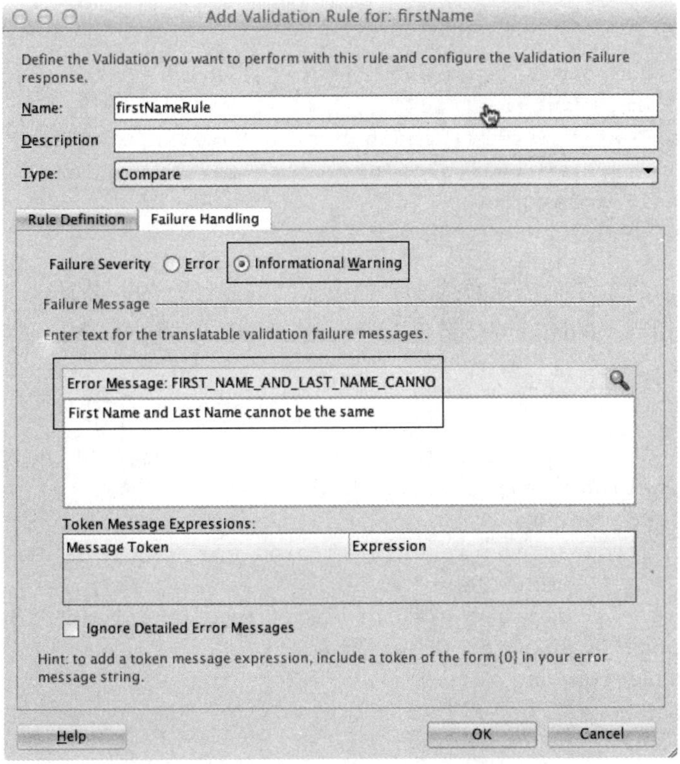

图 5-18　验证规则；错误处理

文本消息同样也在这个选项卡上被定义。既可以在 Message Text 框中键入一个新的消息，也可以通过调用搜索图标从资源包中选择一个已存在的消息。

与用户进行交互

当用户的输入被提交时，验证就被触发。对于输入文本字段，当用户离开这个字段时验证发生。在之前的章节中实现的验证规则将会导致图 5-19 中显示的警告。该图同时也显示了与 error 相同的验证信息。这可以通过更改验证失败严重程度，将 Informational Warning 更改为 Error 来实现。

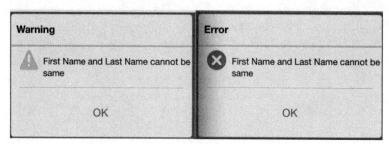

图 5-19　验证失败后显示的警告(左)或错误(右)

还有另一种情况，即每当用户单击一个按钮时触发验证。为了在这种情况下实际执行验证并且通知用户验证错误或警告，这个验证中涉及的 UI 组件必须被 validationGroup 包装，并且这个按钮必须定义一个验证行为。这个验证行为需要引用验证组的 id。

对于本节中的样例，需要将 firstName 的输入组件放在验证组内，并且设置它的 id 为 "name"。

```
<amx:validationGroup validateCondition="always" id="name">
  <amx:panelFormLayout id="pfl1">
    <amx:inputText value="#{bindings.firstName.inputValue}"
                   label="#{bindings.phone.firstName.label}" id="it2"/>
  </amx:panelFormLayout>
</amx:validationGroup>
```

为了触发验证，两个导航按钮必须有一个被定义的验证行为，并且这个 validationBehavior 组件的组属性必须指向 validationGroup 的 id，validationGroup 与 firstName 字段紧密相关。

```
<amx:commandButton actionListener="#{bindings.Previous.execute}"
                   text="Previous"
                   disabled="#{!bindings.Previous.enabled}" id="cb4">
  <amx:validationBehavior group="name"/>
</amx:commandButton>
<amx:commandButton actionListener="#{bindings.Next.execute}"
                   text="Next"
                   disabled="#{!bindings.Next.enabled}" id="cb3">
  <amx:validationBehavior group="name"/>
</amx:commandButton>
```

5.7 Oracle Mobile Application Framework 使用的其他数据控件

前面的章节中介绍了如何创建和使用 POJO 数据控件(aka Bean 数据控件)。这种数据控件可以将一个特定的类连接到一个特定的用户界面，并且能在它们之间进行交互。以下是 Oracle MAF 使用的其他四个数据控件。

前两个是 DeviceFeatures 和 ApplicationFeatures 数据控件。这两个在应用层被定义，并且解析操作与设备服务和应用特性(what's in a name)进行交互。这两个数据控件都出现在应用的 Data Controls 面板上(见图 5-20)。作为一名开发者，你不需要再做其他的工作来创建这些数据控件。当创建新的移动应用时它们就会被创建。

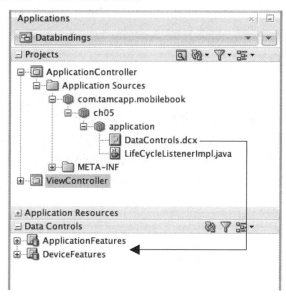

图 5-20　设备功能数据控件和应用特性数据控件

你将在第 6 章(应用特性)和第 8 章(设备特性)中学习如何使用这些数据控件。

然后是 URL 数据控件。这个数据控件使你能够访问和使用指定 URLs 上的数据。可以使用 URL 数据控件来访问 RESTful Web 服务。

最后是 Web 服务数据控件。该数据控件是 MAF 中与 Web 服务通信最常见的方法。基于一个已存在的 Web 服务的 WSDL，我们可以创建一个 Web 服务数据控件。你将在本书中学习它。

5.8 用编程的方法处理绑定

框架的绑定层提供了许多声明式的功能。但是，你一定会遇到声明式行为不够的情况。例如，如果需要从一个绑定获取值并且这个值是编程的基础将会怎样？幸运的是，MAF 有一些 APIs，用编程的方法处理绑定层，既可以访问绑定数据值，也可以执行操作和方法。这方面的一个例子是,当想要将两个或更多的数据绑定方法调用组合到一个单独的按钮动作中时。有关处理绑定层的方法可以在 AdfmfJavaUtilities 类中找到。

5.8.1 Getting 和 Setting 绑定属性值

Java 中的 Getting 和 Setting 绑定属性值非常有用,例如,在需要将一个绑定输入组件的值转移到一个绑定搜索方法的值时。对此,可以使用 ValueExpression 对象以及它的 getValue() 和 setValue() 方法。ValueExpression 可以从 AdfmfJavaUtilities 类中的 getValueExpression()方法中获取。

```
ValueExpression veFirstName =
        AdfmfJavaUtilities.getValueExpression(
                    "#{bindings.firstName.inputValue}", String.class);
String firstName =
        (String)veFirstName.getValue(AdfmfJavaUtilities.getAdfELContext());
if(firstName.equalsIgnoreCase("Wrong name"){
    veFirstName.setValue(AdfmfJavaUtilities.getAdfELContext(),"Right name");
}
```

5.8.2 调用方法

该框架不仅使你可以用编程的方法处理属性,而且还使你能执行 Java 代码中的绑定容器内的方法。为此,必须使用 MethodExpression 对象。首先,需要在 AdfmfJavaUtilities 类中调用 getMethodExpression()方法来获得一个 MethodExpression 对象。你必须使用评估为方法绑定的 EL 表达式。最后,要在方法表达式上调用 invoke()方法来执行动作绑定。

```
MethodExpression me =
    AdfmfJavaUtilities.getMethodExpression("#{bindings.Next.execute}",
                                Object.class, new Class[] {});
me.invoke(AdfmfJavaUtilities.getAdfELContext(), new Object[] {});
```

5.9 小结

绑定层是 Oracle MAF 应用中最重要的层之一。它从用户界面抽象业务服务实现,并且使开发者能够用一种声明式的方法来处理业务服务。此外,API 使开发者能够用编程的方式来处理绑定。本章主要内容如下:

- 理解绑定层的各个部分
- 理解数据控件及其组成部分
- 如何实现数据绑定的 AMX 页面
- 如何实现样例验证
- 理解框架中不同类型的数据控件
- 如何用编程的方式处理绑定层

第 6 章

应 用 特 性

　　大多数移动应用都提供多种功能，用户可以挑选这些功能来完成某个特定的任务。在 MAF 中，这些部件可以被单独开发为应用特性。特性是一个 MAF 应用的核心架构元素，并且能够跨 MAF 应用重用。例如，在一个能够浏览并编辑员工的 HR 移动应用中，Manage Employees(管理员工)特性是这个移动应用的一个功能。链接到导航的特性既可以在特性之间使用，也可以在特性内部使用。MAF 使你能够创建特性，并在 Springboard 或导航条上显示这些特性的入口点。

6.1 Oracle Mobile Application Framework 特性以及应用配置文件

当创建一个新的Mobile Application Framework应用时，将会看到几个已经创建好的文件。与应用配置和特性定义相关的两个文件如图6-1所示。这两个文件的其中一个是maf-feature.xml，也被称为特性定义文件；另一个是maf-application.xml，也被称为应用定义文件。

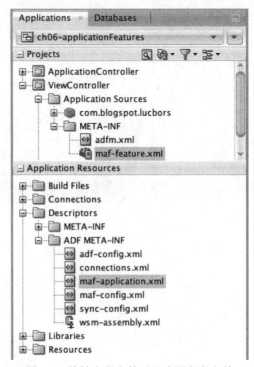

图 6-1 特性定义文件以及应用定义文件

6.1.1 应用配置文件

maf-application.xml 配置文件位于 JDeveloper 应用导航中的 Application Resources | Descriptors | ADF META-INF。该文件使你能够设置 MAF 应用的基本配置，并且它有许多功能。该文件可以指定应用的显示名称。这可以在 Application 选项卡上定义。该选项卡还提供一个唯一的应用 ID，以防止命名冲突。按照 Java 约定，建议应用 ID 使用反转的已有域名。例如，由于谷歌拥有域名 google.com，所以谷歌所有应用都应该以 com.google 开头。遵守这个约定以避免与其他开发者发生命名冲突是很重要的。

最后，Application 选项卡还提供定义导航条和 springboard 的功能。

在maf-application.xml配置面板中的Device Access选项卡旨在控制是否能够访问设备，如摄像头或GPS。Device Access的设置将在两个文件(maf-application.xml 文件以及maf-feature.xml文件)中进行配置。maf-features.xml文件中的设备访问设置为特定的特性定义了设备访问要求，但没有授予它访问权限。应用开发者在maf-application.xml文件上的Device Access选项卡上为特性授予了设备访问权限。

在 maf-feature.xml 文件中定义的或在导入的库中定义的可用的应用特性，由第三个配置选项卡(Feature References 选项卡)将它们配置为显示在移动应用 springboard(相当于一台智能手机的主页)以及导航条上的内容。

第四个选项卡名为 Preferences，用于为移动应用创建用户的偏好，用户可以通过设备的设置来配置它。这些将在第 17 章中进行讨论。

应用安全(包括身份验证和访问控制)通过使用 Security 选项卡来进行配置。这会在第 10 章中进行深入地讨论。

最后一个选项卡 Cordova Plugins，用于配置开发平台所使用的特定语言的插件(比如 iOS 使用的 Objective C)，以此来扩展默认的 MAF 框架功能，比如可以访问条形码扫描仪。

6.1.2 特性配置文件

每个移动应用必须至少有一种应用特性。在 maf-feature.xml 文件里，可以定义你的 MAF 应用中所有可获得的特性。因为每种应用特性都可以被独立开发(并且也可以独立于移动应用本身)，maf-feature.xml 文件的 Overview 编辑器提供定义<adfmf:features>子元素的功能，通过为每一个应用特性分配一个名称、一个 ID，并且设置它们的内容的实现方式，来区分应用特性。使用应用特性的概览编辑器，可以控制移动应用中应用特性在运行时的显示，并且还可以指定一个应用特性何时需要用户的身份验证。

6.2 定义应用特性

应用特性在 maf-feature.xml 文件中定义。如果需要给一个 MAF 应用添加新的特性，需要打开 maf-feature.xml 文件。添加新特性的最简单的方法是单击 maf-feature.xml Overview 选项卡上绿色的加号图标，如图 6-2 所示。

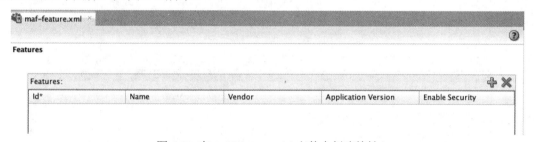

图 6-2 在 maf-feature.xml 文件中创建特性

当单击这个图标来创建一个新的应用特性时，JDeveloper 会显示一个 Create MAF Feature 对话窗口(见图 6-3)。在这个窗口里，可以定义特性名称、特性 ID，以及存储特性内容的目录。还会看到一个复选框，当选中它后，就会指示 JDeveloper 添加一个特性引用到应用配置中。

这意味着该特性被添加为一个应用特性，因此它可以显示在 springboard 和/或导航栏上。

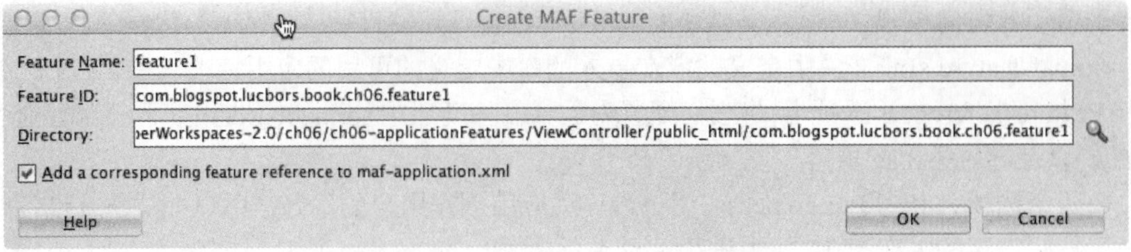

图 6-3 Create MAF Feature 对话框

注意：
因为带有其他的配置文件，所以 JDeveloper 可以呈现 XML 源，以及 maf-feature.xml 文件的概览。可以在两种视图下更改这些配置。例如，有时当你添加新特性时，在概览下进行更改是很容易的。而对于其他一些情况，直接编辑 XML 源会更加快速方便。对于初学者来说，我们推荐使用概览编辑器。

在 maf-feature.xml 文件中定义的特性，需要根据该特性定义作为所属 MAF 项目的一部分来实现。用来实现 MAF 应用中特性的技术也在 maf-feature.xml 的职能范围内，并且该技术通过使用特性定义文件的 Content 选项卡进行定义。

6.3 定义 Oracle Mobile Application Framework 特性的内容

特性的内容定义了客户端逻辑以及一个 MAF 应用的用户界面。概览编辑器的 Content 选项卡(见图 6-4)提供了下拉列表以及定义相关内容配置的字段。在这个选项卡中，可以指定内容类型，指定在哪些条件(约束)下内容会显示或隐藏，也可以指定特性级的优先级设置，以及每种特性的安全性要求。

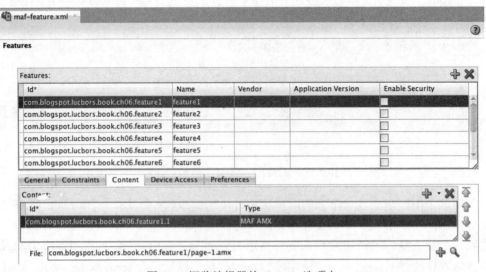

图 6-4 概览编辑器的 Content 选项卡

每种内容的类型都有它自己的一组参数。如果选择所实现的应用特性的 MAF AMX 页面或任务流，必须指定文件的位置。此外，可以随意选择一个 CSS 文件为应用特性设置一个与其他应用特性(或 MAF 应用本身)不同的外观，或者选择一个控制 MAF AMX 组件动作的

JavaScript 文件。

这三种类型的内容(见图 6-5)会在接下来的章节中讨论。

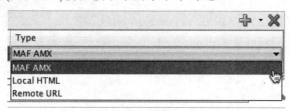

图 6-5　内容的可选类型

6.3.1　Oracle Mobile Application Framework 特性的内容

如果选择 MAF AMX，应用特性将会被实现为一个 MAF AMX 页面或一个任务流。创建一个新的 AMX 移动页面最简单的方法是使用 Content 选项卡上 File 区域的绿色加号图标(见图 6-6)。

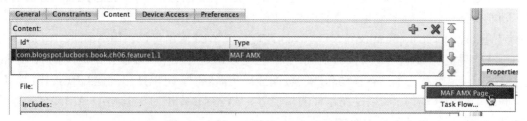

图 6-6　创建一个新的 MAF AMX 页面

注意：
还可以在 New Gallery 中调用向导来创建 MAF AMX 页面。可以通过以下方式访问这些向导：首先在应用导航中标记出视图控制项目，然后选择 New(新建)。还可以使用快捷菜单来创建一个 MAF AMX 页面，在应用导航中的视图控制项目上右击，就会出现快捷菜单，然后选择 New。通过这种方法创建的 MAF AMX 页面需要手动将它添加到特性或任务流中。

将会看到 Create MAF AMX Page 对话框(见图 6-7)，可以在这个对话框中输入新创建的页面的文件名和文件地址(目录)。

还可以添加一个 JavaScript 文件以及一个包括指定自定义外观的选择器的 CSS。有了这个 CSS，就可以确保整个应用特性可以拥有属于它自己的外观。本章节不会具体介绍这些"包括"和"约束"。这些都将会在本书之后的章节中进行介绍。

注意：
向特性的内容里添加一个约束和向特性本身添加一个约束是有区别的。例如，内容约束可能是实现一个智能手机上向导样式形式的输入以及平板电脑上一个单一形式的文件输入。而对于特性约束而言，例如当有网络连接时，你想要获得一个远程 URL，否则就显示一个连接到本地 SQLite 的 MAF AMX 页面，在这种情况下特性约束是有意义的。使用特性约束的另一个原因是可以基于安全性的设置来隐藏或者显示特性。

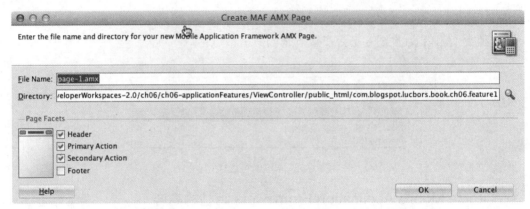

图 6-7　创建一个新的 MAF AMX 页面作为一个特性的内容

6.3.2　远程 URL 和本地 HTML

远程 URL 的内容实际上是一个 Web 应用的引用。远程的内容可以通过提供服务器端的数据和功能来补充 MAF AMX 和本地 HTML 内容。远程 URL 的实现需要一个指向一个被托管的 Web 应用(hosted web application)的有效 Web 地址。该 Web 应用可以由用 Apache Trinidad 创建的用于智能手机的 JavaServer Faces 页面组成，也可以由运行在平板设备上的应用的 ADF Faces 组件组成。当已经有一个具有移动功能的页面能满足需要时，可以使用远程 URL，并且没有必要断开连接或设备访问。如果是在这样的情况下，就没有必要作为一个 MAF AMX 页面重新开发功能。你可以简单地使用现有的远程应用。

注意：

被托管的 Web 应用不必是一个移动 Web 应用。然而，比较好甚至是最好的做法是只使用在移动浏览器中经过优化的被托管的 Web 应用。

最后，MAF 能够使用本地的 HTML 来实现一个应用特性。在本地 HTML，可以手动创建 HTML 文件或重用现有的 HTML 文件。如果想要使用第三方 HTML 5 框架，就会使用这种方法，或者是因为拥有一个能够使用它的开发者，或者是因为已经有一个想用在你的 MAF 应用中的现成的 HTML 5 文件。本地 HTML 文件可以通过由 Cordova 支持的 JavaScript API 来访问本地设备特性。我们会在之后的章节中讨论如何使用本地 HTML 和远程 URL 内容。

根据本章的宗旨，没有必要创建全功能和花哨的页面。因此，我们仅使用空白页面。在之后的章节中，你会更详细地学习如何创建全功能的移动页面。

6.4　如何控制应用特性的显示

在 springboard 上显示应用特性是应用定义文件的职能。为了解释这是如何工作的，我们会使用一个虚构的 MAF 应用。这个应用包含了九个特性，根据它们的名称，我们可以清楚地分辨这九个特性。可以在图 6-8 中找到这些特性的一个概览。

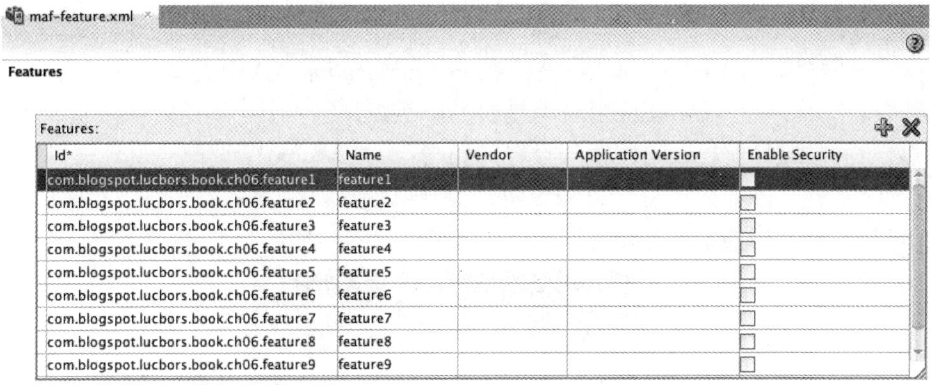

第 6 章 应用特性 99

图 6-8 带有九个特性的 maf-feature.xml

这九个功能都有一个对应的图片，显示在导航栏和 springboard 上。可以在 maf-feature.xm 中的 General 选项卡上提供这些图片(见图 6-9)。

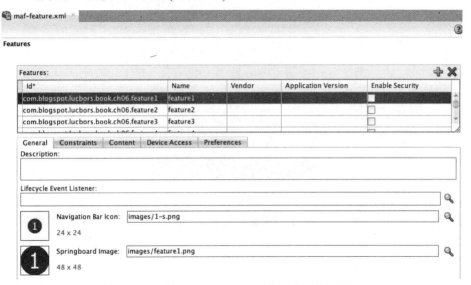

图 6-9 显示在 springboard 和导航栏上的特性图片

接下来的内容将介绍为了使用户能够快速访问应用的特性，如何控制这些特性在 springboards 和导航栏中的显示。

6.5 使用 springboards 和导航栏

MAF 提供创建 springboards 的功能，可以将 MAF 应用中所有可获得的特性的图标显示在这个 springboards 上。springboards 是应用菜单，并且它们是 MAF 应用特性的入口点。你可以在 maf-application.xml 文件中配置 springboard 和导航栏的行为。同时，可以通过导航栏来访问特性，导航栏通常显示在屏幕的底部。MAF 应用的默认特性以及导航栏和 springboard 上特性的序列都由应用配置文件中特性引用的顺序决定。可以根据个人喜好，使用 springboard 或导航栏，当然也可以两者都用。如果你只有少量的特性，使用一个导航栏就足够了，但是通常情况下，应用的设计会指明需要使用哪种访问方法。

导航栏

首先看一下导航栏(见图 6-10)。导航栏在 maf-application.xml 中进行配置。

默认情况下，导航栏显示在应用启动界面上，还会看到一个导航栏切换按钮，使你能在应用运行时显示和隐藏导航栏。这些默认设置如图 6-11 所示。取消选中的复选框可以更改导航栏的默认显示行为，除非应用特性另外指明，否则就会默认显示。

导航栏显示在应用的底部。运行时，导航栏如图 6-10 所示。

图 6-10 默认导航栏

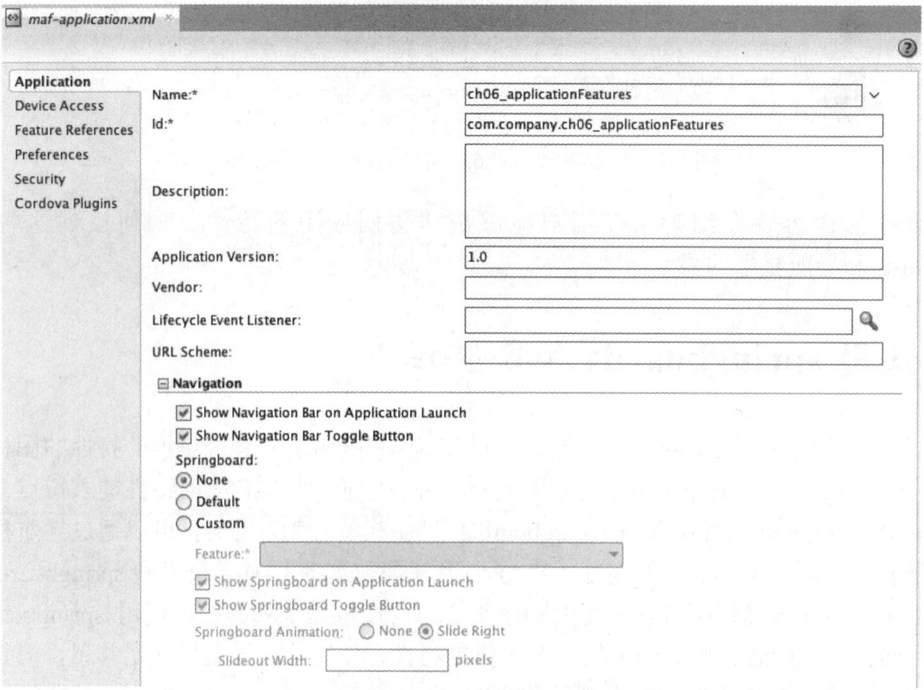

图 6-11 maf-application.xml 文件中导航栏的默认设置

如图 6-10 中所示，在导航栏的右侧有一个 More 图标。当单击这个图标时，所有不适合在导航栏中显示的特性都会显示在列表中。调用其中一个列表项就会打开对应的特性(见图 6-12)。

图 6-12　显示导航栏中"More"区域的特性

show navigation bar toggle 能够创建隐藏导航栏的特性。当在设备上调用应用菜单时，需要选择隐藏(见图 6-13)还是显示(见图 6-14)导航栏。这使你能够使用设备上所有可用的应用特性。

图 6-13　隐藏导航栏

图 6-14　显示导航栏

6.6　springboard 导航

springboards 是你的 MAF 应用特性的入口点。当创建一个新的 MAF 应用时，JDeveloper 就会创建 maf-application.xml 文件。在这个文件里，可以定义如何实现 MAF 应用中进入应用特性以及离开应用特性的导航。本节将介绍如何使用 maf-application.xml 来实现 springboard 导航，并且学习不同选择所带来的影响。默认情况下(见图 6-15)，MAF 应用中没有 springboard。

注意：
由于应用了默认设置(见图 6-15)，因此不会显示 springboard，但可以注意到导航栏上有一个 Show Springboard 图标。调用这个图标并不能显示 springboard，因为你的应用中没有定义 springboard。为了不让 springboard 图标显示出来，可以在 maf-applications.xml 中对实际 XML 代码进行一个微小的调整。只要添加下面的几行代码就可以确保 springboard 图标不显示出来。

图 6-15　使 maf-application.xml 中默认不带有 springboard

```
<adfmf:navigation>
    <adfmf:springboard enabled="false"/>
</adfmf:navigation>
```

提示：
为了获得这个设置，还可以选中 Default 单选按钮，然后在 maf-application.xml 概览编辑器中选中 None 单选按钮。

当应用中不使用 springboard 时，应用就会打开 maf-feature.xml 中定义的第一个特性的第一个页面。在样例中，这意味着应用打开了 page-1.amx。在此之后，就可以通过导航栏访问不同的特性了。

第二种选择是使用默认的 springboard，它会在部署时期由 JDeveloper 自动生成。

当选择 Default springboard 选项时(见图 6-16)，MAF 会将 springboard 显示为一个列表(见图 6-18)。有两个复选框，可以选择在应用启动时是显示还是隐藏 springboard，这两个复选框用于实现导航栏上的切换 springboard 按钮。

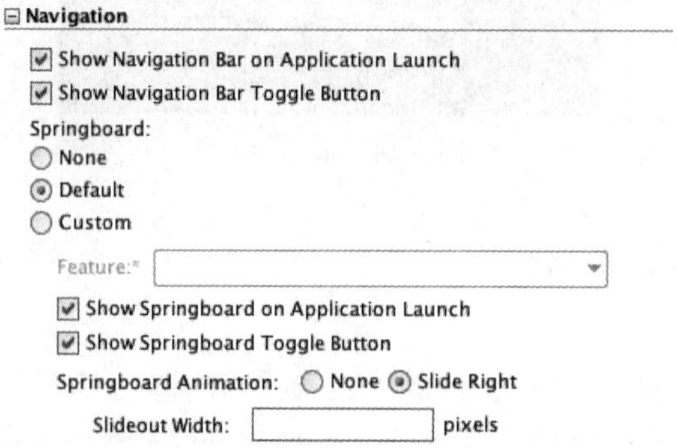

图 6-16　使用默认 springboard 的配置

maf-application.xml 中对应的 XML 片段是：

```
<adfmf:navigation>
```

```
<adfmf:springboard enabled="true"
                   showSpringboardAtStartup="true"
                   displayGotoSpringboardControl="true"/>
..........
</adfmf:navigation>
```

隐藏或显示 springboard 的选项可以使你最佳地使用移动设备的特性。你还会看到 Springboard Animation(动画)设置。这个设置可以让 springboard 从右向左滑动。该设置还会改变 springboard 显示的方式。如果 Springboard Animation 被设置为向右滑动，springboard 就只能占据屏幕的一部分空间。否则，它会占据整个屏幕。

当你切换 springboard 图标(见图 6-17)时，就会显示应用的 springboard，并显示一个列表中所有可用的特性，而且你可以启动任意一种特性。当调用 springboard 中任意一个列表项时(见图 6-18)，对应的特性就会被激活，并且 springboard 会消失。

图 6-17　应用菜单中的 Springboard 按钮

图 6-18　默认的 springboard

最后，MAF 允许你创建自定义 springboard。这些 springboards 要么基于 HTML 页面，要么基于自定义的 AMX 页面，这两者作为 maf-feature.xml 中的应用特性都必须是可获得的。

在默认的 springboard 不是你想要的情况下，你会考虑实现一个自定义的 springboard。一个自定义的 springboard 使你能创建一个真正符合你的需要的应用 springboard。这些自定义的 springboards 要么是基于一个 HTML 页面，要么基于自定义的 AMX 页面，这两者作为 maf-feature.xml 中的应用特性都必须是可获得的。

使用一个 AMX 页面作为一个自定义的 springboard

前面讨论的默认 springboard 实现了列表导航模式。该列表导航是一个非常通用的 UI 模式，springboard 可以用它显示可用特性的列表。当你单击这样一个列表项时，就调用了它的特性。然而，对于实现导航最通用的 UI 模式，即 Grid Springboard，你需要创建一个自定义的 springboard。Grid Springboards 在一个网格布局中显示应用特性，例如，在一张 2×2 或者 3×3 的网格中。

这个过程的第一步是创建一个全新的 AMX 页面。该 AMX 页面包含布局容器，用来呈现包含 springboard 特性的网格。在这种情况下的自定义 springboard 被定义为一个 MAF 特性，它从如图 6-19 所示的 AMX 页面上获得内容。

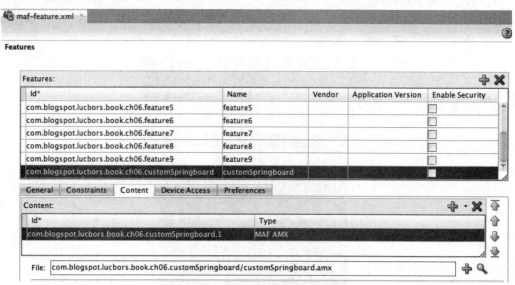

图 6-19 自定义 springboard 特性定义

我们将在第 12 章中讨论一个自定义 springboard 的实际创建过程，并且会对样例应用的 springboard 进行解释。在本章你将学习创建自定义 Grid Springboard 的一些基本概念。下面的代码样例显示了如何设置基本的自定义 springboard，并且每个特性会显示一张嵌入在命令链接中的图片。单击链接可以设置 pageFlowScope 变量，表示该特性应当被调用。

```
<amx:iterator var="row" value="#{bindings.features.collectionModel}"
        id="i1">
  <amx:panelGroupLayout id="plam2" halign="center" valign="middle"
                inlineStyle="width:33%;display:inline-block;">
    <amx:tableLayout id="tl2">
      <amx:rowLayout id="rl2">
        <amx:cellFormat id="cf2" halign="center" valign="middle">
          <amx:commandLink id="cl3"
              actionListener="#{bindings.gotoFeature.execute}" >
            <amx:image id="i2" source="/images/#{row.name}.png"
                inlineStyle="width:36px;height:36px"/>
            <amx:setPropertyListener type="action" from="#{row.id}"
                        to="#{pageFlowScope.FeatureId}" />
          </amx:commandLink>
        </amx:cellFormat>
```

```
            </amx:rowLayout>
          </amx:tableLayout>
       </amx:panelGroupLayout>
</amx:iterator>
```

注意到<amx:iterator/>，它是通过从 ApplicationFeatures 数据控件上拖放特性集合来创建的(见图 6-20)。这个集合包含了 MAF 应用所有的特性，在自定义的 springboard 中，可以通过简单地迭代这个集合来创建所有特性的入口。

图 6-20　ApplicationFeatures 数据控件上的特性集合

你还可以使用 ApplicationFeatures 数据控件来添加能从 springboard 导航到某个特性的组件。在 ApplicationFeatures 数据控件中，可以找到 goToFeature()操作(见图 6-21)，当调用这个操作时，就会导航到对应的特性。

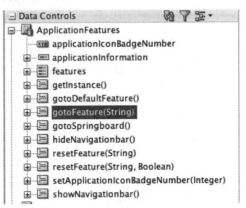

图 6-21　gotoFeature 方法

可以将这个 gotoFeature()方法从 ApplicationsFeatures 数据控件拖放到 MAF AMX 页面上，从而创建一个 commandLink。该 commandLink 能够嵌入图片，来显示相应特性的图片。

这个拖放动作还将在 springboard 页面的 PageDefinition 文件中创建一个绑定。pageFlowScope 变量可以执行该动作。这个变量包含了需要从 springboard 调用的特性的 ID。在 Springboard AMX 页面的代码中，你会注意到 setPropertyListener，它用于获取当前行的 ID，然后将此 ID 放入名为 FeatureId 的 pageFlowScope 变量中。

```
<methodAction id="gotoFeature" RequiresUpdateModel="true"
              Action="invokeMethod"
```

```
                MethodName="gotoFeature"
                IsViewObjectMethod="false"
                DataControl="ApplicationFeatures"
                InstanceName="data.ApplicationFeatures.dataProvider">
    <NamedData NDName="featureId"
               NDValue="#{pageFlowScope.FeatureId}"
               NDType="java.lang.String"/>
</methodAction>
```

最后，新的 MAF 页面需要被链接到应用上作为一个 springboard。这个设置是 maf-application.xml 文件的一部分。当定义一个自定义的 springboard 时，MAF 应用需要知道是哪一个特性实现了那个自定义的 springboard。在本样例中，是一个名为 customSpringboard 的特性(见图 6-22)。

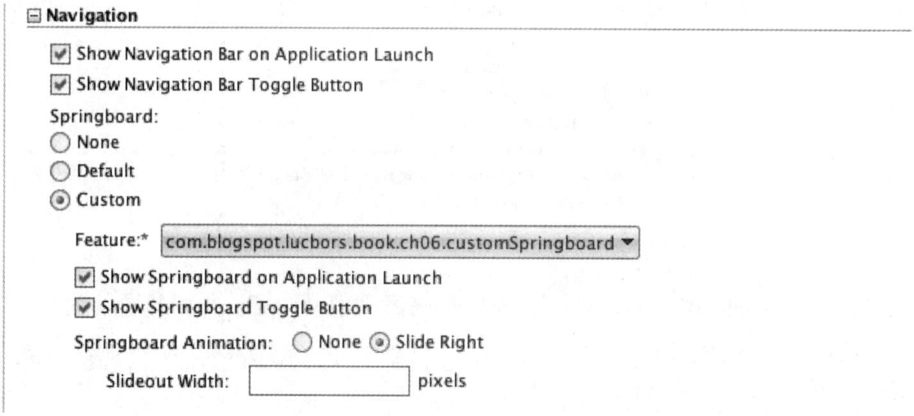

图 6-22 使用自定义 springboard 的配置

实现 springboard 的特性不应当显示在导航栏上，也不应当显示在 MAF 应用中的 springboard 上。因此，在 maf-application.xml 中必须将 Show on Navigation Bar 以及 Show on Springboard 都设置为 false，如图 6-23 所示。

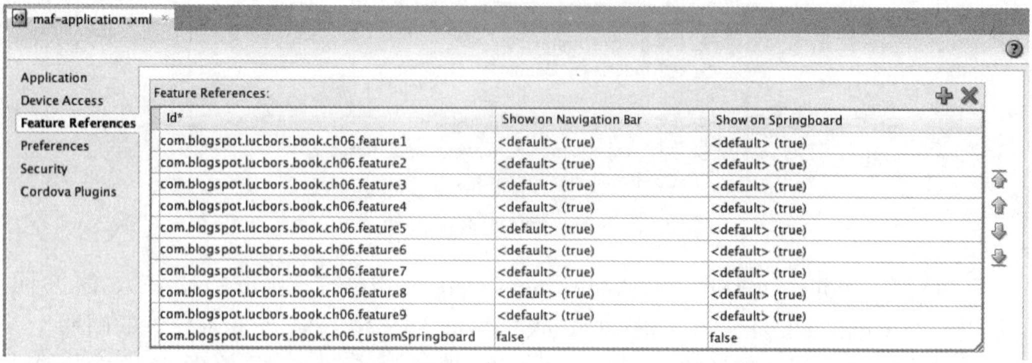

图 6-23 在 springboard 和导航栏上都不显示自定义的 springboard

现在已经创建并配置好了新的自定义的 springboard，它看起来就像一个"真的"网格状的 springboard，如图 6-24 所示。

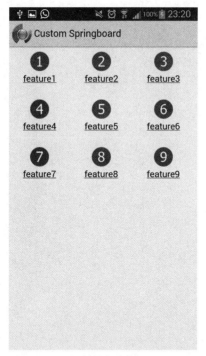

图 6-24 运行中的自定义 springboard

6.7 小结

MAF 应用可以由多个功能部件组成,它们被称为特性。这些特性被定义在 maf-feature.xml 文件中。应用对这些特性的访问在 maf-application.xml 中进行配置。另外,也在 maf-application.xml 中配置 springboard 和导航栏。

MAF 能够创建自定义的 springboard,给用户提供一种完全自定义 MAF 应用特性的入口。

本章主要内容如下:
- 在特性定义文件中配置特性
- 在应用定义文件中配置导航栏
- 在应用定义文件中配置 springboard
- 使用 MAF 创建自定义的 springboard

第 7 章

使用 Web 服务和本地数据库

没有数据的应用会是什么样的？通常，数据能提供上下文的信息，因此没有数据的应用是一个没有有用共享信息的应用。Mobile Application Framework 提供了几种检索数据和使用数据的方法。本章将介绍如何通过调用 Web 服务，将数据导入到你的应用中，并且还将介绍如何使用设备上的数据库来存储数据。这样，数据就能在应用重启后被保留下来。最后，将介绍属性更改事件和提供者更改事件的概念，它们可以使应用的 UI 响应数据变更事件。

7.1 使用 Web 服务

当已有一个企业后端系统，并且想将它的服务应用到一个移动应用中时，通常会使用 Web 服务。Web 服务有几个选项。需要在 SOAP 和 REST Web 服务之间做出选择。如果选择 SOAP

服务，就只能使用一个 XML 有效载荷。如果选择 REST Web 服务，就会出现两个选项可供选择，这两个有效载荷为：XML 和 JSON。尽管该框架对 XML 和 JSON 都支持，并且 REST 对 XML 和 JSON 也都支持，但我们推荐使用 REST-JSON。

RESTful 服务易于创建和使用。JSON 格式比 XML 更加简洁，并且 JSON 创建的载荷更小。因此，当跨网络进行传输时，使用 JSON 的效率更高。因为对于移动应用来说，速度和性能都非常重要，所以 JSON 是移动通信的共同选择。

注意：
JDeveloper 的未来版本将增强对 REST-JSON 的支持。JDeveloper 将会有一个 REST 数据控件，并且你将能够在 ADF 业务组件上创建 REST-JSON Web 服务来直接使用服务器端的 ADF 业务组件。到那时，可以使用 REST 适配器来显示带有一个 JSON 有效载荷的 JAX-RS REST 资源。

MAF 架构(见图 7-1)包含许多组件。

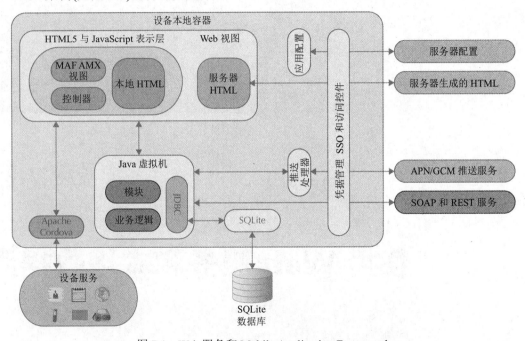

图 7-1　Web 服务和 Mobile Application Framework

Web 服务不是框架架构的一部分，但是它们在整体解决方案架构中起着非常重要的作用。
在 MAF 应用中，使用 Web 服务最直接的方式是通过使用一个数据控件，该数据控件能将 Web 服务连接到应用上，而且不需要大量的开发工作。SOAP 和 REST Web 服务都可以获得 Web 服务数据控件。在下面的内容里，你将学习更多关于 SOAP 和 REST 服务的知识，以及如何在一个 MAF 应用中使用这些服务。

7.1.1　SOAP-XML 与 REST-JSON

REST-JSON 优于 SOAP-XML 的原因有很多。首先是反序列化的速度，以及将其从 JSON 有效载荷转换到本地数据类型的速度。JSON 响应比 XML 响应要快得多，因为通常 JSON 的载荷较小，并且较小的载荷发送速度更快。其次就是简单性。一般情况下，在客户机上更容易使用 REST-JSON Web 服务，并且开发者使用 REST verb-based API 通常会很轻松。然而，并不总是由你来选择。有时你会得到一个 SOAP-XML Web 服务，如果是这样，就需要使用这个服务。幸运的是，框架对这两者都支持。接下来的内容将介绍如何使用 SOAP-XML 和 REST-JSON 服务。

7.1.2 SOAP-XML 服务

SOAP-XML 服务提供了一种正规的通信途径。一个 SOAP Web 服务和相应的在线 Web Service Description Language(WSDL)文件指定了所有可获得的操作和服务中可交换的数据。这么做有几个优点。由于强类型的相互作用，消费者能够确切地知道他们所期望使用的数据类型是什么。此外，因为 WSDL 清晰地说明了 Web 服务 API，所以第三方工具能轻松地查询这个结构并且能站在开发者的角度来调用它。XML 有效载荷的基于契约和形式化方法引入了开销和尺寸的缺点，这在移动环境中是不利的。然而，在某些情况下，这可能是你能使用的唯一一种 Web 服务类型，因此，MAF 整合了 Web 服务的所有类型，提供了定义移动应用的灵活性。

如果想要在你的移动应用中使用 SOAP-XML Web 服务，可以创建一个 Web 服务数据控件。下面的示例为提供国家信息的简单的 SOAP-XML 服务。对这个 Web 服务的描述可以在下列链接找到：

    http://www.webservicex.net/country.asmx?WSDL

WSDL URL 必须在 Create Web Service Data Control 向导的首页输入(见图 7-2)。

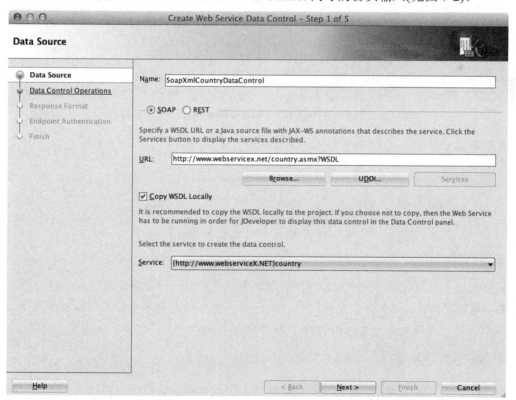

图 7-2　在 SOAP Web Service Data Control 向导中输入 WSDL URL

提示：

建议选中 Copy WSDL Locally 复选框。它能使数据控制面板显示来自 Web 服务的对象，并且无须连接到 Web 服务。

在第二页(见图 7-3)，可以选择你想要显示在数据控件中的 Web 服务操作。你需要多少可获得的操作，就可以选择多少。它们都将显示在生成的数据控件中。

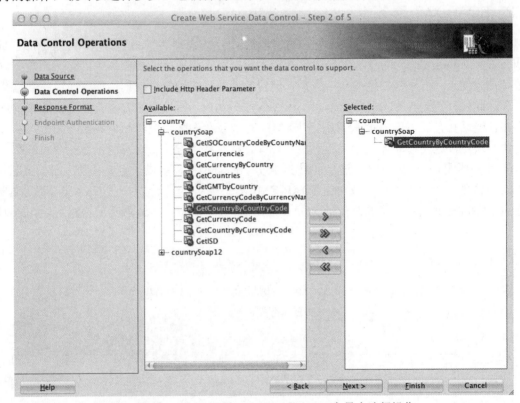

图 7-3　在 SOAP Web Service Data Control 向导中选择操作

其结果是一个显示可操作的 Web 服务数据控件，如图 7-4 所示。

图 7-4　SOAP-XML Web 服务数据控件

注意：

一旦创建了数据控件，就可以在 MAF 应用中使用它。一种方法是从数据控件拖放集合和操作到 AMX 页面上。这种方法没有问题，但是不如通过 Java 代码来使用数据控件灵活。在本书的后半部分，你将会学习如何用 Java 代码来使用数据控件。

7.1.3　REST-XML 服务

REST-XML 使用 XSD 来定义有效载荷结构。因此，在设计时，可以准确知道每一种属性的数据格式，并且可以使用这个信息来创建你的移动应用。

通过使用 URL 数据控件和 Web 服务数据控件，可以从 MAF 应用中调用一个 REST-XML 服务。你将会学习如何使用一个基于 geonames 样例的 REST-XML Web 服务。GeoNames 地理数据库涵盖了所有国家，并且它包含了超过 800 万个可以免费下载的地名。CountryInfo 服务的 URL 包括所需的参数，如下所示：

http://api.geonames.org/countryInfo?country=US&username=demo&style=full

注意：
GeoNames API 提供了一个用户名 demo，出于示范目的。如果使用这个用户名，就需要知道调用的限制是 30 000 次。可以在 GeoNames 数据库的网页上创建你自己的用户账号。

为了调用这个 Web 服务，可以使用 Web 服务数据控件。REST 服务的 Web 服务数据控件使用一个到 Web 服务 URL 的连接，此 URL 必须定义在 connections.xml 文件中。这样一种连接可以在 JDeveloper 中创建(见图 7-5)。

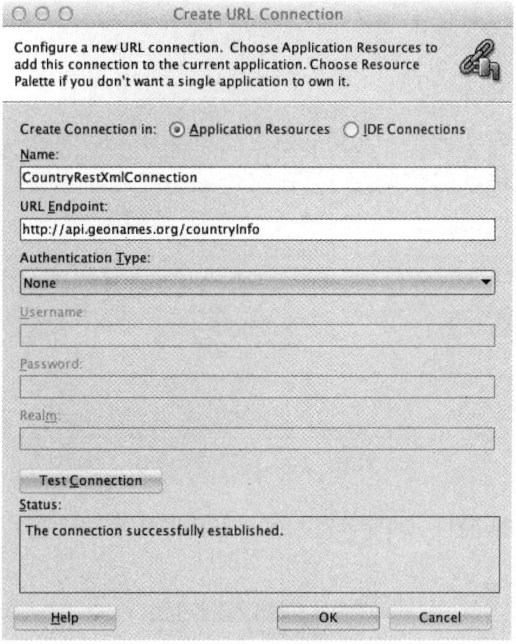

图 7-5　CountryInfo REST XML 服务的 URL 连接

JDeveloper 将连接从 URL 数据控件中分离出来，这样一来，相同的连接就可以在多个数据控件中被使用。一个 URL 连接可以创建为一个 IDE 级别的连接。在 JDeveloper 中，这使得多个应用可以获得该连接。如果在一个应用中(JDeveloper workspace)创建连接，只有那个特定的应用可以获得该连接。

现在可以创建一个使用该连接的 URL 数据控件。你需要在 Create URL Service Data Control 向导的第一页指定这个连接(见图 7-6)。注意到所需的参数可以在 Source 字段输入；使用的格式为："?symbol=##ParamName##"。

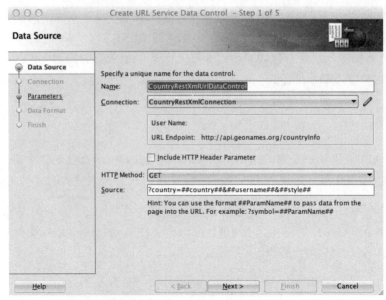

图 7-6　在 Create URL Service Data Control 向导中指定连接

如果有一个支持多种方法的单一服务，你应该选择相同的断点并且向它不断添加方法——千万不要为每种方法生成单独的数据控件。在这个调用中你所需要的参数都定义在向导的第二页(见图 7-7)。

Provide parameter value to test whether the URL and source are valid.

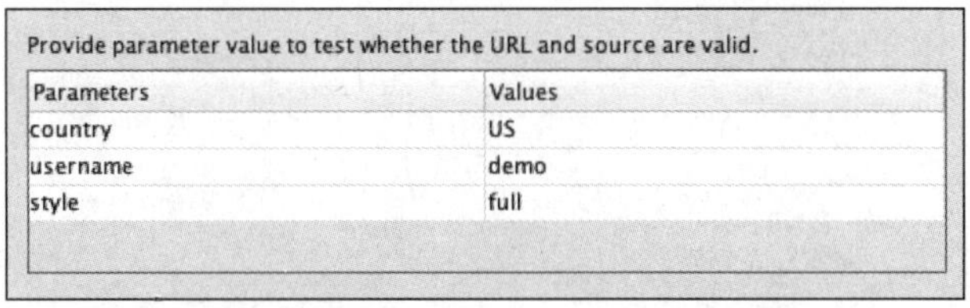

Parameters	Values
country	US
username	demo
style	full

图 7-7　URL 服务数据控件的 URL 参数

同样，一旦创建了数据控件(见图 7-8)，可以在 MAF 应用中使用它，例如，通过拖放操作和集合。

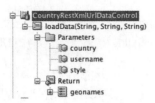

图 7-8　REST XML Web 服务数据控件

7.1.4　REST JSON 服务

URL 和 Web 服务的数据控件目前只支持 SOAP 和 REST-XML。如果想要从你的 MAF 应用中调用 REST-JSON 服务，必须使用 RestServiceAdapter 接口并从 Java 中调用它。RestServiceAdapter 接口是框架的一部分，使你不需要创建 Web 服务数据控件就能触发 Web 服务操作的执行。你不需要直接与 Web 服务进行交互，从而可以防止 Web 服务和 Java 代码之间的紧耦合。

RestServiceAdapter 接口所需要的是一个有效的连接；此连接可以用与之前为 REST-XML 服务创建连接完全相同的方式来创建。图 7-9 的样例显示了一个到 GeoNames 数据库的 URL 连接，它同样也显示了一个 REST-JSON Web 服务。一个包括 URI 的完整的 URL 如下所示：

```
http://api.geonames.org/countryInfoJSON?country=US&username=demo&style=full
```

图 7-9 创建 URL Connection 向导

在 URL 连接中，你只需要输入 URL。在实际调用服务时，另一部分的 URI 之后才会被用到。

对 Country Info JSON 服务的调用需要一些额外的信息。这就是所谓的请求 URI，它带有有用的参数。然而解释各个参数超出了本书的范围。可以在 geonames.org 网站上找到关于 API 的更多信息。

```java
public static String invokeRestService(){
    RestServiceAdapter restService = Model.createRestServiceAdapter();
    restService.clearRequestProperties();
    restService.setConnectionName("CountryRestConnection");
    restService.setRequestType(RestServiceAdapter.REQUEST_TYPE_GET);
    restService.setRetryLimit(0);

    String requestUri =
        "countryInfoJSON?formatted=true&country=US&username=demo&style=full";

    restService.setRequestURI(requestUri);
    String response = "";
    try{
        response = restService.send("");
        return response;
```

```
    }
    catch (Exception e){
      // something went wrong
    }
}
```

现在可以处理服务调用的响应,在一个 MAF AMX 视图上显示数据。我们会在第 15 章中对该 JSON 结果字符串进行具体的介绍,并且会处理对 Google Places API 调用的结果,该结果也会被用于移动应用中。

7.2 使用本地数据库

如果一个应用需要使用数据并在设备上保存数据,或者当应用需要在断开连接或重启情况下使用数据时,可以使用设备上的 SQLite 数据库来维护数据。当看到 MAF 架构(见图 7-10)时,你会看到其中包含了许多组件。SQLite 是一个嵌入式的数据引擎,非常适合移动应用。对 SQLite 的支持嵌入在 iOS 和 Android 操作系统中。然而,由于它缺乏加密支持,MAF 还嵌入了带有加密扩展的 SQLite 支持。

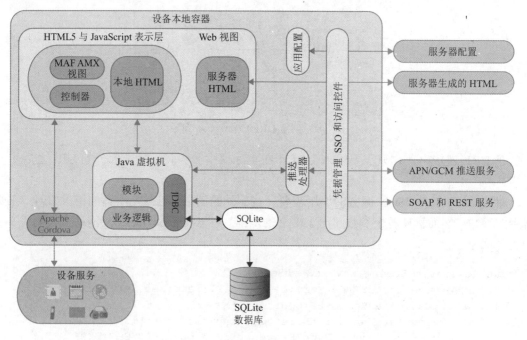

图 7-10 框架架构中的 SQLite

除了 SQLite,Oracle 还提供了一个 Java API。当在 Java 代码中使用本地数据库时,你实际上是在调用 JDBC。这使你能够重复使用你的 Java 编码技能。

SQLite 使你能够管理设备上任何数量的数据库,通常每个数据库会连接到一个应用。如果设备上数据的安全性很重要,就可以将那些数据库加密。通常,我们建议加密。如果出于某种原因你的设备丢失或被偷了,设备上的数据就不能再被访问到。

SQLite 是完全支持事务的,并且它支持 ACID 语义。这意味着一个事务通常具有原子性、一致性、隔离性和持久性。即使某个事务由于系统崩溃或电源故障而中断，你的数据也不会被破坏。

SQLite 是自包含的，因此，你的 JDeveloper 项目不包括外部依赖。它已经是 Mobile Application Framework 的一部分。没有必要将一个 JAR 文件添加到你的应用中。图 7-11 显示了 SQLite 的标志。

图 7-11　SQLite 标志

SQLite 数据库是一个无服务器端的数据库。这意味着没有后台运行的服务器进程。这减少了一个用户的可扩展性，可以说这在移动设备上不是一个问题。

从开发的角度来看，SQLite 的运行不需要任何配置。开发者只需要打开数据库然后使用 JDBC 调用。

7.2.1　为什么使用 SQLite 数据库

阅读完前面的内容，你应该相信 SQLite 的实力。但是为什么你要在移动应用中使用 SQLite 本地数据库呢？大多数情况下，为了在远程服务器上读写数据，移动应用将会使用 Web 服务。然而，还有几个在设备上使用 SQLite 数据库的用例。

第一个用例是你想要创建一个应用，并且无论在有无网络和网络连接的情况下该应用都能运行。如果使用 SQLite 数据库，你的应用将能够在完全断开连接的情况下工作。它需要的数据被存储在 SQLite 数据库上，并且还是允许访问的。

第二个使用 SQLite 数据库的原因是，用它来缓存远程数据能提高性能。移动网络正变得越来越可靠，但有时它们仍然会是不可靠的或者网速非常慢。除此之外，移动网络的带宽非常昂贵。因此，缓存一些通过 Web 服务调用到远程服务器上的数据会是一个不错的主意。这针对静态数据或一些不经常变更的数据。同时，用户可以查询他们不想更新的数据，这也是在本地存储数据的原因。

使用 SQLite 数据库的第三个原因是你需要一个事务缓冲器。假设有这样一个场景，用户输入一些数据，在应用提交之后，发出一个 Web 服务调用来更改远程服务器上的一些数据。当进行一个 Web 服务调用时，移动应用无法控制事务。你不能保证 Web 服务调用能够实际工作。因此，在某些情况下，除非你能确保 Web 服务调用一定是成功的，否则将数据保存在本地数据库是一个不错的主意。用这种方式，如果 Web 服务调用失败了，可以稍后再使用本地存储的数据进行尝试。当 Web 服务调用失败时，这可以让用户不必再次输入数据。

这些是使用 SQLite 数据库的三个主要原因。可能还有更多的原因，但这取决于具体的用例。

有一种情况不应该使用本地数据库。你不应该将用户的喜好存储在 SQLite 数据库中。没有必要这么做。因为框架提供了管理用户喜好的功能。你将会在本书的后半部分学习更多关于它的内容。

7.2.2 如何使用 SQLite 数据库

现在你应经知道了什么是 SQLite 数据库,以及使用 SQLite 数据库的几个原因。接下来的一个问题是:如何使用 SQLite 数据库呢?在开始使用数据库之前,第一步是使用 JDBC 创建数据库。

在 SQLite 中,每一个数据库都被包含在自己的文件中,并且这个文件由 SQLite 后台管理。创建一个 SQLite 数据库有两种方法。第一种方法是简单地通过 JDBC 发出 DML 语句,比如创建表格或创建索引。

第二种方法是使用一个预置的数据库文件。该文件打包在你的移动应用代码中。为了让你的应用能加载它,必须将它存储在一个指定的位置。

有一些工具可以让你开始创建一个预置的数据库。这些工具,比如 MesaSQLite、SQLiteManager 和 SQLiteDatabase 浏览器,能给你提供所有功能,这些是为移动应用创建一个预置的数据库所需的所有功能。

提示:

你也可以使用 JDeveloper 来做相同的工作,下载并使用 Zentus JDBC 驱动,然后在 JDeveloper 中设置一个 DB 连接来"连接"到一个数据库文件。实际上,可以在 JDeveloper 中使用数据库创建/修改功能。

无论选择哪种方法,为了真正使数据库用于你的移动应用,必须从应用生命周期监听器中执行代码。本书的后半部分将介绍关于生命周期监听器的内容。

7.2.3 连接到 SQLite 数据库

为了从移动应用连接到 SQLite 数据库,可以使用 JDBC 调用。

第一步是找到设备上数据库的位置。没有必要硬编码到数据库文件的路径。实际上,硬编码是一种不好的做法。框架中有一个工具类(AdfmfJavaUtilities),它包含 getDirectoryPathRoot() 方法。该方法可以访问 iOS 和 Android 系统上的文件。可以使用这个方法来访问临时文件、应用文件(在 iOS 系统上),以及缓存目录,设备上分别使用 TemporaryDirectory、ApplicationDirectory,以及 DeviceOnlyDirectory 常量。

由于数据库文件与移动应用部署在一起,所以它存储在 ApplicationDirectory 中。可以通过下面的代码样例找到数据库的路径。与数据库文件名组合在一起的这个路径现在可以被用来创建和连接到一个新的 JDBC 数据源。此样例中的方法通常是一个你在 ApplicationController 中实现的 DBConnectionFactory 类的一部分。在本章节的剩余部分内容里,将会使用这个方法来创建一个到数据库的连接。

```
public class DBConnectionFactory {
    public DBConnectionFactory() {
        super();
    }
    protected static Connection conn = null;
    public static Connection getConnection() throws Exception {
        if (conn == null) {
            try {
                String root = AdfmfJavaUtilities.getDirectoryPathRoot(
```

```
                            AdfmfJavaUtilities.ApplicationDirectory);
            String database = root + "/book.db";
            conn = new SQLite.JDBCDataSource(
                      "jdbc:sqlite"+database).getConnection();
        } catch (SQLException e) {
          //handle error here
          System.err.println(e.getMessage());
          }
       }
     return conn;
    }
}
```

注意:
如果该数据库不存在，那么当创建 SQLite JDBC 连接时，SQLite 将会自动创建该数据库。

7.2.4 加密 SQLite 数据库

正如之前提到的，SQLite 提供数据库的加密。加密和解密都非常简单。如果想加密数据库，你只需要一个密码。AdfmfJavaUtilities 类有用于加密的 encryptDatabase()方法。它将连接和密码作为参数。

```
String pwd = "bookPassword";
AdfmfJavaUtilities.encryptDatabase(connection,pwd);
```

解密数据库是一样的做法。但是，在你能够解密它之前，你需要使用被用来加密数据库的密码，以此获得一个连接来加密数据库。

```
Connection = new SQLite.JDBCDataSource(
                    "jdbc:sqlite"+database).getConnection(null,pwd);
AdfmfJavaUtilities.decryptDatabase(connection);
```

注意:
记住不要错误地打开一个加密的数据库。如果碰巧这么做了并且决定重新给数据库加密，就会很麻烦。旧的正确的密码，无效的密码，或者新的密码都不可能解锁数据库，从而导致无法挽回的数据丢失。美中不足的是，如果用错误的密码打开了一个加密的数据库，SQLite 不会显示任何错误信息。所以你要非常小心！

7.2.5 SQLite 的局限

SQLite 是一个非常强大的数据库，但是它也有一些局限。

第一个局限与并发性有关。可以同时有多个到数据库只读的连接，但是你只能有唯一一个读/写连接。如果移动应用是多线程的，这仅仅是一个挑战。

另一个局限是尽管 SQLite 兼容 SQL92，但它不支持全外连接以及右外连接语句。此外，SQLite 不支持用户权限。没有办法给用户授予或撤销角色。一旦一个用户有权访问数据库，这个用户就可以做任何事情。

SQLite 支持表列数据类型。当发出 create table 语句时，可以为每一列指定一种数据类型。这虽然很好，但是运行时，不会对每一列的数据类型的插入或更新值进行检查。这意味着可以将 String 放在 Integer 字段。因此，在更新或插入语句发出之前，你要仔细检查所有的值。如果没有正确地完成更新或插入，SQLite 不会发出警告。下面的样例更详细地解释了这一点。

首先创建一个简单的只有两列的表格：

```
create table Test (I int, S varchar);
```

接下来插入一行，该行要具有正确的值和数据类型。

```
insert into Test values(10, 'foobar');
```

然后用错误的类型同样地再进行一次插入操作。

```
insert into Test values('foobar', 10);
```

与大多数数据库系统不同，在 SQLite 中，执行这样的语句能成功地插入数据并且没有任何错误。

除了这些局限以外，SQLite 在事务支持上还有一些局限。SQLite 不支持嵌套事务。当发出一个提交时，只有一个读/写连接。你在第一个局限中已经知道了这一点，即并发性问题。当有几个打开的连接并且它们每个连接都发出提交命令时，只有第一个事务能成功提交到 SQLite 数据库。其他所有的连接都将切换到只读模式，并且它们发出的提交语句也将失败。

最后，SQLite 数据库也支持 rollback(反转)语句，但是如果有打开的 ResultSets，这个语句就会失败。

本章节所有提到的局限都是在你设计移动应用时需要注意的问题。可以做的一件事是使用一个单独的 SQL 连接工件，并且确保在访问数据库时不存在并发情况。为了避免在一个插入语句中出现错误的类型，可以为 Java 程序员创建显示 API 的助手类，来更新一个指定的表格，而不是自己组成 SQL 更新语句。

> **SQLite VACUUM 命令**
>
> 从 SQLite 数据库中删除记录后，SQLite 数据库的规模并不会改变。这会导致删除记录后产生的碎片，最终导致性能的下降。可以通过周期性地运行 VACUUM 命令来避免这个问题。然而，有一个更加便捷的选择。就是使用 auto_vacuum 模式。
>
> auto_vacuum 的默认设置是 0 或 none。设置为 none 意味着禁用 auto_vacuum。当 auto_vacuum 被禁用并且从数据库中删除数据时，数据库文件的大小并不会改变。未使用的数据库文件页面被添加到一个"自由表"中，并且重新用于后续插入。因此，不会丢失任何数据库文件空间。然而，该数据库文件没有缩小。在这种模式下，VACUUM 模式可以被用来重新构建整个数据库文件，从而回收未使用的磁盘空间。
>
> 当 auto_vacuum 模式为 1 或者 full 时，自由表页面就被移动到数据库文件的最后，并且在每个事务提交时，通过缩短数据库文件来移动自由表页面。然而，注意到 auto_vacuum 仅仅从文件截断了自由表页面。auto_vacuum 不对数据库进行碎片整理，也不用 VACUUM 命令对单独的数据库页面重新打包。实际上，因为它在文件中循环移动页面，所以 auto_vacuum 会使碎片变得更多。
>
> 只有当数据库存储了一些额外的信息，并且根据这些信息能追踪到对每一个数据库页面的引用，才能使用 auto-vacuuming。因此，必须在创建表格之前打开 auto-vacuuming。在创建完表格之后，就不能启动或禁用 auto_vacuum 了。

即使已经启动了 auto_vacuum，我们也建议你应当偶尔手动清空有平均事务率的数据库。这可以防止由高级碎片带来的性能降低。所以，除非你有很好的理由要使用 auto_vacuum，最好还是使用默认设置，也就是将 auto_vacuum 模式设置为 NONE。

```
String root = AdfmfJavaUtilities.getDirectoryPathRoot(
                AdfmfJavaUtilities.ApplicationDirectory);
String database = root + "/book.db";
Connection = new SQLite.JDBCDataSource(
                "jdbc:sqlite"+database).getConnection();
Stmt = connection.preparedStatement("PRAGMA auto_vacuum=FULL;");
Stmt.executeUpdate();
```

7.2.6 SQLite 创建数据库对象

到目前为止，我们一直在学习如何创建和加密数据库，以及如何做一些清理工作来回收未使用的磁盘空间。现在，该学习在 SQLite 数据库中创建数据库对象了。

假设我们想要为移动应用创建一个新的完整的数据库，并且不使用预置的数据库。通常，可以使用一个 SQL 脚本，它在应用启动时执行。

myNewDatabase.sql

将该脚本放到表格中，然后再次创建它，最后有一些插入语句，用来将数据放入表格中。对于此样例，我们使用一个名为 **CHAPTERS** 的简单表格，它包含一些列，用于表示章节号、章节名称，以及页数。

```
DROP TABLE CHAPTERS;

CREATE TABLE CHAPTERS
(
NR NUMBER(4) NOT NULL,
NAME VARCHAR2(64),
PAGES NUMBER(4),
DEADLINE date
);

INSERT INTO CHAPTERS (NR, NAME, PAGES, DEADLINE)
        VALUES(1, 'Chapter One', 10 , sysdate);
INSERT INTO CHAPTERS (NR, NAME, PAGES, DEADLINE)
        VALUES(2, 'Chapter Two', 20 , sysdate);
INSERT INTO CHAPTERS (NR, NAME, PAGES, DEADLINE)
        VALUES(3, 'Chapter Three', 30 , sysdate);
INSERT INTO CHAPTERS (NR, NAME, PAGES, DEADLINE)
        VALUES(4, 'Chapter Four', 40 , sysdate);
```

如果想在你的移动应用中使用这个脚本来创建一个数据库，你必须将它作为一种资源添加到你的 ApplicationController 项目中。

既然已经完成了脚本，我们现在需要创建一个用来阅读脚本并逐行执行 SQL 代码的方法，以此来创建数据库和它的对象。此方法包含以下步骤：

(1) 找到 ApplicationDirectory。

(2) 设置数据库的名称。

(3) 检查是否已经存在数据库,因为如果已经存在,就没有必要再创建数据库。

(4) 如果数据库不存在,就创建它。可以通过创建到一个不存在的数据库的 SQLite JDBC 连接来创建它。

(5) 获得myNewDatabase.sql文件,并将它作为一个Stream,于是我们可以逐行阅读它。

(6) 执行所有进入的 SQL 语句。

(7) 最后,提交事务。

注意:

SQLite忽略任何提交语句。每条语句只要一被提交,就会立刻被数据库执行。SQLite数据库在默认情况下支持这种自动提交的功能。可以禁用自动提交来提高应用的性能。要做到这点,可以使用连接的setAutoCommit(false)方法。

```java
private static void initializeDatabaseFromScript() throws Exception {
    InputStream scriptStream = null;
    Connection conn = null;
    try {
      // ApplicationDirectory returns the private read-write area of the
      // device's file system that this application can access.
      // This is where the database is created
      String docRoot = AdfmfJavaUtilities.getDirectoryPathRoot
                          (AdfmfJavaUtilities.ApplicationDirectory);
      String dbName = docRoot + "/book.db";
      // Verify whether or not the database exists.
      // If it does, then it has already been initialized
      // and no further actions are required
      File dbFile = new File(dbName);
      if (dbFile.exists())
        return;
      // If the database does not exist, a new database is automatically
      // created when the SQLite JDBC connection is created
      conn = new SQLite.JDBCDataSource("jdbc:sqlite:" + docRoot +
                              "/book.db").getConnection();

      // To improve performance, the statements are executed
      // one at a time in the context of a single transaction
      conn.setAutoCommit(false);

      // Since the SQL script has been packaged as a resource within
      // the application, the getResourceAsStream method is used
      scriptStream = Thread.currentThread().getContextClassLoader().
                  getResourceAsStream("META-INF/ myNewDatabase.sql");

      BufferedReader scriptReader = new BufferedReader
                              (new InputStreamReader(scriptStream));
      String nextLine;
      StringBuffer nextStatement = new StringBuffer();
      // The while loop iterates over all the lines in the SQL script,
      // assembling them into valid SQL statements and executing them as
```

```
    // a terminating semicolon is encountered

    Statement stmt = conn.createStatement();
    while ((nextLine = scriptReader.readLine()) != null) {
      // Skipping blank lines, comments, and COMMIT statements
      if (nextLine.startsWith("REM") ||
          nextLine.startsWith("COMMIT") ||
          nextLine.length() < 1)
          continue;
      nextStatement.append(nextLine);
      if (nextLine.endsWith(";")) {
          stmt.execute(nextStatement.toString());
          nextStatement = new StringBuffer();
      }
    }
    conn.commit();
  }
  finally {
    if (conn != null)
        conn.close();
  }
}
```

这个方法结合了 myNewDatabase.sql 脚本，将会创建一个设备上的数据库，名为 book.db。

提示：
附带 Mobile Application Framework 的样例中含有一个 HR 样例应用。这有一些关于如何使用 SQLite 数据库的不错的样例。

7.2.7 通过 SQLite 进行数据选择和操作

完成了创建数据库以及将数据放入数据库的工作，现在该从数据库中读数据并且做一些数据操作了。如果熟悉普通的 JDBC，这个任务就不是什么问题。如果对它不熟悉，你将会学习如何使用 JDBC 来读写数据。

从 SQLite 数据库读数据并不困难。首先写下想要执行的查询，然后基于这个查询创建一个 JDBC 预处理语句。在代码中执行查询后，你要遍历结果集合，并且根据结果集合中的数据，创建一个新的 POJO 对象。在下面的样例中，我们从 CHAPTERS 表格中选择所有的章节，为它们都创建一个章节对象，并且将这些章节对象都添加到一个名为 s_book 对象 (java.util.List) 中。

```
Public void retrieveChaptersFromDB(){
  try{
    Connection conn = DBConnectionFactory.getConnection();
    s_book.clear();
    conn.setAutoCommit(false);
    PreparedStatement stmt = conn.prepareStatement(
                            "SELECT * FROM CHAPTERS");
    ResultSet rs = stmt.executeQuery();
    while (rs.next(){
```

```
            int nr = rs.getInt("NR");
            String name = rs.getString("NAME");
            int pages = rs.getInt("PAGES");
            Date deadline = rs.getDate("DEADLINE");
            Chapter chptr = new Chapter(nr, name, pages, deadline);
            s_book.add(chptr);
        }
        rs.close();
    }……….
```

在 SQLite 表格中更新数据也很容易。将更新 SQL 语句作为字符串传递到可以在 SQLite 数据库上执行的 JDBC 准备语句。注意到 SQLite 没有支持 Oracle 的 JDBC 声明绑定。更新语句中所有使用到的参数都必须使用位置绑定语法。这意味着当给这些参数设置值时,你需要明确将它分配到一个编号位置。在下面的样例中,分配给"?"旁边的 NAME 的值应该被分配到位置1。

```
public void updateChaptersInDB(){
  try {Connection conn = DBConnectionFactory.getConnection();
    conn.setAutoCommit(false);
    String stmt=
       "UPDATE CHAPTERS SET NAME=?,PAGES=?,DEADLINE=? WHERE NR=?";
    PreparedStatement pStmt = conn.prepareStatement(stmt);
    pStmt.setString(1,chapter.getName());
    pStmt.setInt(2,chapter.getPages());
    pStmt.setDate(3, emp.getDeadline());
    pStmt.setInt(2,chapter.getNr());
    pStmt.execute();conn.commit();
  }
  catch (SQLException e) {
    // something went wrong
  }
}
```

删除数据也很容易。写下删除语句,解析它并创建一个 preparedStatement,然后执行它。没有必要在此处放置一个完整的代码样例。

```
Connection conn = DBConnectionFactory.getConnection();
conn.setAutoCommit(false);
String stmt = "DELETE FROM CHAPTERS WHERE NR=?";
PreparedStatement pStmt = conn.prepareStatement(stmt);
pStmt.setInt(1, nr);
pStmt.execute();
conn.commit();
```

7.3 属性更改事件的概念

在前面的章节里,你已经学习了如何使用 Web 服务和本地数据库。在第 5 章节中,你已经学习了绑定层,它也被称为 Model,你还学习了如何使用 POJOs 作为用户界面的数据持有者。从任何类型的数据源到移动应用的用户界面获取数据的过程中,你学习的这些知识都发挥了作用。为了得到一个反应灵敏的、交互的移动应用，还有一件事很重要，即页面刷新。如果POJO中的数据发生变化，你可能就会刷新相应的页面。

AJAX支持Web应用中部分页面刷新的概念不在Mobile Application Framework中。根据值改变事件刷新用户界面的方法是不同的。

为了简化数据改变事件，MAF使用属性更改监听器模式。

你将通过一个简单的样例学习它是如何工作的；这是一个计算器，用来将两数相加并显示结果(见图7-12)。

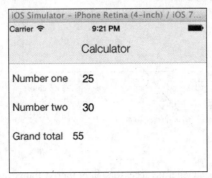

图7-12　一个简单的将两数相加的计算器

计算器使用了一个简单的Java类，该Java类带有三个属性并显示为一个managed bean。这三个属性都是数字，第三个属性表示总和。

```
public class MobileCalc {
  private int numberOne;
  private int numberTwo;
  private int result;
}
```

当生成这个类的存取器时，还可以使用JDeveloper从bean的属性存取器中生成必要的代码，方法是在Generate Accessors对话框中选中Notify listeners when property changes复选框，如图7-13所示。

通过在生成的setter方法中调用firePropertyChange，会自动生成PropertyChangeSupport对象。此外，添加了addPropertyChangeListener和removePropertyChangeListener方法，因此属性更改监听器可以用该对象注册和注销自己。PropertyChangeSupport类用一种线程安全的方式实现了这个变化通知。事件接收部分实现了PropertyChangeListener接口，MAF也实现了它。

在创建了存取器和监听器后，NumberOne的getter为：

```
public void setNumberOne(int numberOne) {
  int oldNumberOne = this.numberOne;
  this.numberOne = numberOne;
  propertyChangeSupport.firePropertyChange(
                  "numberOne", oldNumberOne, numberOne);
}
```

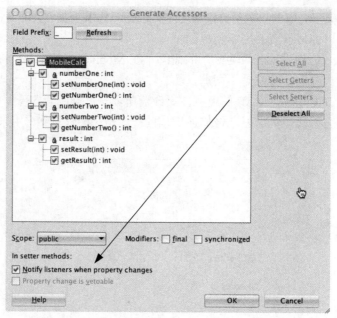

图 7-13　Generate accessors 和 propertyChangeListeners

所以当启动 setter 时，就会触发 firePropertyChange 方法，并将属性名和新旧值都作为方法的参数。这是框架用来捕捉数据变化并将该变化通知给用户界面层的方法。由于创建了 addPropertyChangeListener 方法和 removePropertyChangeListener 方法，因此属性更改监听器可以用这个对象注册和注销自己。

```
public void addPropertyChangeListener(PropertyChangeListener l) {
    propertyChangeSupport.addPropertyChangeListener(l);
}

public void removePropertyChangeListener(PropertyChangeListener l) {
    propertyChangeSupport.removePropertyChangeListener(l);
}
```

为了让计算器正常工作，需要在这两个数字的 setter 中都添加对 setResult() 的调用：

```
setResult(numberOne + numberTwo);
```

随着这个变化，calculator 类就完成了，可以在一个简单的 AMX 页面上使用它。简单地创建两个输入组件和一个结果的输出组件。没有必要给计算器添加按钮。bean 会立刻处理任何变化。当改变任何一个输入组件的值时，就会进行计算并显示结果。

```
<amx:inputText label="Number one" id="it1"
               value="#{pageFlowScope.mobileCalcBean.numberOne}"/>
<amx:inputText label="Number two" id="it2"
               value="#{pageFlowScope.mobileCalcBean.numberTwo}"/>
<amx:panelLabelAndMessage label="Grand total" id="plam1">
  <amx:outputText id="it4"
                  value="#{pageFlowScope.mobileCalcBean.result}"/>
</amx:panelLabelAndMessage>
```

这是一个简单的样例，关于如何根据个别的属性使用 propertyChangeEvents。现在如果正在使用集合会发生什么呢？可以用类似的方法响应集合中的变化。你必须使用 provider Change Events 而不是 property Change Events。为了解释这一点，我们来看看两个类，Chapter 类以及 Book 类。

```
Public class Chapter{
  private int nr;
  private String name;
  private int pages;
  private Date deadline;
```

Book 类包含了将章节添加到书中的功能以及移除章节和给章节重新排序的功能。我希望在现实生活中它也能这么简单。在这个类的构造函数中，一些章节被添加到书中。此外，有一些添加和移除章节的方法，还有给章节重新排序的方法，最后还有一个获取整本书的方法。后者返回了一个能在用户界面中使用的集合。请注意，ProviderChangeSupport 对象，该对象用于通知用户界面中所发生的变化。

```
Public class Book{
private List s_chapters = null;
  private transient ProviderChangeSupport providerChangeSupport =
        new ProviderChangeSupport(this);
  Public Book(){
  // constructor; create the initial book; that is, add some chapters
  If (s_chapters ==null){
     s_chapters = new ArrayList();
     addChapter (new Chapter(0, "Chapter One" , 10 ,)) ;
     addChapter (new Chapter(1, "Chapter Two" , 20 ,)) ;
     addChapter (new Chapter(2, "Chapter Three" , 30 ,)) ;
     }
  }

  public Chapter[] getBook() {
     //This Method gets a list of the chapters
     Chapter[] chapters = null;
     chapters = (Chapter[]) s_chapters.toArray(
     new Chapter[s_chapters.size()]);
     return chapters;
  }
  public synchronized void addChapter (Chapter c) {
    s_chapters.add(c);
    providerChangeSupport.fireProviderCreate("book", c.getNr(), c);
  }

  public synchronized void removeAchapter() {
    // hardcoded remove number 4
    for (int i = 0; i < chapters.size(); i++) {
      Chapter c = (Chapter)s_chapters.get(i);
        if (p.getNr() == 4) {
          c = (Chapter)s_chapters.remove(i);
          providerChangeSupport.fireProviderDelete("book", c.getNr());
```

            }
          }
        }

        public synchronized void sortChapters() {
          Collections.sort(s_chapters);
          providerChangeSupport.fireProviderRefresh("book");
    }
```

在创建一行和删除一行时，Provider change events 都有效。在这些情况下，保留了 row currency。注意在 addChapter 方法中，调用 fireProviderCreate 方法来通知应用给书添加了一个新的章节。

```
providerChangeSupport.fireProviderCreate("book", c.getNr(), c);
```

在 deleteAchapter 方法中，可以使用 fireProviderDelete 方法。

```
providerChangeSupport.fireProviderDelete("book", c.getNr());
```

然而，当刷新整个集合时，相应的迭代器也被刷新了，并且丢失了 row currency。例如，当列表中的内容重新排序时，后者就发生了，可以参见 sortChapters()方法。

```
providerChangeSupport.fireProviderRefresh("book");
```

最后，你还应该熟悉 flushDataChangeEvent 方法。如果使用一个后台线程，并且想要将任何数据变化传递到 AMX 页面，可以使用它。该方法是 AdfmfJavaUtilities 类的一部分，它迫使队列中的数据变化传递到客户端。

7.4 小结

没有数据的应用通常没有任何价值。应用在数据的上下文中运行。移动应用可以用来查看与设备的上下文相关的数据，比如位置，但是它们也能用来输入或修改数据。为了使用数据，移动应用要么使用 Web 服务，要么使用设备上的 SQLite 数据库。本章主要内容如下：
- 如何创建 Web Service 数据控件
- 如何用数据控件触发 Web 服务
- 如何从 Java 中调用 REST-JSON 服务
- SQLite 数据库的一些核心概念
- 如何创建设备上的数据库
- 在 Java 代码中，如何使用设备上的数据库
- 属性变化监听器的概念
```

第 8 章

设 备 交 互

　　一部智能手机(或平板电脑)之所以被称为"智能",是有原因的。它不仅仅只是一部手机。除了拥有浏览器和网络连接特性外,它还集成了许多特性。包含摄像头、GPS 定位器、陀螺仪、加速器、地址簿等。它的这些特性再加上你编写移动应用的能力,很有可能为你的业务创造出前所未有的解决方案。你的想象力将被发挥到极致——应用不再被绑定到一台 PC 上;当连接到 HQ 系统上时,它们能自由漫游、摄像以及定位。这可能是移动应用的一个极具价值的扩展。试想一下,可以将这些服务都集成到你的 MAF 应用中。

　　MAF 充分利用了这些设备的特性,为移动应用的程序员提供了一种声明式的数据控件——驱动式与编程式的 API——驱动式的方法来调用这些服务。MAF 使用了 Apache Cordova 开源 JavaScript API,这使得 MAF 应用无论运行在 iOS 平台还是 Android 平台上,都可以使用这些服务。你需要了解如何使用 Apache Cordova 吗?没有必要。为了避免学习 Cordova,MAF 介绍了一种声明式的设备数据控件以及 Java 和 JavaScript API,它们封装了底层 Apache Cordova

的实现。Oracle MAF Java 和 JavaScript API 执行相同的功能，如果 Apache Cordova API 发生变更，它们会通过将变更隐藏到 Oracle Java/JavaScript API 下的方式，使 Oracle 吸收这些变更。除了 Apache Cordova 功能，设备数据控件使开发者能够声明式地访问设备特性，如 E-mail、SMS 以及显示一个文件。

8.1 设备交互的概念

如前所述，与设备服务进行交互有三种方式，即通过声明式的数据控件或者编程式的 MAF Java API 和 JavaScript API。访问设备特性还有第四种方法，它不能用来调用服务，但是可以通过使用 Expression Language 来测试它们的可用性以及它们的状态。

下面介绍这些机制是如何工作的。

8.1.1 使用 DeviceFeatures 数据控件

在 JDeveloper 和 MAF 的上下文中，数据控件是开发者重要的开发助推器之一。开发者不用编写代码就可以访问操作和数据结构，尽管这在许多情况下的操作非常相似，但 JDeveloper 将这些结构插入到声明式的数据控件中，以此提供一套抽象的、标准化的控件。这种方法的最大优势在于节省设计时间，开发者通过使用 JDeveloper 能够将数据控件的内容拖放到页面上，然后 JDeveloper 会代替程序员创建 UI 控件和后台代码来调用数据控件服务，这些工作只需要点击几下鼠标即可完成。

在 MAF 的上下文中，适用于 MAF 应用的 DeviceFeatures 数据控件提供了许多操作来调用底层的 Apache Cordova API(见图 8-1)。

图 8-1　DeviceFeatures 数据控件

从图 8-1 中可以看出，DeviceFeatures 数据控件包含了以下操作：与设备上的通讯录进行交互、使用摄像头、发送 E-mail 和短信，以及显示文件和使用设备的 GPS 功能。使用这些操作其实很简单。只要从 DeviceFeatures 数据控件上拖曳一个操作并且将它拖放到 AMX 页面上即可。不需要编写任何代码来调用 API，也不需要给页面添加任何组件。这一切都由 JDeveloper 和 MAF 进行管理。例如，在 DeviceFeatures 数据控件上的 sendSMS 操作如图 8-2 所示。

当该操作被拖放到页面上作为 MAF Parameter Form(MAF 参数表)时，所有需要用来调用操作的东西都已经创建好了，即用来调用 SMS 服务的 UI 组件和代码。首先，你会看到一个弹窗，在该弹窗中可以修改已创建好的 AMX 页面上的组件。用于 sendSMS 的 Edit Form Fields 弹窗如图 8-3 所示。你将会看到两个组件：一个是 to，另一个用于文本短信的 body。

接下来出现的 Edit Action Binding 对话框允许编辑图 8-4 中显示的参数的默认值。

第 8 章 设备交互 131

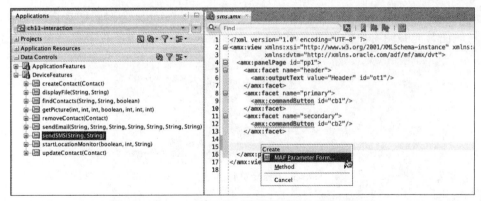

图 8-2 从 DeviceFeatures 数据控件上拖放 sendSMS

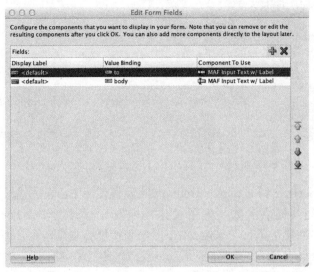

图 8-3 用于 sendSMS 参数表单的 Edit Form Fields 弹窗

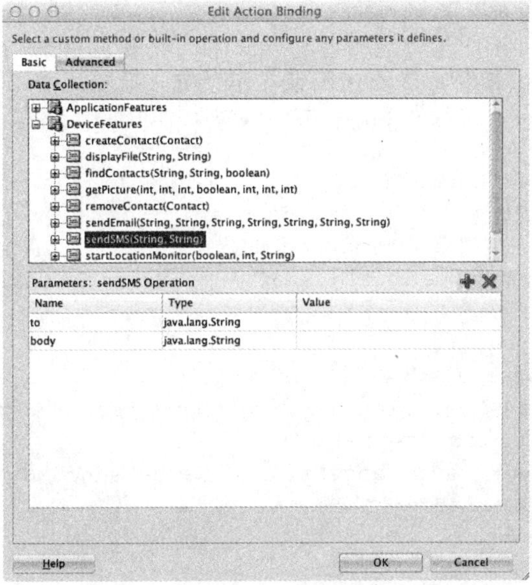

图 8-4 Edit Action Binding 对话框

最后，如果是第一次将 SMS 服务集成到应用中，JDeveloper 会询问你是否给应用添加所需的权限，使其能够调用手机上的 SMS 服务，如图 8-5 所示。设备权限将会在第 10 章进行介绍。

图 8-5　Grant SMS Access 提示

当选择 OK 按钮时，则会得到一个按钮，用来调用 sendSMS 操作和 input 组件以及操作所需的参数，正如下列代码所示：

```
<amx:panelFormLayout id="pfl1">
    <amx:inputText value="#{bindings.to.inputValue}"
                   label="#{bindings.to.hints.label}" id="it1"/>
    <amx:inputText value="#{bindings.body.inputValue}"
                   label="#{bindings.body.hints.label}" id="it2"/>
</amx:panelFormLayout>
<amx:commandButton actionListener="#{bindings.sendSMS.execute}"
                   text="sendSMS"
                   disabled="#{!bindings.sendSMS.enabled}" id="cb3"/>
```

你将会发现，inputText 和 commandButton UI 控件使用 EL 表达式来调用底层的数据控件 sendSMS 操作，并为其提供参数。为了使该功能在运行时工作，JDeveloper 还在相关的 PageDefinition 文件中创建了条目，来定义 UI 组件会使用哪些操作——可以把它当作访问 API 需要编写的 Java 代码，然而 JDeveloper 正在声明式地进行着这一切。例如，在接下来的代码示例中，你将看到 sendSMS 方法的每个参数的 sendSMS_to 和 sendSMS_body 变量。之后将看到名为 sendSMS 的方法动作，这或多或少会告知应用，有一个名为 sendSMS 的动作被链接到 DeviceFeatures 数据控件的 sendSMS 方法。该方法动作绑定还定义了两个参数：to 和 body，它们都是 String 类型，它们的值从已经定义的变量中获取。最后，请注意两个属性绑定，它们将页面上的 input 组件链接到 pageDefinition，正如下列代码片段中所示：

```
<?xml version="1.0" encoding="UTF-8" ?>
<pageDefinition xmlns="http://xmlns.oracle.com/adfm/uimodel"
                version="12.1.3.10.41" id="smsPageDef"
                Package="com.blogspot.lucbors.book.ch11.sms">
  <parameters/>
  <executables>
    <variableIterator id="variables">
      <variable Type="java.lang.String" Name="sendSMS_to"
                IsQueriable="false"/>
      <variable Type="java.lang.String" Name="sendSMS_body"
                IsQueriable="false"/>
    </variableIterator>
  </executables>
  <bindings>
    <methodAction id="sendSMS" RequiresUpdateModel="true"
```

```
                Action="invokeMethod" MethodName="sendSMS"
                IsViewObjectMethod="false" DataControl="DeviceFeatures"
                InstanceName="data.DeviceFeatures.dataProvider">
        <NamedData NDName="to" NDType="java.lang.String"
                NDValue="${bindings.sendSMS_to}"/>
        <NamedData NDName="body" NDType="java.lang.String"
                NDValue="${bindings.sendSMS_body}"/>
      </methodAction>
      <attributeValues IterBinding="variables" id="to">
        <AttrNames>
          <Item Value="sendSMS_to"/>
        </AttrNames>
      </attributeValues>
      <attributeValues IterBinding="variables" id="body">
        <AttrNames>
          <Item Value="sendSMS_body"/>
        </AttrNames>
      </attributeValues>
    </bindings>
</pageDefinition>
```

对于所有可获得的设备交互而言，从 DeviceFeatures 数据控件上将一个方法拖曳到页面上的概念都是相同的。

图 8-6 显示了运行时最终的 MAF AMX 页面。所有必要的参数都有 input 组件，在本示例下是 to 和 body。接下来是一个按钮，当按钮被单击时，即调用 PageDefinition 上的 sendSMS 方法动作。

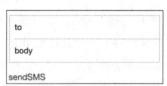

图 8-6　sendSMS 的默认 UI

因此，当为了设备交互使用 DeviceFeatures 数据控件时，会出现许多编程的奇迹！而且，只有很少的代码，甚至没有代码参与。

8.1.2 使用 Java API

幸运的是，现在仍然有些工作需要程序员完成。

在与设备的服务进行交互时，如果需要更多的控制和灵活性，可以使用 Java API。通过使用 Java API，可以通过你自己的托管 beans 直接访问设备服务。作为数据控件方法的一个扩展，Java API 返回对每一个服务调用的结果。这使你能够在编程上控制使用这些结果，还能控制可能出现的错误。从这个角度来看，数据控件方法更像是一种启动后就被遗忘的方法，被用来调用这些服务，这体现了它不太灵活的原因。

在 MAF Java API 中，只有 DeviceManager 能提供访问设备功能。可以通过调用 DeviceManagerFactory.getDeviceManager 来获取此对象的句柄。因此，当使用它时，就需要导入 DeviceManagerFactory 类，如图 8-7 所示。

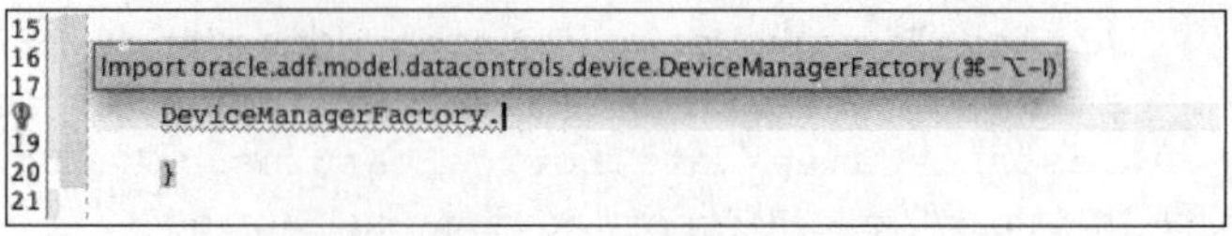

```
Import oracle.adf.model.datacontrols.device.DeviceManagerFactory (⌘-⌥-I)
DeviceManagerFactory.|
```

图 8-7 导入 DeviceManagerFactory 类

类似于数据控件，DeviceManager 提供了调用设备服务的功能。这些方法会在之后的章节中进行讨论。使用设备 API 调用摄像头的一段典型的代码示例如下：

```
DeviceManager dm = DeviceManagerFactory.getDeviceManager();
dm.sendSMS("123-456-7890", "Hi there, this is a test");
```

8.1.3 使用 JavaScript API

MAF 应用还能使用非 AMX 页面，比如本地 HTML5 页面。当这些页面需要访问设备服务时，可以使用 MAF JavaScript API 来进行设备交互，它们可以直接访问 Apache Cordova API。换句话说，可以直接调用 Apache Cordova JavaScript API，但是 Oracle 封装的 JavaScript API 使 MAF 开发者完全不知道 Apache Cordova API 发生的任何变更。

一个典型的在本地 HTML 页面上的 JavaScript 调用如下所示：

```
adf.mf.api.sendSMS({to: "1234567890", body: "Hi there, this is a test"});
```

在这种情况下，你实际上可能会直接使用 Cordova，因此可能会想研究一下 Cordova API。详情请参考 http://cordova.apache.org/docs/en/2.2.0/。

8.1.4 DeviceScope 对象

除了与设备"真实"互动的设备特性外，MAF 还能通过钻取特性挖掘运行时的只读信息，因此可以编程更改应用的行为。例如，可以在发送 E-mail 之前检查移动应用是否连接到网络。此外，也可以查询屏幕的宽度，以此来确定是否还有空间来显示所有的 UI 组件。另一个例子：可以查询应用所运行的平台。为了访问设备的属性和功能，MAF 提供了 DeviceScope 对象，对这个对象的访问既可以通过同名的 EL 托管 bean，也可以通过 Java 中的 DeviceManager。包括的属性如表 8-1 所示。

表 8-1 可获得的属性

类　型	属　性
设备	型号
	名称
	操作系统
	PhoneGap
	平台
	版本
硬件	有加速计
	有摄像头
	有指南针

(续表)

类 型	属 性
硬件	有通讯录
	有文件访问
	有地理位置
	有本地存储
	有媒体播放器
	有触摸屏
	网络状态
	屏幕(对角线尺寸、可用高度、可用宽度、高度、宽度、DPI、比例因子)

作为一个示例，查找设备是否具有自带的摄像头，一个典型的 EL 表达式语法为：

```
#{deviceScope.device.hasCamera}
```

这种表达式十分易用，比如，启动或禁用设备功能。可以根据摄像头的可用性来隐藏或显示一个按钮，以此来调用摄像头。

```
<amx:commandButton rendered="#{deviceScope.device.hasCamera}"/>
```

当在 Java 中需要这个信息时，可以通过 DeviceManager 访问这个属性。在之前的 EL 例子中，如果需要拍照但却不知道设备是否具有摄像头时，可以通过 DeviceManager.hasCamera 方法检查是否可以获得摄像头，如果没有可获得的摄像头，你可能会从设备的相册中选择一张图片。

```
public int getImageSource() {
  DeviceManager dm = DeviceManagerFactory.getDeviceManager();
  if(dm.hasCamera()){
    source = DeviceManager.CAMERA_SOURCETYPE_CAMERA;
  }
  else{
    source = DeviceManager.CAMERA_SOURCETYPE_PHOTOLIBRARY;
    }
    return source;
}
```

8.2 实现设备交互

你已经学习了使用数据控件、Java API 和 JavaScript API 进行设备交互，现在该学习可以获得的具体的功能操作有哪些。我们不从数据控件、Java API 和 JavaScript API 的角度来讨论操作，因为这三个操作非常相似。现在我们只讨论 Java API，如果在操作之间存在明显的差异，我们只好忽略它。

8.2.1 与联系人列表进行交互

是否意识到这个问题：你似乎有多种不同的包含联系信息的地址簿，比如存储在手机上的、存储在企业数据库上的、存储在名片(名片盒)上的通讯录以及在云通讯录中的联系人——联系人无处不在！如果移动应用能够同步这些通讯录的数据源并持续更新，而不是保存许多过期的完全不同的副本，那么无处不在的通讯录将极其有用。在这种情况下，真相的唯一来源是设备的联系人列表。设备联系人列表可以添加、更新或移除来自所有其他源的联系人。这一节揭示了提供设备来使用设备上的地址簿的概念，并解释了如何创建、查找、更新以及删除联系人。

1. 创建联系人

这次交互使用的 Java API 如下所示：

```
DeviceManager dm = DeviceManagerFactory.getDeviceManager();
Contact createdContact = dm.createContact(newContact);
```

指定一个全新的 Contact 对象后，createContact 方法将该 Contact 对象插入到设备的地址簿，当该 Contact 对象存在于地址簿中后，就会返回对它的引用，包括联系人 ID。

该联系人对象包含多个字段：contactName(联系人姓名)以及 contactFields(联系人字段)。contactFields 用来存储电话号码、E-mail 地址、家庭住址等。下面的代码演示了如何创建一个新的 Contact 对象：

```
DeviceManager dm = DeviceManagerFactory.getDeviceManager();
Contact createdContact = dm.createContact(aContact)
```

createContact 方法生成并返回一个新的 Contact 对象，并用创建新的 Contact 时提供的信息进行填充。

请注意，createContact 方法使用了一个 Contact 对象来创建一个实际的联系人。该 Contact 对象包含一个 contactName 和 contactFields，比如电话号码、E-mail 地址以及地址字段。下面的代码演示了如何新建一个 Contact 对象：

```
/* * Create a new contact */
Contact newContact = new Contact();
ContactName name = new ContactName();
name.setFamilyName("Doe");
name.setGivenName("John");
newContact.setName(name);
ContactField phoneNumber = new ContactField(); phoneNumber.setType("mobile");
phoneNumber.setValue("123-456-7890");
phoneNumbers = new ContactField[] { phoneNumber };
ContactField email = new ContactField();
email.setType("home");
email.setValue("john.doe@home.org" );
emails = new ContactField[] { email };
ContactAddresses address = new ContactAddresses();
address.setType("home");
address.setStreetAddress("400 Streetway");
address.setLocality("City");
```

```
address.setCountry("Netherlands");
addresses = new ContactAddresses[] { address };
newContact.setNote("Extra note to be added to this address");
newContact.setPhoneNumbers(phoneNumbers);
newContact.setEmails(emails);
newContact.setAddresses(addresses);
DeviceManager dm = DeviceManagerFactory.getDeviceManager();
Contact createdContact = dm.createContact(newContact);
}
```

2. 查找联系人

如果想在 MAF 应用中使用联系人信息，你需要从设备上的地址簿中获取这些信息，然后就可以使用 findContacts 方法。findContacts 方法需要三个参数。第一个参数是用来匹配的联系人字段列表，该字段列表使用逗号分隔开。例如，如果只要查找一个联系人的 E-mail 和电话号码，你需要指定 "emails,phoneNumbers"。第二个参数是搜索条件，即你要查找的内容是什么，比如 John Doe。第三个参数如果是 false，就是指定第一个查找结果；如果是 true，就是指定多个匹配结果。默认情况下，该方法只返回找到的第一个匹配结果。

```
findContact(){
  DeviceManager dm = DeviceManagerFactory.getDeviceManager();
  Contact[] foundContacts = dm.findContacts("emails, phoneNumbers"
                                            ,"John Doe"
                                            , false);
}
```

3. 更新联系人

可以用类似的简单方法来更新联系人。首先，你需要找到你想要更新的联系人。假设你想要更改 John Doe 的电话号码。之前的代码示例返回一个联系人。现在可以使用这个联系人来更改电话号码。更改了电话号码之后，调用 updateContact()方法来更新联系人。

```
DeviceManager dm = DeviceManagerFactory.getDeviceManager();
foundContacts[0].getPhoneNumbers()[0].setValue("123-456-7890");
Contact updatedContact = dm.updateContact(foundContacts[0]);
```

4. 删除联系人

最后，MAF 提供从设备上的地址簿中删除联系人的功能。可以使用 removeContact()方法来实现它。removeContact()方法会删除你所提供的联系人。

```
DeviceManager dm = DeviceManagerFactory.getDeviceManager();
dm.removeContact(foundContacts[0]);
```

8.2.2 与摄像头进行交互

如今几乎所有的移动设备都配备了内置摄像头，可以拍摄高品质的照片，并且它还能使移动应用获取图像并将这些图像连接到应用的工作流中，而不是仅仅用来捕捉孩子的快乐瞬间。MAF 的 DeviceManager 提供了 getPicture()方法。

如果使用数据控件，并将 getPicture 操作拖放到页面上，将会得到一个如图 8-8 所示的页面。MAF 为所有的参数创建了输入组件。

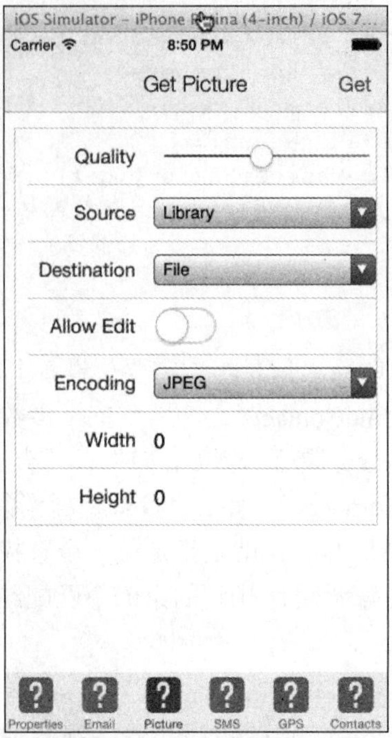

图 8-8 默认的 getPicture 屏幕

实际上，getPicture()方法并没有拍摄照片，而是调用设备上的图片应用。这类似于 SMS 和 E-mail 集成服务。这种交互的 API 如下所示：

```
DeviceManager dm = DeviceManagerFactory.getDeviceManager();
dm.getPicture(int quality,
          int destinationType,
          int sourceType,
          boolean allowEdit,
          int encodingType,
          int targetWidth,
          int targetHeight )
```

getPicture()方法返回一个 String，根据 destinationType 参数的值，表示 base64 图像数据或设备上存放图像的文件 URI。通常情况下，如果打算将图片导出到 Web 服务，使用 base64 编码字符串的数据来传输会更加容易。当然，如果图片只在设备上使用，通过文件的 URI 来访问它们就足够了。

根据 sourceType 参数，可以从图片库或相册中选择一个已保存的图片作为图形来源，也可以用设备的摄像头拍摄一张照片。可以从命令按钮调用下面的代码示例中的方法，从而调用摄像头以及保存在本地文件系统中的图片：

```
public void getPicture(ActionEvent actionEvent){
DeviceManager dm = DeviceManagerFactory.getDeviceManager();
if (dm.hasCamera){
   String theImage = dm.getPicture(
```

```
            ,DeviceManager.CAMERA_DESTINATIONTYPE_FILE_URI
            ,DeviceManager.CAMERA_SOURCETYPE_CAMERA
            , false
            ,DeviceManager.CAMERA_ENCODINGTYPE_PNG
            ,1000
            ,1000);
    }
}
```

如果使用 DESTINATIONTYPE_DATA_URL，你将通过 base64 编码字符串的方式获取到一张图片。这使你能够通过 Web 服务将图片发送到一台远程服务器上。

> **内存因素**
>
> 较新的设备上使用摄像头拍摄的图片质量是相当不错的，而且即使指定了质量参数，相册中的图片不会被压缩到较低的质量。使用 Base64 编码图片已经在许多新的设备上引起了存储问题。因此，我们强烈推荐使用 FILE_URI 作为 Camera.destinationType。
>
> 拍摄大图片会导致出现内存问题。在 iOS 系统上，你应当将质量参数设置为小于 50 的值，以此避免内存问题。在 Android 系统上，当使用 DATA_URL destinationType 时，大图片会占用可获得的内存，从而产生内存不足的错误。并且，如果使用默认的图片大小就会经常发生这样的事情。getPicture 方法的所有参数都需要赋值，除了 targetHeight 和 targetWidth，这两个参数可以是 null。当这些都是空的(或为"0")时，就会以全分辨率拍摄图片。这两个参数对图片的大小有很大的影响，使用全分辨率拍摄图片，即使保存在一个文件中，也可能会经常导致内存不足的错误。因此，建议不要将这些参数设置为"0"。设置 targetHeight 和 targetWidth，将图片的大小约束到最低可接受的值。如果只需要一个 1-MP 的分辨率，只需要将 targetHeight 和 targetWidth 设置为 1000 1000。在 Apache Cordova 文件中，还可以找到许多其他记录在案的奇事。

8.2.3 发送短信

MAF 还可以通过移动应用来发送短信。你只需要提供电话号码以及你想要发送的短信文本。调用 sendSMS 能够用预先填充的 SMSto 和 SMSbody 字段来调用设备的 SMS 服务。

```
// Send an SMS to the phone number "1234567890"
DeviceManager dm = DeviceManagerFactory.getDeviceManager();
dm.sendSMS("1234567890", "Testing SMS functionality");
```

8.2.4 发送 E-mail

还可以通过 MAF 发送电子邮件。可以使用普通电子邮件中的所有选项，甚至包括密送功能和附件。发送电子邮件的 API 是非常简单的。只要提供邮件地址、主题、邮件正文即可，还可以提供附件。用以上信息并调用 API 就可以在设备上调用电子邮件客户端。

```
DeviceManager dm = DeviceManagerFactory.getDeviceManager();
dm.sendEmail(
         java.lang.String to
        ,java.lang.String cc
        ,java.lang.String subject
        ,java.lang.String body
```

```
                      ,java.lang.String bcc
                      ,java.lang.String attachments
                      ,java.lang.String mimeTypes)
```

所有的参数都是字符串，但是可以使用以逗号分隔的地址列表或附件来使用多个地址或发送多个附件。下面的代码样例是构建电子邮件以及调用移动设备上的电子邮件客户端。可以通过命令按钮来调用该方法。

```
public void sendEmail(ActionEvent actionEvent){
  DeviceManager dm = DeviceManagerFactory.getDeviceManager();
  String content = "I wish you all the best for next year.";
  dm.sendEmail("my.mail@company.org"
             , null
             , "Merry Xmas"
             , content
             , bcc
             , null
             , null);
```

在本章的后半部分，你会学习如何发送一封带有附件的电子邮件。

8.2.5 集成 GPS

基于位置的信息提供给移动应用一个非常重要的功能。设备带有一个 GPS 定位器，并且 MAF 可以使用它获得 GPS 信息，比如设备当前的位置。为了获取设备当前的位置信息，你需要调用 getCurrentPosition()方法。设备的数据控件带有一个明确的 API 方法。该方法需要两个参数。第一个参数是获取位置的最长时间(单位：毫秒)；第二个参数是一个布尔值，表示是否要使用获取位置锁定的最准确的可能方法。

```
public Location getPosition(){
DeviceManager dm = DeviceManagerFactory.getDeviceManager();
    Location currentPosition = dm.getCurrentPosition( 60000
                                                   , true);
    return currentPosition;
}
```

调用该方法所返回的 Location 对象包含了经度、纬度、海拔高度、速度等信息。可以通过以下方法在 Java 中访问这些信息：

```
currentPosition.getLatitude();
currentPosition.getLongitude();
currentPosition,getLatitude();
currentPosition.getSpeed();
```

注意：
可以使用像 Google 的地理定位服务将坐标转换为地址。在第 15 章中，你将会学习如何使用这些坐标与 Google 的 GeoLocation 服务进行周边搜索。

追踪运动
得到当前位置是一件很棒的事情，但有时你真的需要跟踪设备的运动。当然，这可以用

MAF 来实现。

```
DeviceManager dm = DeviceManagerFactory.getDeviceManager();
dm.startUpdatingPosition(20000, true, "MyGPSSubscriptionID", new
GeolocationCallback (){
    public void locationUpdated(Location position) {
        // any kind of logic here….
}
```

每隔20秒就以高精度方式调用并更新startUpdatingPosition()方法。设置字符串MyGPSSubscriptionID来识别本次跟踪，并且它还能用来停止更新位置。最后，调用GeoLocationCallback。当设备的位置发生改变时，就会调用在callBack中指定的locationUpdated()方法。

有了这些信息，你不仅能绘制点，还能做更多的事情。

8.2.6 文件显示

DeviceFeatures 数据控件包含了 displayFile 方法，它可以用来显示本地设备上的文件。根据不同的平台，使用应用的用户可以查看 PDF 文件、图像文件、Microsoft Office 文档以及其他各种类型的文件。该 displayFile 方法只能显示本地设备上的文件。这意味着必须首先下载远程文件。下面的代码示例演示了如何下载一个远程文件，如何将它写到设备的应用目录中，以及如何使用 displayFile() 方法来打开这个远程文件。可以从命令按钮或命令链接中调用这个方法。

```
public void remotePreview(ActionEvent e){
  URL remoteFileUrl;
  InputStream is;
  FileOutputStream fos;
  try{
    // open connection to remote PDF file
    remoteFileUrl = new URL(
            "http://ilabs.uw.edu/sites/default/files/sample_0.pdf");

    URLConnection connection = remoteFileUrl.openConnection();
    is = connection.getInputStream();
    // we write the file to the application directory
    File localFile = new File(
      AdfmfJavaUtilities.getDirectoryPathRoot(
          AdfmfJavaUtilities.DownloadDirectory) +
              "/downloadedPDF.pdf");
    fos = new FileOutputStream(localFile);
    int x;
    int read = 0;
    while ((x = is.read()) != -1)
    {
      ++read;
      fos.write(x);
    }
    is.close();
    fos.close();
```

```
        // displayFile takes a URL string which has to be encoded.
        // Call a method in a utility class to do the encoding of the String

         String encodedString = MyUtils.EncodeUrlString(localFile);

         // create URL and invoke displayFile with its String representation
         URL localURL = new URL("file", "localhost", encodedString);

         DeviceManager dm = DeviceManagerFactory.getDeviceManager();
         dm.displayFile(localURL.toString(), "Preview Header");
      }
      catch (Exception f)
      {
        System.out.println("MDO - exception caught: " + f.toString());
      }
   }
```

注意：

在 iOS 系统上，使用应用的用户可以选择在 MAF 应用上预先查看所支持的文件。用户还可以使用第三方应用来打开这些文件，将它们发送到电子邮件或发送到打印机。而在 Android 系统上，所有文件都可以在第三方应用上打开。换句话说，用户在查看文件时将脱离 MAF。

示例中使用的代码如下：

```
Public String EncodeUrlString(File localFile)
        // displayFile takes a URL string which has to be encoded.
        // iOS does not handle "+" as an encoding for space (" ") but
        // expects "%20" instead. Also, the leading slash MUST NOT be
        // encoded to "%2F". We will revert it to a slash after the
        // URLEncoder converts it to "%2F".
        StringBuffer buffer = new StringBuffer();
        String path = URLEncoder.encode(localFile.getPath(), "UTF-8");
        // replace "+" with "%20"
        String replacedString = "+";
        String replacement = "%20";
        int index = 0, previousIndex = 0;
        index = path.indexOf(replacedString, index);
        while (index != -1){
           buffer.append(path.substring(previousIndex,
                                   index)).append(replacement);
           previousIndex = index + 1;
           index = path.indexOf(replacedString,
                           index + replacedString.length());
        }
        buffer.append(path.substring(previousIndex, path.length()));
        // revert the leading encoded slash ("%2F") to a literal slash ("/")
        if (buffer.indexOf("%2F") == 0)
        {
          buffer.replace(0, 3, "/");
        }
```

```
return buffer.toString();
```

8.3 实现常用的用例

我们已经知道了在 MAF 应用中如何实现设备交互，现在来研究如何实现一些常用的用例。

8.3.1 用例 1：用于设备交互：带有照片附件的 E-mail

当地居民经常发送的电子邮件中带有关于当地国家公园的污染和垃圾的图片以及简单的描述。这些信息往往不能同时接收到，因此政府事故报告系统很难整理和报告它们，通常需要数天才会报告这些信息。现在，新开发的 MAF 开发技能可以提供一种移动应用，它能使广大市民通过一个简单的应用快速地提交所有的信息。

作为 MAF 的开发者，分析需求并且意识到将需要集成以下的设备功能：获取图片、获取位置，以及发送电子邮件。此外，你需要考虑"快速有效"。如果应用只有一个简单的按钮或访问这些所有功能的链接，那是最好的。在这个例子中，使用 DeviceFeatures 数据控件来调用每种功能是不恰当的，因为用户将会需要单击好几个按钮来调用相关的功能。在这个例子中，为了从用户的角度来提供一种快速并有效的应用，我们只需要创建一个 Java 类并使用 DeviceManager 来调用一个操作中的每一种方法。我们先从第一个动作开始：拍摄某个特定区域的照片。

1. 拍摄照片

在第 8.2.2 节中，你已经学习了如何通过 Java API 来调用摄像头。现在我们将使用这个 API 来拍摄照片。由于在这个例子中这张照片将被附加到电子邮件中，所以没有必要使用 DESTINATIONTYPE_DATA_URL。我们只需要图片的文件地址，不需要照片的字符串描述。它必须是用摄像头拍摄的高质量、不可编辑的图片。

在第 8.2.2 节中给出的 getPicture()代码示例实现了这些要求。该方法返回一个字符串，包含指向含有该图片文件的绝对路径。我们将会在后面使用它来给电子邮件附加图片。

2. 获取坐标

用例的要求包括区域的 GPS 坐标。对此，我们可以简单地调用 getCurrentPosition()方法。根本不需要把它弄得很复杂。

```
public Location getPosition (){
DeviceManager dm = DeviceManagerFactory.getDeviceManager();
    Location currentPosition = dm.getCurrentPosition(60000, true);
    return currentPosition;
}
```

所以有了该方法返回的当前位置后，我们现在可以使用电子邮件中的所有信息。

3. 发送带有附件的电子邮件

我们还可以用 Java 代码发送带有附件和地理位置的电子邮件。为此，我们使用一个带有两个参数的方法。第一个参数是图片的 URL。第二个参数是当前的位置。可以从该位置推导出纬度和经度。

```
public void sendEmail(String attachment, Location here){
  String mailTo = "John.Doe@home.org";
  String subject = "Email with attached image and GPS coordinates" ;
  String content = "The picture was taken at the following coordinates:" +
             " latitude=" + here.getLatitude() +
             ", longitude=" + here.getLongitude();
  DeviceManager dm = DeviceManagerFactory.getDeviceManager();
  dm.sendEmail(mailTo
         , null
         , subject
         , content
         , null
         , attachment
         , "image/jpg");
}
```

现在你需要确定使用一种方法可以将以下内容全部连接起来：拍照、推导位置以及发送电子邮件。可以从用户界面调用该方法。

```
public void executeLogic(ActionEvent actionEvent) {
  String att = getPicture();
  Location whereAmI = getPosition();
  sendEmail(att, whereAmI);
```

最后，我们需要用户能够从 MAF 应用调用这个方法。对此，我们可以使用一个命令按钮以及指向之前描述过的 executeLogic 方法的 actionListener 属性。

```
<amx:commandButton text="Take Picture and send Email"
        id="cb3"
        actionListener="#{pageFlowScope.interactionBean.executeLogic}"/>
```

如果需要报告一个事件，可以通过使用 MAF 应用中的简单按钮来打开应用，并能立刻发送一封附带图片的电子邮件(见图 8-9)。

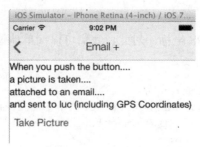

图 8-9　发送电子邮件

所以将它们全部打包，当用户选中按钮时，就打开了摄像头来拍照。拍完照片后，打开电子邮件客户端，并且地址、主题、正文和附件都已经填写完毕，用户可以直接发送电子邮件，如图 8-10 所示。

图 8-10 预先准备好的电子邮件

8.3.2 用例 2：跟踪你的日常锻炼

有了带有 GPS 服务的移动设备，就可以将 GPS 用于多种用途。其中一个用途是能够跟踪并查找用户及移动设备所在的位置。这些信息可以被用来跟踪你的日常锻炼，因此可以清楚地知道你在哪里跑步(或滑冰等任何运动)，以及你的速度有多快。当实现了一个跟踪和查找的解决方案后，需要知道一些信息，但最重要的是位置信息。更具体地说，你需要当前位置的信息，并且为了进行实际跟踪，你还需要知道在当前跟踪查找这段时间内的所有之前的位置信息。实现这个用例的第一步是及时找到给定点的位置。这并不太困难，而且可以通过调用 startLocationMonitor 方法来获取(见图 8-11)。

图 8-11 DeviceFeatures 数据控件上的 startLocationMonitor 方法

当从数据控件上将这个方法拖放到 MAF AMX 页面上时，就会在 PageDefinition 文件中创建一个 methodAction 绑定。当用户在运行时调用这个方法时，就启动了位置监视器。更新间隔参数定义了位置信息更新的频率。另一个需要进行设置的是可以被用来作为位置监听器的方法。当更新间隔期满，位置监听器就会被触发。该方法在一个被称为 locationTrackingBean 的自定义 Java 类中实现，并且通过页面定义文件连接到 locationListener。

```
<methodAction id="startLocationMonitor" RequiresUpdateModel="true"
  Action="invokeMethod"
  MethodName="startLocationMonitor" IsViewObjectMethod="false"
  DataControl="DeviceFeatures"
  InstanceName="data.DeviceFeatures.dataProvider">
```

```
            <NamedData NDName="enableHighAccuracy"
                NDValue="#{pageFlowScope.locationTrackingBean.highAccuracy}"
                NDType="boolean"/>
            <NamedData NDName="updateInterval"
                NDValue="#{pageFlowScope.locationTrackingBean.updateInterval}"
                NDType="int"/>
            <NamedData NDName="locationListener"
                NDValue="pageFlowScope.locationTrackingBean.locationUpdated"
                NDType="java.lang.String"/>
</methodAction>
```

注意：

通常基于 EL 表达式来设置 NDValue。前面的代码示例展示了如何用 EL 表达式来设置所有的 NDValue，除了 locationListener，它没有使用 EL 表达式。对此也没有明显的原因。在编写时，出现的 bug 已经被记录在文件中，并且在将来的版本会解决这些问题。

通过页面上的按钮可以调用 startLocationMonitor。单击该按钮，跟踪就开始了。当运行应用并首次启动 GPS 定位器时，需要允许应用使用你的当前位置。在 iOS 系统上，这将显示为一条消息，如图 8-12 所示。

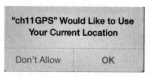

图 8-12　允许访问 GPS

当更新间隔期满时，新的 GPS 信息就会被转发到 locationUpdated 方法，该方法在内存中存储了位置信息。

locationUpdated 方法将当前的位置作为参数。

```
public void locationUpdated(Location currentLocation) {
  this.setLatitude(currentLocation.getLatitude());
  this.setLongitude(currentLocation.getLongitude());
  this.setSpeed(currentLocation.getSpeed());
  this.setWatchId(currentLocation.getWatchId());
  MethodExpression me = AdfmfJavaUtilities.getMethodExpression(
                        "#{bindings.ExecuteGetPosition.execute}",
                        Object.class, new Class[] {});
  me.invoke(AdfmfJavaUtilities.getAdfELContext(), new Object[] {});
}
```

一旦你开始移动，你将会看到页面上所显示的坐标和速度的改变，如图 8-13 所示。

被称为 CustomLocation 的自定义对象，用于在内存中存储坐标及速度。这个类包含了 x、y 坐标以及速度。

```
public class CustomLocation {
    double x = 5.10;
    double y = 52.00;
    double speed=0;
    ……
```

图 8-13　当前的位置和速度

当间隔期满，新的位置就被添加到点图上，包含了现在跟踪路径上所有的点。

```
public void Execute() {
  CustomLocation p = new CustomLocation();
  ValueExpression lat = AdfmfJavaUtilities.getValueExpression(
        "#{pageFlowScope.LocationTrackingBean.latitude}", Double.class);
  double y = ((Double)lat.getValue(
                AdfmfJavaUtilities.getAdfELContext())).doubleValue();
  ValueExpression lng = AdfmfJavaUtilities.getValueExpression(
        "#{pageFlowScope.LocationTrackingBean.longitude}", Double.class);
  double x = ((Double)lng.getValue(
                AdfmfJavaUtilities.getAdfELContext())).doubleValue();
  ValueExpression sp = AdfmfJavaUtilities.getValueExpression(
        "#{pageFlowScope.LocationTrackingBean.speed}", Double.class);
  double speed = ((Double)sp.getValue(
                AdfmfJavaUtilities.getAdfELContext())).doubleValue();
  p.setX(x);
  p.setY(y);
  p.setSpeed(speed);
  points.add(p);
}
```

在跟踪结束时，可以获得行程上所有的点并且可以将这些点绘制在地图上(见图 8-14)，因此可以清楚地看到你去过哪里以及你行走的速度有多快。如果想要停止跟踪，比如在一段时间后要停止跟踪来防止界面变得单调，可以调用 clearWatchPosition()：

```
DeviceManagerFactory().getDeviceManager().clearWatchPosition(getWatchId());
```

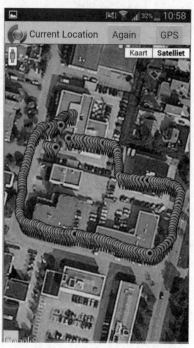

图 8-14 在地图上绘制的点

注意：

很显然，只有在开启 GPS 的情况下它才能工作。如果无法开启 GPS，需要通知用户通过设备的设置来启动 GPS 功能或者不要使用这个功能。可以通过从 Java 中调用该方法来实现它，而不是从按钮上直接调用它。

```
actionListener="#{bindings.startLocationMonitor.execute}"
```

因此，不用编码，可以使用以下代码：

```
actionListener="#{pageFlowScope.LocationTrackingBean
    .startGPSifAvailable}"
```

当然，如果不能开启 GPS，另一个方法是提供禁用按钮。

```
disabled="#{!deviceScope.device.hasGeoLocation}"
```

8.3.3 用例 3：用于设备交互——创建一个自定义通讯录应用

当将所有的联系人都放入设备的联系人数据库中时，每次想要访问联系人数据时都需要在设备上打开联系人应用。而从 MAF 应用直接访问这些联系人将会更加方便。在 MAF 应用中，你想要访问所有的联系人、查找联系人以及用列表显示这些联系人。选择其中一个联系人之后，你想要看到关于这位联系人的具体信息。在这个用例下，你需要创建一个列表、显示设备上所有的联系人，并且能够进行查找。选择其中一个已经找到的联系人时，我们想要从列表导航到详细信息的页面，在该页面上可以浏览该联系人的详细地址信息。

创建查找页面

查找联系人相当容易并且可以通过调用 findContacts 方法来实现。可以将这个方法拖放到

MAF 页面。当将它拖放为参数形式(见图 8-15)时，就已经结束了查找页面的工作。有一个可以执行 findContacts 的按钮，并且有用于查找标准和联系人字段的输入组件。

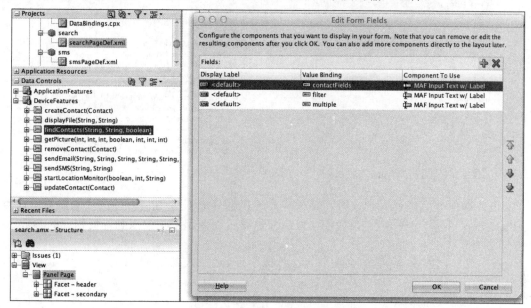

图 8-15 创建查找联系人页面

为了使该联系人应用的所有页面都能够获得查找标准，可以将该标准保存在内存中，为此，可以创建一个 pageFlow scoped bean。此 bean 包含了该应用中所有使用到的查找标准的变量。

```
public class ContactBean {
  String contactFields = "birthday,displayname,id,nickname,note,addresses,categories,emails,ims,
name,organizations,phoneNumbers,photos,urls";
  String filter = "";
  boolean multiple = true;
```

现在，我们不通过绑定层来检索和设置值，而是使用托管 bean 中的变量。因此现在的搜索页面代码如下所示。注意，我们引用了 pageFlowScope 变量。

```
<amx:panelFormLayout id="pfl1">
  <amx:inputText label="Contact Fields" id="confields"
             value="#{pageFlowScope.ContactBean.contactFields}"
             hintText="List the contact fields returned"/>
  <amx:inputText label="Filter" id="filter"
             value="#{pageFlowScope.ContactBean.filter}"
             hintText="String to search for"/>
  <amx:selectBooleanSwitch label="Multiple" id="multiple"
             value="#{pageFlowScope.ContactBean.multiple}"
             offLabel="No" onLabel="Yes"/>
</amx:panelFormLayout>
```

这些就是使你能在 MAF 应用中查找和检索设备上所有的联系人的所需的一切。图 8-16 显示了一个 MAF 应用，它使你能查找包含 luc 字符串的联系人。

接下来，我们可以创建列表页面来显示查找结果。这非常简单。只要将 findContacts 操作(即

Contact，如图 8-17 所示)的结果拖放到列表页面即可。

图 8-16　查找含有 luc 的联系人　　　　图 8-17　拖放查找结果

当拖放操作并选择列表视图时，将被提示提供操作的参数值。通过将这些参数值设置给 pageFlowScope 变量(见图 8-18)，我们可以确保结果页面使用了与输入到首页相同的参数。

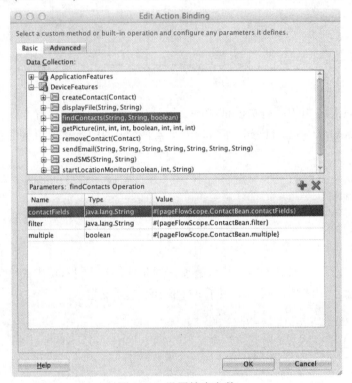

图 8-18　设置搜索参数

在 Edit Action Binding 对话框中单击 OK 按钮后，你将被提示通过 Edit List View 对话框来选择要显示在列表中的元素(见图 8-19)。

确保选择了 List Item Selection 选区中的 Single Item 选项。单击 OK 按钮后，将提示你确认该设备上对此应用能够访问设备联系人的权限(见图 8-20)。

当打开结果页面时，页面上会出现希望得到的搜索结果(见图 8-21)，这是因为在搜索页面上输入的参数调用了 findContacts 操作。

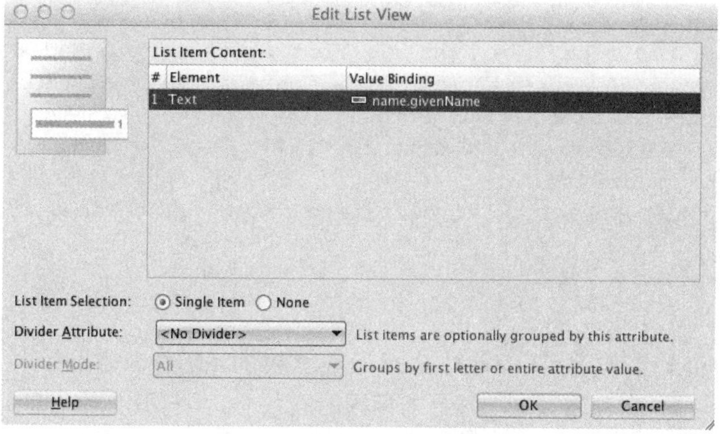

图 8-19　编辑联系人视图列表

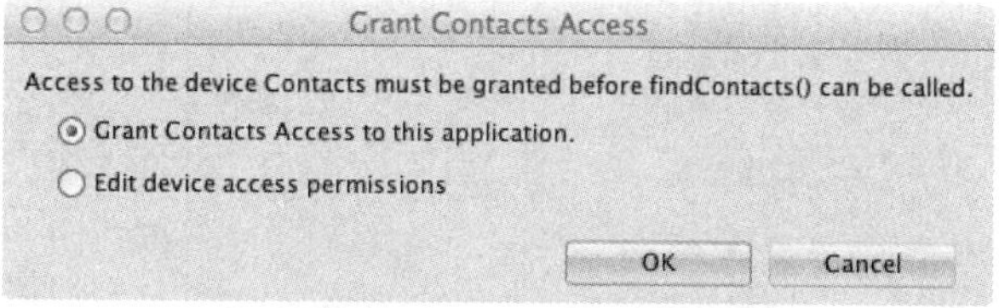

图 8-20　允许访问联系人

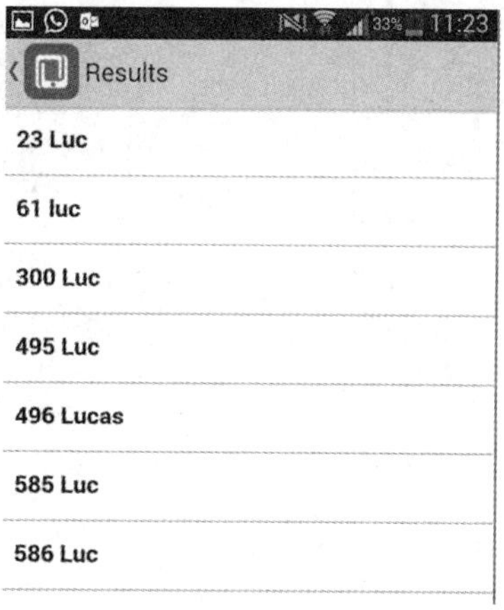

图 8-21　搜索结果

最后一步是创建一个包含所选联系人具体信息的页面。这与搜索页面的功能差不多，但有两个地方不太一样。

第一个区别是我们不想将所选联系人显示为列表的形式，而是显示为单独的联系人。因此，我们不从数据控件将联系人拖放到页面形成一张列表，而是逐一添加字段为简单的输入文本组件。同样，当拖放第一个字段时，MAF 需要你输入用于 findContacts 操作的参数值。这与之前的操作相同(见图 8-18)。其他的信息(比如一个集合的电子邮件地址)可以被拖放为一张列表。因为这些是已经配置 findContacts 操作的结果，所以不需要额外的配置。

第二个区别是我们不想在搜索结果的第一行。我们只想显示从列表页面选择的一个单独的联系人。

```
<amx:listView var="row" value="#{bindings.Contact.collectionModel}"
```

```
                    fetchSize="#{bindings.Contact.rangeSize}"
                    selectedRowKeys="#{bindings.Contact.collectionModel.selectedRow}"
                    selectionListener="#{bindings.Contact.collectionModel.makeCurrent}"
                    showMoreStrategy="autoScroll"
                    bufferStrategy="viewport" id="lv1">
         <amx:listItem id="li1">
            <amx:outputText value="#{row.name.bindings.givenName.inputValue}" id="ot2"/>
         </amx:listItem>
      </amx:listView>
```

SelectionListener 会确保所选的行是 Contact 迭代器的当前行。如果具体信息页面使用相同的迭代器，就会显示与在列表页面上选择的相同的联系人。当打开具体信息页面(见图 8-22)时，就会显示所选的联系人的具体信息。

图 8-22　联系人具体信息

你已经在 MAF 应用中创建了自己的地址簿。

8.4　小结

使用设备交互可以使应用区别于普通桌面应用。在 MAF 中，可以使用设备以及可获取的服务，使用户得到他们所在地点的信息、能够拍摄照片、分享并访问联系人、发送电子邮件和短信等。通过了解并使用 API，可以完全掌握并灵活地与设备交互，也可以熟练处理错误以及其他意外的情况。请注意，MAF 附带了 deviceDemo 样例应用，你可以参考更多的示例。

本章主要内容如下：
- 理解实现设备交互的机制
- 使用设备数据控件
- 使用 API
- 识别常见的设备交互用例并用 MAF 实现它们

第 9 章

调试并测试 Oracle Mobile Application Framework 应用

测试和调试新开发的 MAF 应用是成功的关键所在。尽管测试是昂贵且耗时的，但的确需要通过它来确保用户在使用应用时能拥有一个良好的用户体验。众所周知，移动用户非常"薄情"，如果用户在使用应用时失败或崩溃，你可能就会永远失去这些用户，因为用户会通过删除应用来发泄自己的不满情绪，并转向使用某个竞争对手的应用。

移动应用的测试过程实际上是对应用的功能性、易用性和一致性的测试过程。

本章描述了一些用来测试和调试 MAF 应用的技术。

9.1 移动应用的测试策略

移动测试面临的最大挑战是使用应用的设备种类太多,并且在测试移动应用时这些设备都要被考虑到。当选择减少设备的数量时,就要承担应用可能无法在某台设备上工作的风险,并且可能会错过一些潜在的用户。可以通过两种方法应对设备的挑战:使用真实设备进行测试,或者使用仿真设备进行测试。

在真实设备上测试或使用仿真器/模拟器

使用真实设备测试的优势是很明显的。真实设备存在实际客户端硬件的所有限制和异常。并且,可能会遇到一些硬件异常,比如电量低、断电、内存不足等。

但是,也存在一些劣势。首先,使用真实设备测试是非常昂贵的。试想,你必须购买应用所支持的所有设备。并且,真实设备在设计时没有考虑测试。由于有限的处理能力和有限的存储空间,这些真实设备有时不允许下载机载诊断软件。

设备仿真同样也存在一些优势。仿真设备更容易管理,并且很容易在不同设备类型之间切换,只需下载一个新的设备配置或选择一个新的模拟设备。通常,模拟器运行在更强大的机器上,并且模拟器在设计时就考虑了测试。仿真也非常经济。如果可以模拟就没必要去买真实的设备。显然,仿真设备最大的不足在于缺乏异常和错误,这些只有真实设备才能提供,你只能接触一定范围内的硬件异常。此外,许多设备服务无法完全仿真,比如摄像功能。

由于这两种方法各有优缺点,所以这两种方法的组合会带来最佳的结果。

> **模拟器和仿真器的区别**
>
> 我们有 iOS 模拟器和 Android 仿真器。模拟器和仿真器的区别是什么?从一名移动开发者的角度来看,它们都是用来在 PC 或 Mac 上测试应用的工具,从而不需要部署一台真实的移动设备。
>
> Apple的模拟器和Android的仿真器从底层来看有显著的区别。在之前的章节中曾提到过,Android仿真器运行相当慢,除非你安装了Intel HAXM驱动。这是因为Google将这个仿真器设计得太完整;它要在整个Android栈、Linux内核、AndroidSystem Image等上运行应用的Android代码,并在QEMU仿真器上为PC或Mac运行翻译成指令的ARM代码。
>
> 相反,当部署 iOS 模拟器时,应用并不以 iOS 字节码的形式进行编译,而是重新编译为本地的 x86 代码,从而运行在 PC 或 Mac 上。因为代码已经为 PC 或 Mac 编译过,所以模拟器会比等价的 Android 仿真器运行速度更快。
>
> 哪一个更适合用来测试呢?如果我们希望测试速度越快越好,那么 iOS 模拟器更胜一筹。但是如果我们想要代码测试所在的平台与终端设备平台越相似越好,那么 Android 更胜一筹。因此,无论选择哪个,都有得有失;它们都有各自的优缺点,所以最终的结果是对它们都要进行测试。
>
> 第 2 章已经介绍了如何安装配置 Android 仿真设备和 iOS 模拟器。

9.2 测试 Oracle Mobile Application Framework 应用

测试通常包括若干阶段。首先，作为一名开发者，为了确保应用在发布前没有明显的缺陷，需要从技术上对应用进行功能测试。在这个阶段，可以使用单元测试。功能测试期间，应用会被部署到多个设备上(真实设备或仿真/模拟设备)，以此来确保应用没有平台特定的缺陷。最后，可以选择将应用发布给一群专门挑选出来的用户进行最终的验收测试。通常，最后的测试不应该产生更多大问题，并且在这个阶段结束之后应该能够发布这款应用。

Oracle Mobile Application Framework 应用单元测试

单元测试通常包括创建并运行 Java 测试代码，该测试代码调用 MAF 应用中部分实际的 Java 代码。创建并运行单元测试有助于提高代码质量，有助于建立稳定可靠的 MAF 应用。可以使用 JDeveloper 中的 Check for Updates 功能来下载安装 JUnit Integration 扩展版本。

安装完毕后，就可以为 MAF 应用中的 Java 类创建新的单元测试。

注意：

当新建一个单元测试时，要确保你选择的测试类型是 JUnit 3.8x。这是一个硬性要求，因为 JUnit 4.0 需要 JDK 5.0，而目前本书出版时 MAF 使用的是 Java 1.4。

创建单元测试后，可以运行测试，并且能在 JDeveloper JUnit Test Runner Log 控制台查看结果。

9.3 调试 Oracle Mobile Application Framework 应用

在测试 MAF 应用的过程中，你可能会发现一些缺陷。请记住，测试的目标就是发现缺陷，这样才能使应用更加稳定。测试的目标当然不是证明应用没有缺陷；那只会让你盲目地去寻找缺陷。

一旦确定了一个缺陷，通常接下来就需要分析这个缺陷，编写代码找出应用出错的位置。JDeveloper 提供了使用 IDE 内嵌的现代调试器来调试 MAF 应用的功能。

为了调试一个 MAF 应用，该应用必须被部署为调试模式。因为调试模式允许包含特殊的调试库和符号，在编译时它们能够被 IDE 连接和解释。

9.3.1 配置调试模式

为了调试 MAF 应用，必须在运行 MAF 应用的 Java 虚拟机(Java Virtual Machine，JVM)上直接调试。可以在一台移动设备或模拟器上将 JDeveloper 调试器连接到 JVM 实例，并且控制已部署的 MAF 应用的 Java 部分。

为了实际调试程序，必须更改 JVM 配置文件中的一些设置。可以使用 cvm.properties 文件来配置应用启动和堆空间的大小，以及 Java 和 JavaScript 调试选项。

可以在应用资源 META-INF 目录下找到这个文件，如图 9-1 所示。

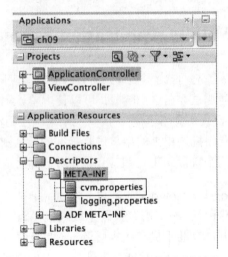

图 9-1　cvm.properties 文件所在的位置

打开这个文件时，你会看到用于 Java 调试的设置。如果想要调试应用，应该将 debug.enabled 设置为 true。

```
# Java debugging settings
java.debug.enabled=true
```

这个文件中还有第二个与调试相关的设置，可以设置用于调试的端口号。默认设置端口号为 8000。

```
# Specifies the integer value of the port to use during debugging
java.debug.port=8000
```

指定的端口号应该与 run configuration 中设置的端口号匹配。可以在 Run/Debug 节点下的 Project Preferences 中访问这些设置。可以在 Edit Run Configuration 对话框(见图 9-2)中设置端口号。当更改其中一个文件中的端口号时，要确保你在另一个文件中也进行了相应的调整。

此外，还有一些其他重要的设置要进行配置。

所选的协议定义了你是否想要监听或附加到 JDPA 上。

注意：
JPDA Transport 是调试器和正在被调试的虚拟机(以下简称目标 VM)之间的一种通信方法。该通信是面向连接的，一端作为服务器(本例中就是我们的 MAF 应用)，并且监听连接。另一端作为客户端(本例中就是 JDeveloper IDE)，并且连接到服务器。JPDA 允许调试器应用或目标 VM 都可以作为服务器。Transport 实现进程之间的通信，这些进程可以运行在一台单独的机器上、运行在不同机器上或这两者结合。

为了调试 MAF 应用，需要连接 JVM，它是 MAF 应用中的一部分。该 JVM 会监听 JDeveloper 来连接。一旦这个进程完成，就可以开始调试。

主机指托管 JVM 服务器的地址。对于仿真和模拟，这是本地主机，或者是相应的 IP 地址。如果想要调试运行在一台真实设备上的应用，就必须输入设备的 IP 地址。超时设置指定了超时时间，单位是秒，用来等待调试器连接。参见复选框 Show Dialog Box Before Connecting Debugger。

第 9 章 调试并测试 Oracle Mobile Application Framework 应用

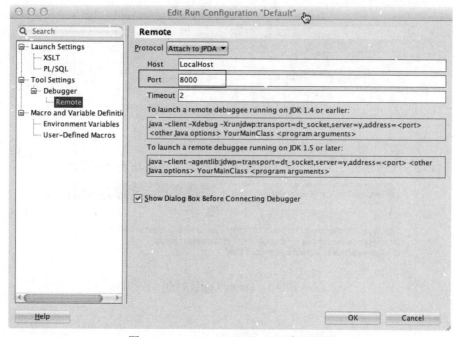

图 9-2 Edit Run Configuration 默认设置

9.3.2 启动调试会话

所有配置都准备就绪后，就可以开始调试会话。首先，必须部署 MAF 应用为调试模式。完成部署后，才可以开始调试。

调试会话的第一步是打开想要在设备或模拟器/仿真器上进行调试的应用。JVM 启动并等待调试器来连接。下一步是在 JDeveloper 中通过调用工具栏中的调试图标来启动调试会话，如图 9-3 所示，也可以从 Run 菜单启动调试会话。

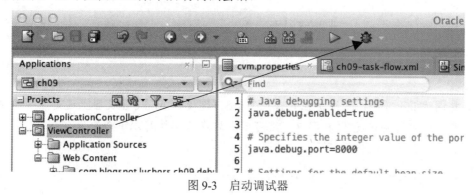

图 9-3 启动调试器

如果在运行配置中 Show Dialog Box Before Connecting Debugger 复选框已经被选中，当尝试连接调试器时，JDeveloper 会显示一个对话框(见图 9-4)。在这个调试器中，可以更改 Edit Run Configuration 对话框中配置的设置。单击 OK 按钮后，就启动了调试会话。

注意:

超时可能会出现在任何一端。如果连接 JVM 时等待时间太长，JVM 将超时。如果在设备上启动 MAF 应用时等待时间太长，JDeveloper 中的调试器将超时。

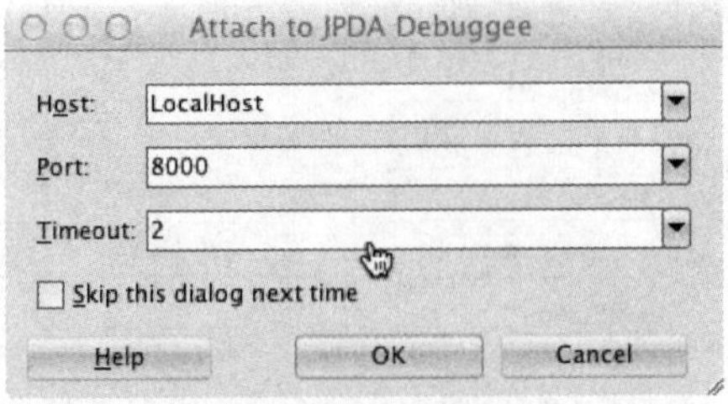

图 9-4 连接到 JPDA Debuggee 对话框

可以在如图 9-5 所示的 JDeveloper Log 控制台看到是否成功连接调试器。

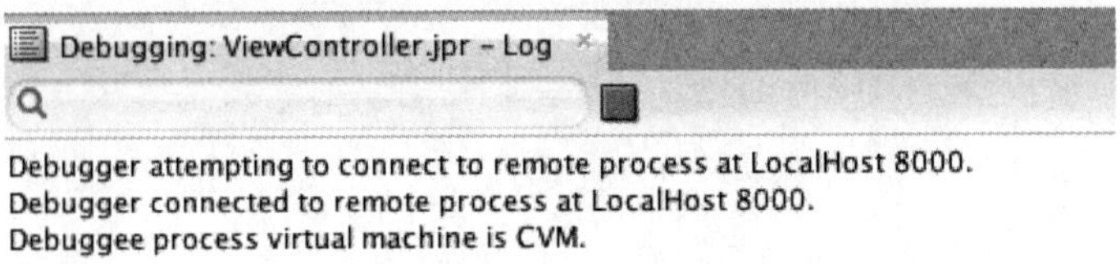

图 9-5 Debug Log 控制台

现在就可以开始调试了。

提示：
运行在调试模式下的 MAF 应用可以通过左上角的红色三角形(见图 9-6)来识别。

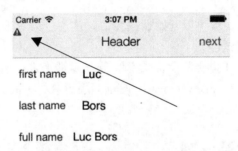

图 9-6 在调试模式下可见的红色三角形图标

注意：
如果要调试 Java 代码，无论是在一台使用 USB 连接的 Android 设备上还是在一台 Android 设备仿真器上，都需要转发 TCP 端口。这可以通过在终端执行以下命令来实现。

使用选项 –d 进行设备调试：

```
adb -d forward tcp:8000 tcp:8000
```

使用选项 –e 进行仿真器调试：

```
adb -e forward tcp:8000 tcp:8000
```

9.3.3 使用断点调试 Java 代码

当调试会话运行时，可以使用任意一个应用。而实际的调试取决于你在 JDeveloper 中设置的断点。

可以通过单击代码编辑器窗口左边空白处给一行 Java 代码设置断点。这行代码将会以粉色突出显示，并且在左边空白处会出现一个红点。

JDeveloper 使你能够在 Java 代码中设置断点。在调试模式下运行时，程序只执行到断点处。源代码编辑器左边空白处的红点表明断点发生的位置(见图 9-7)。调试窗口打开并显示了调试痕迹。可以检查值、表达式，也可以找到与调试会话相关的其他信息。

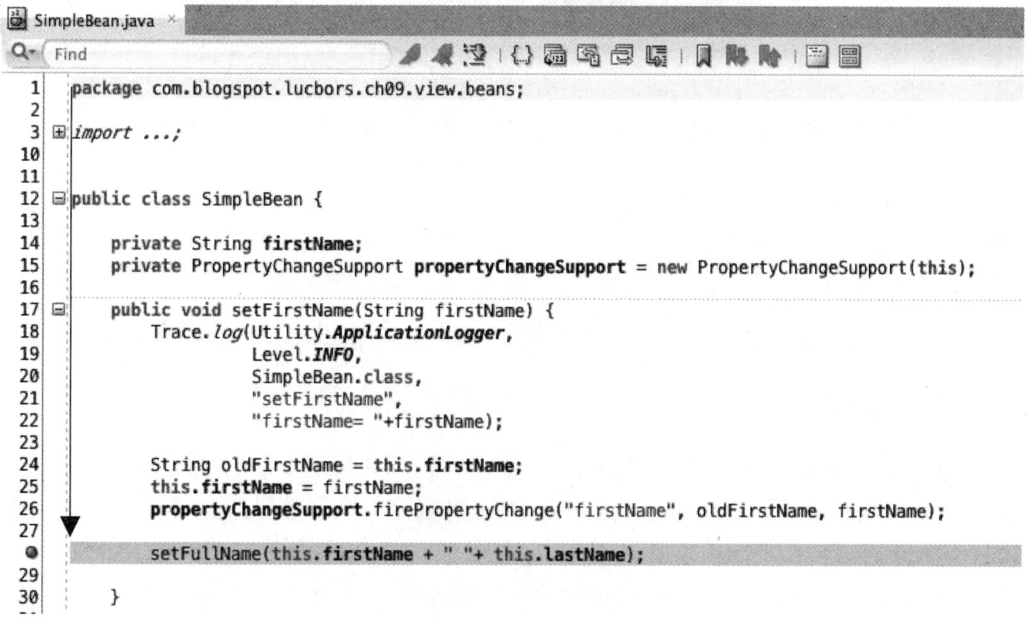

图 9-7　执行停止在断点处

可以使用 JDeveloper 逐行执行单步调试代码，还能进入其他类中的 Java 方法。这可以使你充分了解 Java 代码的执行情况。

9.3.4　Oracle JDeveloper 调试器

使用 JDeveloper 中的调试器时，你有很多选择，可以单步调试代码、检查值，也可以使用断点。如图 9-8 所示，调试工具栏包含了几个可以在调试过程中使用的按钮。在 MAF 调试的上下文中最重要的按钮如下：

- 3 Step over　所调用的方法将会被执行，但调试器将在调用程序的下一行代码处继续。
- 4 Step into　调试器打开当前代码行调用的方法，然后就可以对这个方法的代码进行单步调试。
- 5 Step out　调试器完成对当前方法的单步调试后跳出该方法，并且在调用程序调用方法后立刻重新开始执行代码行。
- 6 Step to end　执行当前的方法全部代码，但是会在最后一行代码处停止，因此你能看到该方法的结果。
- 7 Resume　恢复程序会一直执行到下一个断点。

图 9-8　JDeveloper 调试工具栏

调试会话期间，可以检查 Java 类的属性值。当将鼠标悬停在该属性上时(见图 9-9)，就会显示该属性的值。

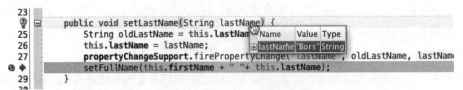

图 9-9 通过悬停来检查值

另一种检查值的方法是使用 ctrl - i 。它会打开一个弹窗，可以在这个弹窗中输入想要检查其值的属性名。

提示
可以在 Debugger 节点中的 JDeveloper Preferences 中配置调试器。

可以参考 JDeveloper 帮助获得更多关于如何使用 JDeveloper 中的调试器的详细信息。

9.3.5 调试 JavaScript

也可以使用 cvm.properties 文件来启用和配置 JavaScript 日志。

首先，需要设置 javascript.debug.enabled：当应用运行在设备模拟器上时，该设置能启动或停止 JavaScript 调试。有效值是 true 和 false。

接下来的设置是 javascript.debug.feature：这指定了应用的功能，在 MAF 中触发激活 JavaScript 调试。其值的格式为 featureId:port。必须指定端口(它最初被设置为占位符值)。

对于本章中的样例应用，有效的设置为：

```
javascript.debug.enabled=true
javascript.debug.feature=com.blogspot.lucbors.ch09.debugFeature:9999
```

配置完用于 JavaScript 调试的 MAF 应用后，需要设置用于实际 JavaScript 调试的工具。这与用于 iOS 和 Android 调试的工具不同，下一节将介绍如何进行配置才能在 iOS 和 Android 这两种平台上调试 JavaScript。

在 iOS 平台上调试 JavaScript

如果正在使用 iOS 6 平台，那么可以使用 Safari 6 浏览器来调试 JavaScript。操作如下：打开 Safari preferences，选择 Advanced，然后通过选中 Show Develop menu in menu bar 复选框在浏览器中启用 Develop 菜单，如图 9-10 所示。

如果在 iOS 模拟器中启动 MAF 应用，可以访问开发者工具(Web Inspector)，从 Safari Develop 菜单调试 MAF 应用(见图 9-11)。根据启动的是哪个模拟器，选择 iPhone 模拟器或 iPad 模拟器。只需要选择一个你打算调试的 UIWebView 即可。

所选择的 UIWebView 会在 Web Inspector 中打开，可以使用 CSS、HTML 以及 JavaScript。可以选择要调试的 JavaScript 文件，并在代码中设置断点。接下来，只需要单击 Debugger 按钮(见图 9-12)来打开调试器，然后单步调试代码。

图 9-10　在 Advanced Preferences 中启用 Safari Develop menu

图 9-11　从 Safari 访问开发者工具

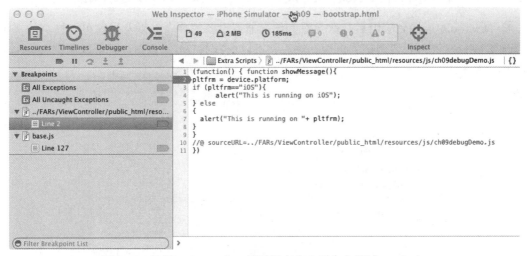

图 9-12　使用 Web Inspector 调试器在 iOS 平台上调试 JavaScript

在 Android 平台上调试 JavaScript

苹果、谷歌都有类似的调试功能。使用苹果，需要用 Safari 来连接 iOS 模拟器。而安卓开发者需要使用 Chrome。开发者可以使用 chrome://inspect(见图 9-13)来访问正在运行的仿真器或已经连接的设备。

通过提供直接访问 Android Debug Bridge(ADB)转发 tcp 选项来调试应用能简化对端口转发的设置，这可以在浏览器中进行更改。可以在谷歌开发者网站 https://developers.google.com/chrome-developer-tools/上找到完整的文档。

图 9-13　使用 chrome://inspect 访问仿真设备或已连接的设备

有了这个设置，就可以在谷歌 Chrome 浏览器中调试正在运行的 MAF 应用的 JavaScript 代码。只要在设备或仿真器上部署并启动应用，启动谷歌 Chrome 浏览器，然后导航到 chrome://inspect。这将会调出 DevTools 主页，可以在该主页上选择设备并为实际设备调试检查 Discover USB devices。

注意：
如果设备请求允许访问 Development PC，就单击"确认"按钮并继续操作。

将 DevTools 连接到应用后，就会看到仿真器或设备的列表，以及当前可以检查的视图列表。选择 inspect 进入想要调试的页面，然后就可以调试 HTML、CSS，还可以调试 JavaScript，如图 9-14 所示。

图 9-14　在 Android 上调试 JavaScript

9.3.6 日志

检查代码的概念就是添加显示代码来生成日志,这对调试应用(包括移动应用)很重要。通常,给一个应用添加日志时往往已经很晚了。最好能在开发过程中就实现日志部分。这么做有以下两点好处。首先,这在调试过程中很有价值。可以不需要使用断点来运行代码,并且在运行完毕之后,可以通过分析日志得到所有调用的类和方法的概览。它还能使你精准定位问题出现的所有可能的位置。其次,日志的第二个重要的方面是监管。MAF 附带了几种可以用来实现监管的日志工具。

在 MAF 中配置并使用日志

MAF API 中的 Utils 包里的 oracle.adfmf.util.Utility 类提供了关键的日志以及实例化一个日志的名字。

```
Logger logger = Utility.ApplcationLogger ;
String logger name = Utility.APP_LOGNAME ;
```

以下三种包可用于日志。它们的名字就已经代表了这些日志的功能:

- oracle.adfmf.application　Application Logger:用于 MAF 应用日志。
- oracle.adfmf.framework　Framework Logger:显示运行 MAF 功能时执行的日志条目。
- oracle.adfmf.performance　Performance Logger:该日志被用来测量值,比如一个方法的执行时间。

这三个日志非常有用,可以对它们在 logging.properties 文件中进行不同的配置。该文件可以在 Application Resources(见图 9-15)中找到,并且该文件内含有对使用的控制台处理程序的配置以及对执行的日志的级别的配置。

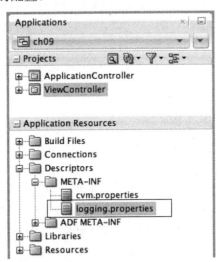

图 9-15　Application Resources 中的 logging.properties 文件

Logging.properties 文件会被自动添加到 MAF 应用中。用以下代码示例显示该文件中的默认内容:

```
# default all loggers to use the ConsoleHandler
 .handlers=com.sun.util.logging.ConsoleHandler
# default all loggers to use the SimpleFormatter
```

```
                .formatter=com.sun.util.logging.SimpleFormatter
            # default ConsoleHandler logging level to SEVERE
                oracle.adfmf.util.logging.ConsoleHandler.level=SEVERE
                oracle.adfmf.util.logging.ConsoleHandler.formatter=
                                oracle.adfmf.util.logging.PatternFormatter
                oracle.adfmf.util.logging.PatternFormatter.pattern=
                                [%LEVEL% - %LOGGER% - %CLASS% - %METHOD%] %MESSAGE%
            #configure the framework logger to only use the adfmf ConsoleHandler
                oracle.adfmf.framework.useParentHandlers=false
                oracle.adfmf.framework.handlers=oracle.adfmf.util.logging.ConsoleHandler
                oracle.adfmf.framework.level=SEVERE
            #configure the application logger to only use the adfmf ConsoleHandler
                oracle.adfmf.application.useParentHandlers=false
                oracle.adfmf.application.handlers=oracle.adfmf.util.logging.ConsoleHandler
                oracle.adfmf.application.level=SEVERE
```

还有一个类可以用于 MAF 中的日志,即 oracle.adfmf.util.logging.Trace 类。在重载方法 log(...)中,它带有一个 logger 和关于日志条目的信息,并执行日志。使用 Trace 类的一个例子可以参见以下代码示例。它含有 INFO 级别和 SEVERE 级别的条目。根据在 logging.properties 文件中 ConsoleHandler 的配置,这些日志条目将会出现在日志文件中。

```
public void setFullName(String fullName) {
  Trace.log(Utility.ApplicationLogger,
            Level.INFO,
            SimpleBean.class,
            "setFullName",
            "fullName= "+fullName);
  String oldFullName = this.fullName;
  this.fullName = fullName;
  propertyChangeSupport.firePropertyChange("fullName", oldFullName, fullName);
  if (this.lastName==null){
    Trace.log(Utility.ApplicationLogger,
              Level.SEVERE,
              SimpleBean.class,
              "setFullName",
              "lastName is empty" );
  }
}
```

注意:

当选择一个日志级别的冗长量时,记住如果增加 SEVERE、WARNING 和 INFO 级别输出的冗长量,将会对应用的性能产生负面影响。

查看日志输出

在 iOS 和 Android 上查看日志是有区别的。在接下来的两节里会介绍在这两个平台上如何访问日志文件。

查看 iOS 日志

在 Mac OS X 上使用 iOS 模拟器时,通常可以在以下位置找到日志文件:

第 9 章 调试并测试 Oracle Mobile Application Framework 应用

```
/Users/<userid>/Library/Application Support/iPhone
Simulator/<version>/Applications/<AppID>/Documents/logs/application.log
```

可以从一个终端的窗口(见图 9-16)打开并检查日志文件。

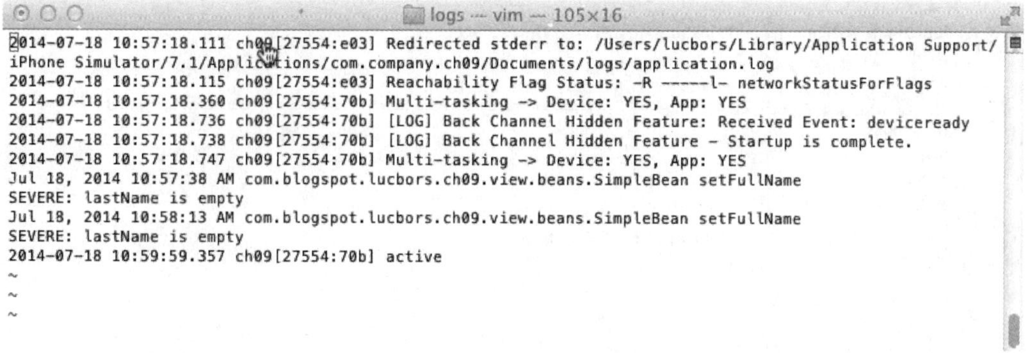

图 9-16 查看 iOS 模拟器日志

观察之前的日志文件样例的第一行，可以发现日志报表被重新定位到 application.log 文件。

使用 Xcode 防止重新定位日志 也有可能可以从控制台查看日志报表。然而，这不是默认的行为。为了能在控制台中查看日志报表，必须使用 Xcode。

首先，必须打开名为 Oracle_ADFmc_Container_Template .xcodeproj 的 Xcode 项目，该项目在部署到 iOS 模拟器时被创建，可以在部署目录下找到它，如图 9-17 所示。

图 9-17 部署文件夹下的 Xcode 临时项目

双击该项目时，Xcode 会打开应用，然后就可以检查该应用。下一步是更改 Xcode 中应用的格式设置，这样日志报表就不会再重新定位到一个日志文件，而是在控制台实时显示。

在 Product menu | Scheme | Edit Scheme 下添加以下参数在启动时传递：

```
-consoleRedirect=FALSE
```

图 9-18 显示了 Xcode 的设置。

现在从 Xcode 运行应用时，日志消息就会显示在 Xcode 的控制台中。

查看 Android 日志 使用 Android 时，可以使用调试监控分析日志。通过调用"monitor"可执行文件来启动调试监控。可以在 android-sdk\tools 目录下找到 monitor。也可以使用 monitor 来检查 Android 和 iOS 的连接设备和仿真设备上的日志文件。如图 9-19 所示的 monitor 显示了本章演示应用的日志。

Monitor 能够过滤日志文件中指定的字符串、进程 ID，或其他标识符。这些过滤器可以保存，并且能在任何你想要使用它时使用这些过滤器。

166　第 I 部分　了解 Oracle Mobile Application Framework

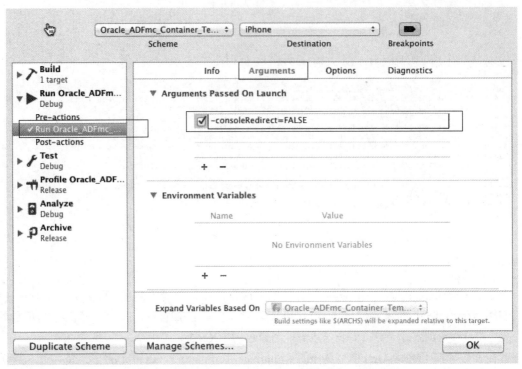

图 9-18　在 Xcode 中更改后不再重定位输出的格式

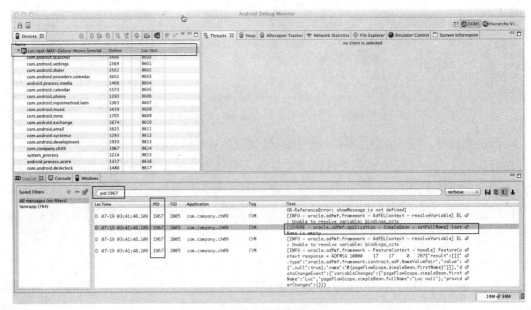

图 9-19　显示 MAF 应用的日志消息的 Android Debug Monitor

提示：

可以选择将应用设置为 Debugging Application(调试应用)，方法为在设备的 Settings | Developer options | Select debug app 下，选择想要进行调试的 Oracle MAF 应用。在调试模式下编译的所有应用都会显示在这里。因此，可以选择 Android Debug Monitor 应用中的 MAF 应用进程，并执行附加的调试。这提供的信息很可能会比你想要了解得更多。

JavaScript 日志

还可以指示 MAF 生成 JavaScript 日志报表。可以在 JavaScript 函数中使用以下语句将一个日志消息写到日志文件中：

```
console.log("<your log message here>")
```

这将产生一条日志消息。其他选项是使用 console.error、console.warning 和 console.info 来产生带有特定的严重程度的消息。还可以产生提供更多信息的日志报表，通过 logging.properties 文件进行配置。

要使用定义在 logging 文件中的这些属性，需要使用 adf.mf.log 包以及它提供的应用 logger。然后，可以用与之前 Java 日志所述的几乎相同的方法来发布日志报表。

```
adf.mf.log.Application.logp(adf.mf.log.level.WARNING,
                "<JavaScriptFile>",
                "<JavaScriptFunction>",
                "<Specific message text>");
```

9.4 小结

对一个 MAF 应用的测试和调试是应用成功的关键。经过全面测试的应用能带来愉快的用户体验。测试和调试的过程包含几个阶段。可以在真实设备或模拟/仿真设备上执行它们。在测试过程中，日志报表可以为开发者调试应用提供有价值的信息。

本章主要内容如下：

- 如何测试 MAF 应用
- 如何调试 MAF 应用
- 如何使用日志
- 如何使用 Android 仿真器
- 如何使用 iOS 模拟器

第 10 章

安全性和部署

在之前的章节中,我们已经理解了 Mobile Application Framework 的各个部分。并且到目前为止,也了解了如何使用 MAF(Mobile Application Framework)来开发移动应用。然而,MAF 有两个重要的概念还未进行讨论。第一个概念是安全性。一个没有考虑安全性的移动应用就好像我们外出时没有锁门,直接向小偷敞开大门。Oracle MAF 为我们提供了一些机制,这些机制在大部分陈述方式下都可以保护我们的应用,因此能确保只有被授权的用户才可以使用应用和相关数据。安全性是一个非常广泛的话题,值得专门写一本书来探讨。本书将介绍如何在 MAF 应用中设置安全性。请注意,安全性通常也需要一个服务器端配合实现,但这超出了本书的范围。本章第一部分将解释如何保护移动应用。

第二个概念是部署。在构建并保护一个应用后,需要把这个应用部署到物理移动设备上。本章第二部分将介绍如何部署应用。

10.1　Oracle Mobile Application Framework 安全性的概念

在本节中我们将会学习如何使用三个概念来保护 MAF 应用。首先，我们将学会如何使用用户凭证来对访问 MAF 应用的用户进行认证，并且控制访问者的权限。其次，我们会讨论与 MAF 相关的网页服务安全性。最后，我们将学习如何在 MAF 应用特性级中限制获取设备特性的权限。

保护 Oracle MAF 应用就如同乘飞机飞往旧金山。当到达机场时，你可以毫无障碍地进入机场，因为这是一个公共区域。只有当确认你的身份证有效并且持有一张有效的登机牌时，你才允许进入登机区域。根据你的目的地确定你是在国内候机大厅，还是在国际候机大厅。在进入任何一个候机大厅之前，你必须办理行李托运。这里是不准拍照的典型区域。

MAF 应用中也有与以上这些概念类似的概念：进入一个公共区域(登录页面)，出示你的身份证(输入凭证)，拿到登机牌(规则)，继续前往受限区域(安全特性)。也许有一些区域(特性)是不允许你拍照的(不允许接入设备)。

下面介绍以上这些概念在 Oracle MAF 应用中是如何实现的。

10.1.1　实现登录

Oracle MAF 应用中的身份认证是在特性中实现的。当用户尝试启动一个受保护的应用特性时，MAF 会对用户进行身份认证；换句话说，当一个特性要展现在网页视图中，或当移动操作系统将特性返回前台时，Oracle MAF 会检查这个特性是否需要认证，如果需要认证，则显示在登录页面中。页面提示用户需要输入用户名和密码。用户提交了登录表单后，凭证将被发送给服务器。只有在认证成功后，Oracle MAF 才会递交请求特性。

为了理解身份认证的工作原理，我们首先需要知道有哪些认证方式可供选择。

Oracle MAF 支持四种不同的身份认证技术，每种技术适用于不同的用例。尽管 MAF 可以在这四种技术下工作，作为一名开发者只能配置并使用其中的一种技术。MAF 登录服务器连接的配置将会在之后进行解释。

第一种支持的技术是联合单点登录(SSO)或者网页单点登录。使用这种技术，在你的组织中通过身份认证的用户，将会在安全域内共享身份信息从而不停地访问应用和服务。

第二种是移动和社交身份验证。它确保 MAF 应用能获益于 Oracle 的身份管理解决方案中的全特性集。例如，如果 OAMMS 服务器与 Oracle Access Manager、Oracle Adaptive Access Manager 整合在一起，可以给 MAF 应用提供多步验证并且唯一标识每个连接设备，这也被称为设备指纹。

第三种是 MAF 应用可以使用 OAuth 协议来认证支持 OAuth 的应用接口。OAuth 是一个用于认证的开放标准。它可以用于用户登录，如登录用户的 Facebook、Twitter 或 Google 账户。使用 OAuth 需要一个 Oracle 移动和社交服务器的服务器端实现。

最后一种是 HTTP Basic 认证，几乎所有 Web 服务器都支持它。这确保 MAF 应用可以验证任何支持通过 HTTP 和 HTTPS 验证的认证服务器。因此，在本章节的剩余部分，我们会使用 HTTP Basic 认证来解释如何在 MAF 应用中实现认证。这包括身份管理服务器(Identity Management Servers，IDM)，如 Oracle Access Manager(OAM)身份服务器。除了 OAM，Oracle MAF 还可以使用任何一种基本的认证服务器。

注意：
建议通过加密网络发送验证信息。

Basic 认证是 HTTP 的一种标准认证方法，旨在当客户端发送请求给一个服务器系统时，允许客户端提供格式为用户 ID 和密码的凭证。大多数 Web 客户端都支持 Basic 认证，并且 Basic 认证是一种通过最少的额外努力就能实现的认证机制。另一种选择是简单地使用应用服务器下的受保护资源，比如一个使用 web.xml 约束的 Web 应用页面。

注意：
通常，一个应用只会使用一个登录服务器。不过，如果需要，也可以让每个应用拥有多个登录服务器，每个服务器映射到一个特性。一个特性只支持一个登录服务器。当数据源需要不同的认证凭证时，通常会使用多个登录服务器。

10.1.2 理解认证流程

当用户试图激活一个安全特性时，MAF 会向用户显示一个登录页面。用户输入他们的凭证后，嵌入在 MAF 中的 Oracle Mobile 和 Social SDK API 就处理认证。Oracle Mobile 和 Social SDK 负责打包，并将用户的凭证发送到认证服务器。SDK 是 Oracle's Access Manager for Mobile and Social (OAMMS) 套件的一部分。

当创建一个 MAF 应用时，你会受益于安全的声明式(并且是向导驱动的)实现。几乎没有必要编写自定义的安全代码。

注意：
Oracle MAF 应用中使用 OAMMS 并不意味着需要一个运行 Oracle IDM 的服务器。MAF 为开发者提供免费的嵌入式 SDK。OAMMS 还可以与其他的第三方身份认证服务一起工作。

根据认证的成功或失败，IDM Mobile SDK 的 API 会返回失败或一个有效的用户对象到 MAF。如果登录失败，登录页面仍然存在，从而用户可以继续输入，直到输入正确的凭证。

1. 安全性考虑

实现安全性之前，需要考虑一些事情。一个 MAF 应用可以包括多个特性。这些特性是否都需要启用安全保护？你可能会决定只对那些需要使用凭证保护的特性和/或需要访问(受保护的)后端服务启用安全保护。另外，也可以配置多组登录凭证。可以配置一个应用访问一个或多个登录服务器。一个特性只能指向一个登录服务器。最后，需要决定应用是否要离线操作，如果应用需要离线操作，需要配置安全特性使用本地的凭证缓存进行认证。本地和混合连接只适用于 basic 认证和访问 Oracle Access Management Mobile and Social (OAMMS)的认证。因为 OAuth 和 Federated SSO 使用远程认证，除非应用的用户认证成功，否则不能登录回应用。

如果担心安全性，建议你配置一个到登录服务器的连接时使用 OAuth 或 Web SSO 连接类型。OAuth 和 Web SSO 要求认证远程登录服务器，并且不允许用户在设备上从本地凭证存储中认证。这提供对服务器端的完全控制：在什么设备上和/或哪些用户可以访问 MAF 应用，相应的数据服务和个人用户对它的访问，以及可以被调用的设备。

注意：

在开发过程中，还可以通过创建一个 MAF 登录连接来创建一个已命名的连接，并填充登录属性来完整地定义运行时的连接。这在设计时无法知道所有连接细节时是很有用的。开发者必须使用 AdfmfJavaUtilities.updateSecurityConfigWithURLParameters()来定义连接的细节。

2. 配置认证

为了使 MAF 应用显示一个登录页面，需要在特性级启用安全性。这可以在特性配置文件(maf-feature.xml)中完成，如图 10-1 所示。

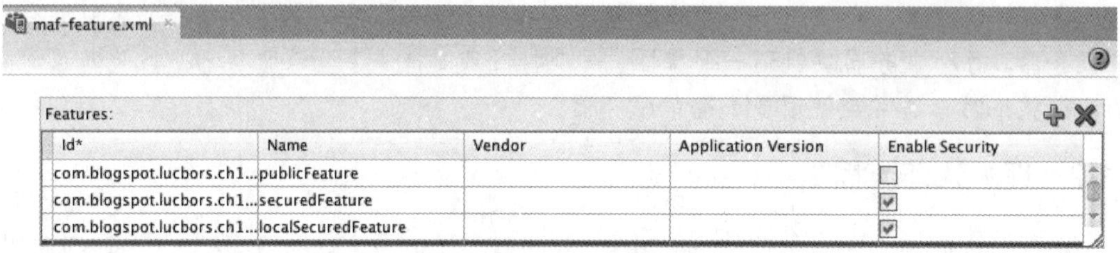

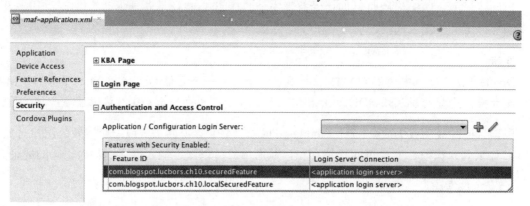

图 10-1　特性级安全性的配置

在特性级设置安全性后，必须在 maf-application.xml 文件中，进一步配置应用级的安全性。在应用配置文件中，启动安全性的特性会显示在 Security 选项卡上，如图 10-2 所示。

图 10-2　maf-application.xml 中的 Security 设置

下一步是创建一个 MAF 登录连接，可以使用该连接启动安全性的特性。既可以通过调用 New Gallery 并选择 New MAF Login Server Connection 来创建它，也可以直接从应用配置文件中创建它。Create MAF Login Connection 向导可在 General 选项卡上打开(见图 10-3)。在此选项卡上，可以设置 Authentication Server Type(认证服务器类型)并输入连接名。例如，我们使用 HTTP Basic。请注意 Oracle Mobile-Social、OAuth 和 Federated SSO 也是有效的选项。在具体的选项卡上(在本例中即为 HTTP Basic)，可以输入登录值以及注销 URL。

此外，如果想要使用远程登录服务器或者将凭证保存在本地设备上，就必须要声明。如果选择 Local(本地)选项，就会对远程认证服务器进行初始认证；然而，用户名和密码也被保存在本地设备上。这意味着后续的认证也可以在本地进行。如果需要应用无论在网络是否连接的状态下都能进行认证，这就很重要。

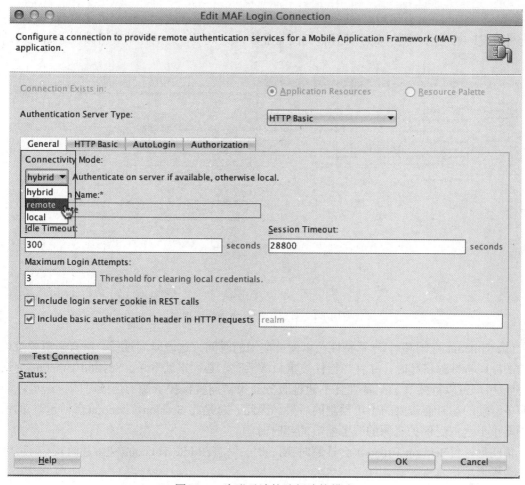

图 10-3　为登录连接选择连接模式

设备的本地密钥库用于安全存储加密的凭证，这与其他应用的凭证存储在设备上是一样的。

注意到在样例应用中，有以下三个特性：
- publicFeature：无认证
- securedFeature：远程认证
- localSecuredFeature：本地认证

登录服务器的实际配置以及添加登录服务器到安全特性都必须在应用级进行。对此，可以使用应用配置文件(maf-application.xml)。该文件也有一个安全区域，可以在概览编辑器中的 Security 选项卡上对它进行编辑。此选项卡显示了所有能够启用安全性的特性。所有这些受保护的特性都需要使用特定的认证服务器进行配置。这里你有两个选择：创建一个新的登录服务器连接，或使用一个现存的登录服务器连接。

假设没有现有的登录服务器连接，那么必须创建一个新的登录服务器连接(见图 10-4)。登录服务器连接需要一个名字，并且你必须为登录和注销服务器提供 URL。如果使用的是 Oracle Access Manager for Mobile and Social，就需要根据对 OAMMS 的配置来输入登录和注销的 URL。如果使用的只是自己的认证 URL，那么登录和注销的 URL 就是相同的。登录服务器连接需要一个名字，并且必须为登录和注销服务器提供 URL。你还必须设置 Idle Timeout(空闲超时)和 Session Timeout(会话超时)的值。这些数值表示多长时间之后，用户需要重新认证。有这样一种情况：某位用户被解雇了并且他们的企业账户失效了，但是移动应用具有存储在本地的凭证。

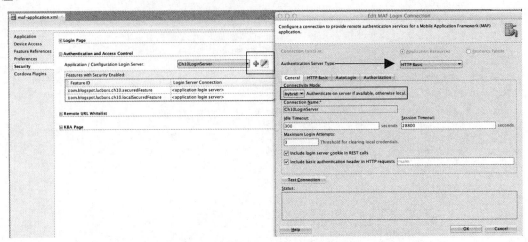

图 10-4　新建一个移动登录连接

Idle Timeout(空闲超时)表示特性可以保持空闲的时间。这段时间过后，所有采用登录连接保护的应用特性都将超时，并且当特性被重新激活时，必须重新登录。Session Timeout(会话超时)表示用户可以持续登录某特性且不通过服务器来访问受保护资源的连续时间。这可以防止因服务器端的超时而带来的不可预测的后果。因此，总是将 Session Timeout(会话超时)的值设置为略小于这些受保护资源的服务器端的超时时间。

请注意，当 Session Timeout(会话超时)期满时，只有在 Idle Timeout(空闲超时)还未期满时，系统会提示用户再次登录。

MAF 应用使用 cookie 进行检索，并且还会发送包含用户凭证的 cookie。例如，如果认证 URL 服务器在 cookie 中返回名为 JSESSIONID 的凭证，那么在配置安全性时就必须指定该 cookie。当访问远程 URL 资源时，会使用相同的 cookie。

运行应用时，要访问某个受保护的特性，框架会提示你先登录。初始认证是针对远程服务器的，而对于 localSecuredFeature，后续的认证针对本地凭证存储。这意味着即使没有可用的网络连接，应用也能对用户进行认证，并且用户也能使用该特性。

3. 移动应用框架与授权

用户通过身份验证后，需要查看在移动应用中允许该用户做的事有哪些。这就是所谓的授权。在 Mobile Application Framework 中，这通过使用用户的角色和权限来实现。把它放在到旧金山旅游的背景下，用户就拥有 passenger 的角色，并具有权限 domestic 来访问国内的终端。为了获得用户的角色和权限，Mobile Application Framework 使用 Access Control Service (ACS)。Access Control Service 是一种 REST JSON 服务，调用它来下载分配给用户的角色和权限，然后一个 HTTP POST 就会获取用户的角色和权限信息。也可以在登录连接中配置 ACS 的 URL(见图 10-5)。

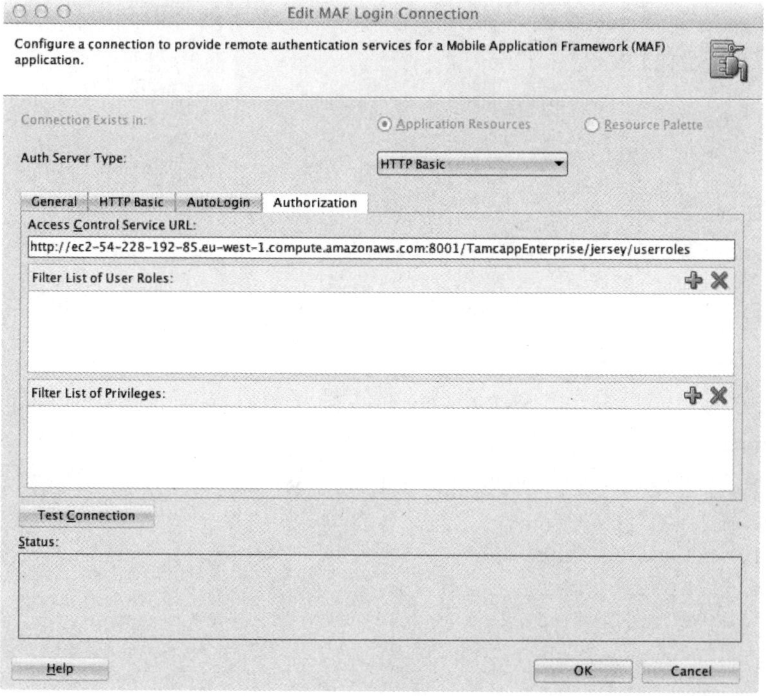

图 10-5 Access Control Service URL 的配置

　　ACS 也可以返回特定的角色和权限，通过提供适用于移动应用的角色和权限列表的方式，因为一个用户可能会有许多不被 MAF 应用使用的角色和权限。配置这些特定的角色和权限的方式为：将用户的角色和权限添加到连接的 Authorization 选项卡上的过滤器列表中(见图 10-6)。可使用的认证技术总共有四种，都使用同样的方式。

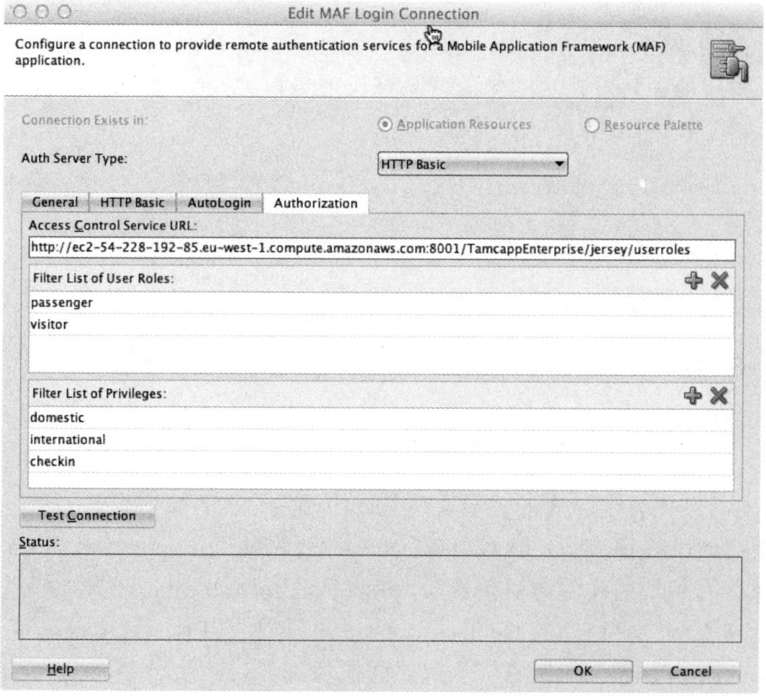

图 10-6 过滤用户角色和权限

这可以防止应用下载分配给用户的所有角色，并且应用仅会得到它感兴趣的角色。
这可能会导致下面的 POST：

```
Protocol: POST
Authorization: Basic xxxxxxxxxxxx
Content-Type: application/json
{"userId": "passengerOne",
    "filterMask": ["role", "privilege"],
    "roleFilter": ["passenger", "visitor"],
    "privilegeFilter": ["international", "domestic", "checkin"]
}
```

POST 表明我们只关心用户 passengerOne 是否拥有角色 passenger 或 visitor，以及他是否拥有权限 international、domestic 或 checkin。

通常，这样一个 POST 可能会返回以下 JSON 对象：

```
Content-Type: application/json {
    "userId": " passengerOne ",
    "roles": ["passenger"],
    "privileges": ["domestic"]
}
```

注意：
ACS 需要由开发者来实现，因为它不是 Mobile Application Framework 的一部分。创建 ACS 时，必须确保它的头部满足以下要求。请求头中必须包含以下字段：If-Match、Accept- Language、User-Agent、Authorization、Content-Type 和 Content-Length。响应头必须包含以下字段：Last-Modified、Content-Type 和 Content-Length。如果正在使用 Oracle 应用集成，也请查看这些应用的产品信息 Web 页面，因为某些应用会发布符合 MAF ACS 格式的服务。

可以使用分配的角色和权限来限制对应用的某些部分的访问，或者切换用户界面组件的可视性。可以检查用户是否具有特定的角色或某种权限是否被授予经过认证的用户。这是通过使用 securityContext 对象的 EL 表达式来完成的。

```
"#{securityContext.userInRole['passenger']}"
```

如果确实是一位乘客，还可以查看用户是否有某种权限。

```
"#{securityContext.userGrantedPrivilege['domestic']}"
```

这些表达式的值都为 true 或 false，可以在用户界面组件的呈现属性中使用它们。

```
<amx:commandButton id="bt1" action="goToTerminal"
                rendered="#{securityContext.userInRole['passenger']}">
```

在第 16 章中，你将会学习更多关于使用 securityContext 的知识。

还有一个要讨论的授权方面，即设备访问。Oracle Mobile Application Framework 使你能够以声明式的方法启用和禁用设备访问。名为 noImagesAllowedFeature 的特性可以阻止用户调用设备的摄像头。这不必检查特性的 Device Access 选项卡上的 Request Access 复选框就能完成，该复选框用于 Camera Permission。这将阻止访问摄像头。

另一种选择是实际请求访问摄像头，如图 10-7 所示，而不是在应用级授予它访问权限。

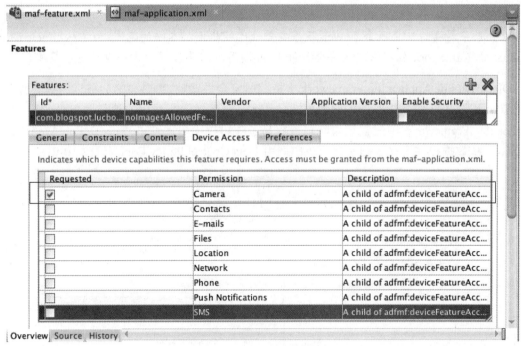

图 10-7　请求特性级的设备访问

所有的复选框都被授予给应用配置文件，需要在该配置文件中显式授予对设备的访问权限。因此如果我们在特性级选择请求访问摄像头，该特性就会在应用级的 Device Access 选项卡上显示(见图 10-8)。如果我们在应用级取消选中 Granted 复选框，该应用就会拥有完全地控制权。如果应用不被授予对设备的访问权限，特性就不能访问设备。

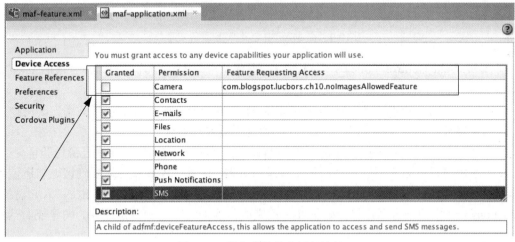

图 10-8　设备功能的应用级访问

4. 使用受保护的 Web 服务

在前面的章节中，你已经学习了如何保护移动应用以及应用中的部件。本章你将学习如何调出受保护的 Web 服务。如果需要调用受保护的 Web 服务，你将得益于 REST 和 SOAP 服务都是用 HTTP 和 HTTPS 作为传输协议的。

注意：
设置服务器端的Web服务和Web服务安全性已经超出了本书的范围。为了从Oracle Mobile Application Framework应用中配置安全Web服务调用，需要能够识别并理解这些策略。

Oracle Mobile Application Framework支持一些安全性策略。哪种策略会被运用到服务调用，完全取决于在Web服务中实现的服务器端是什么。一旦知道了运用的策略，在Oracle Mobile Application Framework中配置该策略就很容易了。可以简单地通过点击Define Web Service Security，从数据控件定义上的快捷菜单中调用Data Control Policy Editor(见图10-9)。

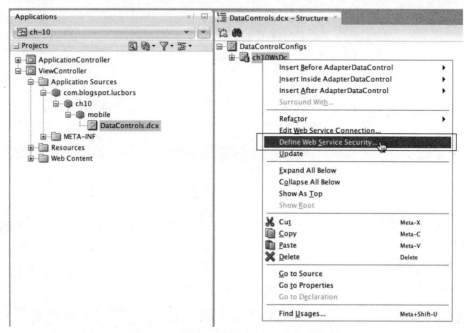

图10-9 在MAF中定义Web服务安全性

在Edit Data Control Policies编辑器中，需要从可选的策略列表中选择合适的策略(见图10-10)。

调用受保护的Web服务时，Mobile Application Framework确保经过认证的用户的用户名和密码根据策略被添加到Web服务调用。开发者就不需要再做什么了。

然而，注意到用户必须在一个受保护的Web服务调用被成功执行前通过身份验证。

一个应用可以有定义不同特性的多个登录服务器。因此，Web服务需要确切地知道使用的是哪一个服务器。为了配置它，必须将登录服务器的 adfCredentialStoreKey 入口添加到connections.xml中的服务器连接。这需要手动完成，因为没有这种特定任务的向导或对话框。

```
<?xml version = '1.0' encoding = 'UTF-8'?>
  <References xmlns="http://xmlns.oracle.com/adf/jndi">
    <Reference name="myWsDC" adfCredentialStoreKey="Authenticate"
      <Factory className="... .. .. WebServiceConnectionFactory"/>
      <RefAddresses>
```

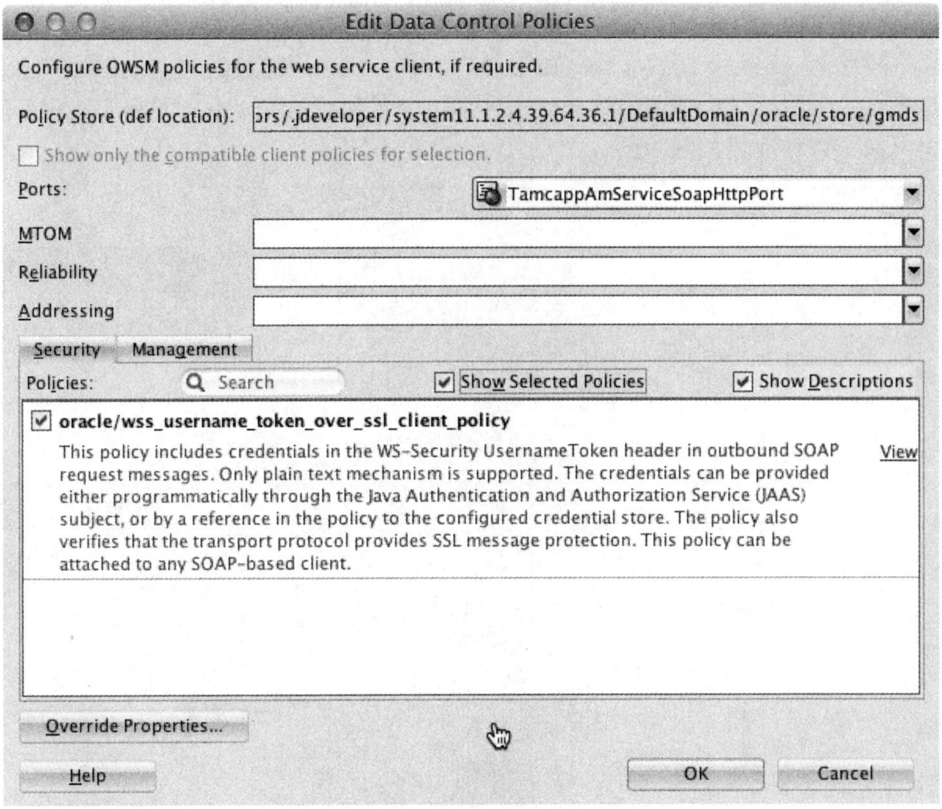

图 10-10　从列表中选择安全性策略

```
    <XmlRefAddr addrType="WebServiceConnection">
      <Contents>
       ... ... ...
      </Contents>
    </XmlRefAddr>
  </RefAddresses>
 </Reference>
<Reference name="Authenticate"
          className="oracle.adf.model.connection.adfmf.LoginConnection"
          adfCredentialStoreKey="Authenticate" partial="false" xmlns=""
          manageInOracleEnterpriseManager="true" deployable="true">
  <Factory className=".. .. .. ..LoginConnectionFactory"/>
  <RefAddresses>
    <XmlRefAddr addrType="adfmfLogin">
      <Contents>
       .. .. .. .. ..
      </Contents>
    </XmlRefAddr>
  </RefAddresses>
 </Reference>
</References>
```

5. 使连接可配置：Configuration Service(配置服务)

现在已经完成了对所有安全性的设置、对应用的测试和部署，并且用户正在使用系统。如果现在任何一台 Web 服务器的 URL 发生改变或任何一台登录服务器的 URL 发生变化会怎么样？需要更改移动应用并重新发布么？如果用户拒绝下载应用的最新版本，这将会是一个非常艰难的过程。为了解决这个问题，该框架提供了一个名为 Configuration Service 的特性。它在整体架构中的作用和地位如图 10-11 所示。

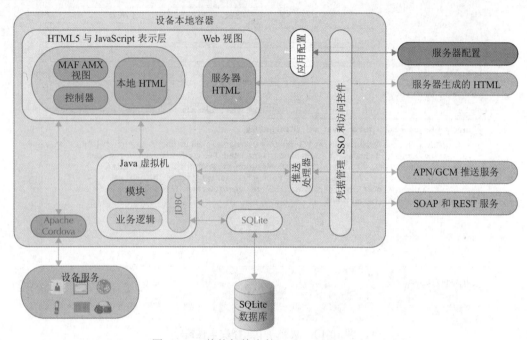

图 10-11 整体架构中的 Configuration Server

Configuration Service 使你能够下载移动应用的 connections.xml 文件和其他配置文件的新版本，因此就不必重新部署应用。只需要确保配置文件的最新版本在配置服务器中。

如果移动应用使用 Configuration Service，就既可以自动检查配置文件的新版本，又可以创建一个自定义的用户界面来检查是否有新配置。在这两种情况下，你都需要在 connections.xml 文件中定义 Configuration Service 的 URL。该连接的类型应是 HttpURLConnection，其 URL 值指向 Configuration Server 端点 URL。

```xml
<Reference name="cfgService"
        className="oracle.adf.model.connection.url.HttpURLConnection"
        xmlns="">
  <Factor
    className="oracle.adf.model.connection.url.URLConnectionFactory"/>
    <RefAddresses>
      <XmlRefAddr addrType="cfgService">
        <Contents>
        <urlconnection name="cfgService"
                    url="<theUrl to your configuration server>"/>
        </Contents>
      </XmlRefAddr>
    </RefAddresses>
</Reference>
```

在运行时，Mobile Application Framework 构成 Configuration Service 的整个 URL。它包括

以下三个部分：
- 定义在 connections.xml 文件中的 URL
- 定义在 adfmf-application.xml 中的应用包 ID
- 需要被下载的文件名，比如：Connections.xml

都需要添加以下 URL：

`<url configured in connections.xml>/<application bundle id>/connections.xml`

该方法使你只用一台配置服务器就能托管许多不同应用的配置文件。所有种子配置文件都必须位于这个位置，以便能够下载。

注意：
使用同样的方法来构建到 adf-config.xml 和 maf-config.xml 的路径，这是另外两个必须位于配置服务器 URL 上的文件。

MAF 提供了一组带有 oracle.adfmf.config.client.ConfigurationService 类的 API，它允许你检查服务器上的新变化并下载更新。可以在 Java bean 中使用这些 API，通过 Configuration Service 来激活各自的方法。应用特性。需要先定义连到配置服务器必须使用什么连接。对此，可以使用 setDeliveryMechanismConfiguration() 方法。实际下载新的配置文件之前，可以通过调用 isThereAnyNewConfigurationChanges() 方法来检查是否有可获得的新配置。如果存在一个新的配置，该方法会返回 true。最后，使用 stageAndActivateVersion() 方法来下载并激活新的配置。

```
if (cfgService == null) {
  cfgService = new ConfigurationService();
}
cfgService.addProgressListener(this);
cfgService.setDeliveryMechanism(_HTTP);
cfgService.setDeliveryMechanismConfiguration("connectionName",
                                    CFG_SERVICE_CONN_NAME);
cfgService.setDeliveryMechanismConfiguration(_ROOT, _sourceLocation);
if(cfgService.isThereAnyNewConfigurationChanges(<APPLICATION_ID>,
<VERSION>)){

   cfgService.stageAndActivateVersion(<VERSION>);


}
cfgService.removeProgressListener(this);
```

6. 设置安全通信

为了在服务器和移动应用之间设置安全通信，可以使用 SSL(Secure Sockets Layer)握手或者它的新名称：TLS(Transport Layer Security)握手。它们都是用来提供通信安全的协议。它们使用证书和交换密钥来确保报文的机密性与报文认证。在图 10-12 中，你会看到如何设置这样一种安全通信。

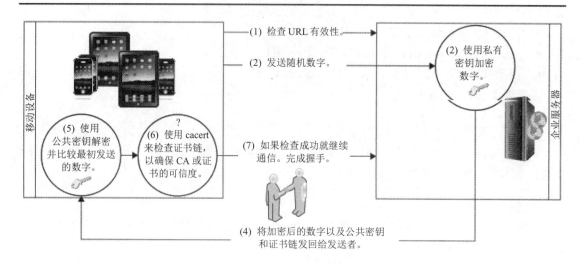

图 10-12　设置安全通信

可信任的证书和证书授权机构都保存在一个 cacerts 文件中。创建一个新的移动应用时，JDeveloper 会在 Application Resources Security 文件夹中创建 cacerts 证书文件(见图 10-13)。

图 10-13　cacerts 文件

该文件从一组有限的知识和值得信任的来源(Certificate Authorities)中识别一组证书。对于一个应用，如果需要使用自定义证书或不明情况的证书(不在默认的 cacerts 文件中的证书)，则需要使用密钥工具添加这些证书。大多数情况下需要添加证书，即使你使用的证书来源于一个知名的权威机构。导出证书的一个典型的命令如下面的示例所示，在该示例中，我们将一个名为 maf_book_certificate 的证书导出到 cacerts 密钥库。

```
keytool
  -importcert
  -keystore cacerts
  -file maf_book_certificate
  -storepass changeit
  -noprompt
```

注意：
cacerts 中默认的密码是 changeit。

10.2 部署 Oracle Mobile Application Framework 应用

一旦开发并保护移动应用，就必须部署它。Oracle MAF 应用运行在设备或设备模拟器上。为了获取设备或设备模拟器上的 MAF 应用，就必须部署应用。对此，必须创建一个 iOS 应用包(.ipa 和.app 文件)或者 Android 应用包(.apk)文件。

注意：
当选择 Deploy to Distribution package 或 Deploy to iTunes 时，MAF 就会创建一个.ipa 文件。而当选择 Deploy Application to Simulator 选项时，它就会创建一个.app 文件。

在部署过程中，会发生神奇的事情，JDeveloper 使用平台特定的构建工具，将你的源代码转换为特定平台可部署并可运行的格式。在第 2 章中，你已经学习了如何设置这些平台特定的工具以及如何配置 JDeveloper 来使用它们。总之，这就是部署的工作原理：

Mobile Application Framework 通过将平台特定的模板应用复制到一个临时位置，然后更新应用的代码、资源和在 MAF 项目中定义的配置，来执行应用的部署。然后 MAF 使用目标平台的工具来创建并部署应用。

10.2.1 部署配置文件

使用部署配置文件来指定如何将应用打包到平台特定的存档，该存档被用来将应用部署到设备上。

创建一个新的 MAF 应用时，会为你创建所有可支持的移动平台上的默认部署配置文件。可以直接使用这些配置文件来部署应用。但是，建议你对这些配置文件进行一些修改。在本章中，你将会学习更多有关部署配置文件的知识，以及需要对配置文件进行的修改。

10.2.2 不同平台上的部署

可以将 Oracle MAF 应用部署到多个平台上。可以想象，所有平台都有它们自己对应用的需求。每个平台的这些具体的需求可以在部署配置文件中进行配置，基本上是一个命名的配置集。可以更改 MAF 应用的默认 iOS 和 Android 部署配置文件来适应你的需求，但是也可以创建新的部属配置文件。可以创建部署配置文件并从应用的属性中访问它(见图 10-14)。

有几个选项可以在部署配置文件中进行配置。其中一个选项是应用图片的配置。应用图片用于启动画面、应用图标，尤其是 iOS，在 iTunes 中使用插图来宣传应用。那些图片必须满足在 Apple iOS 和 Google Android 中定义的特定的需求。各个设备供应商通常会要求改变这些需求。请参阅平台特定的网站以了解最新信息。

对于 iOS 应用，你还可以定义应用所支持的设备方向(见图 10-15)，比如横向或纵向。

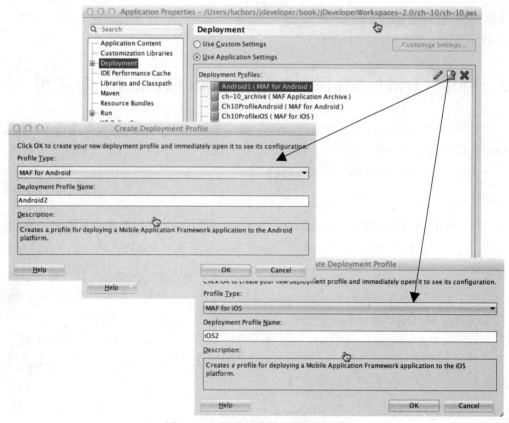

图 10-14　创建并编辑部署配置文件

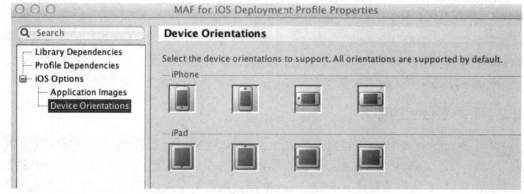

图 10-15　所支持的用于 iOS 部署的设备方向

1. 特定的 Android 部署选项

对于 Android，有几个可以配置的特定选项(见图 10-16)。

发布 Android 应用需要所有这些设置，它们匹配 Android 特定的设置并进入 Android 应用。应用存档名将被用于应用存档。应用 ID 中的该设置默认为 maf-application.xml 文件中的设置，如表 10-1 所示。

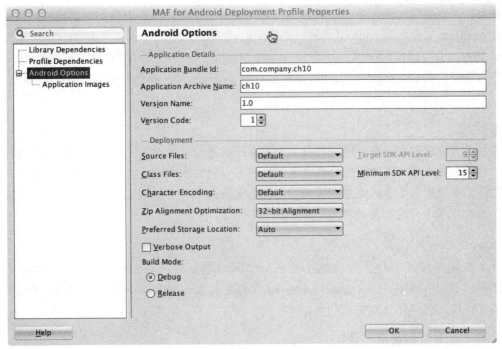

图 10-16　特定的 Android 部署配置文件属性

表 10-1　MAF 部署属性和 Android 属性

MAF 部署属性	Android 属性	描述
应用包 ID	Android:package	包名称用作应用的唯一标识符
版本名	Android:versionCode	整数值，相对于其他版本，代表应用代码的版本
版本代码	Android:versionName	字符串值，代表应用代码的发行版本，应当将它显示给用户
最小化 SDK API 级别	Android:minSdkVersion	应用运行的 Android 平台的最低版本
目标 SDK API 级别	Android:targetSdkVersion	指定应用运行的 API 级别

注意：

应用包 ID 可能包含大写或小写字母(a~Z)和数字。然而，个别的包名称部分只以字母开头。还要注意的是 Google Play 接受下划线("_")，但是在 JDeveloper 的部署配置文件中，如果使用下划线就会出错。

构建工具用于创建可部署的 Artifact，它的一些其他设置可能是编译器指令，通常没有必要去修改以下这些设置：

- **源文件和类文件**　编译器需要使用哪个 JDK 版本
- **字符编码**　告诉编译器如何处理超出 ASCII 字符集的字符
- **压缩对齐**　是否使用 32 位或 64 位压缩对齐

最后，需要指明这是一个用于调试的部署，还是一个实际的产品发布。部署为调试模式的应用在 manifest 文件中有 android:debuggable 属性，并且它的值为 true。不能将这些应用发布到 Google Play，但可以使用调试工具(如 Android Monitor)对 MAF 应用进行深度分析。如果选择"发布"，就不会将 android:debuggable 属性添加到 manifest，这样就能够将该应用发布到 Google Play。

提示：
在应用开发过程中，每个所支持的平台有多个部署配置文件。至少调试模式和发布模式各有一个部署配置文件。这使你能够快速从调试模式切换回发布模式。同样的技巧适用于 iOS 部署。还要注意的是在发布模式下创建的应用大小大概是调试版本大小的 50%。此外，在发布模式下部署的应用运行速度要快很多。

注意：
为了在发布模式下部署 Android 应用，必须首先创建一个 Java 密钥库。然后需要在 JDeveloper | Tools | Preferences | MAF | Android 下配置此 Java 密钥库的位置和密码。不能使用一个调试密钥库，也不能使用空密钥库。

2. 特定的 iOS 部署选项

iOS 部署配置文件同样也有几个可以修改的 iOS 特定的设置(见图 10-17)。

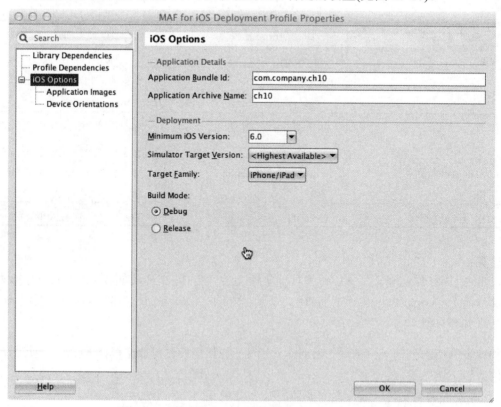

图 10-17　特定的 iOS Deployment Profile Properties

安装在 iOS 设备上的每个应用的应用包 ID 都必须是唯一的，并且应用包 ID 必须遵循反向域名风格的命名规范。Application Archive Name 表明部署存档的名称。它默认为在 maf-application.xml 文件中配置的应用 id 属性。对于部署而言，你还需要选择应用所支持的 iOS 最低版本。

使用模拟器时，还必须选择模拟器目标版本。通常，默认的 highest available 运行良好，但是如果想要测试旧版本，就应当改变默认设置。

提示：
为指定的版本创建特定的部署配置文件。

此外，还必须说明应用是否支持 iPhone、iPad 或两者都支持。最后，选择合适的创建模式(调试或发布模式)。

注意：
如果选择了模拟器的一个特定版本，就会将 MAF 应用部署到预期的版本及 Tools | Preferences | MAF 设置中指定的模拟器实例。然而，JDeveloper 将总是启动模拟器最近的实例，并且启动的模拟器版本是最近启动的版本。因此，如果无法在模拟器中找到 MAF 应用，就复查模拟器实例和版本。

3. 将移动应用部署到 Android 和 iOS

JDeveloper 提供从 IDE 部署移动应用的功能。我们首先来了解 Android 平台的部署方法(见图 10-18)。

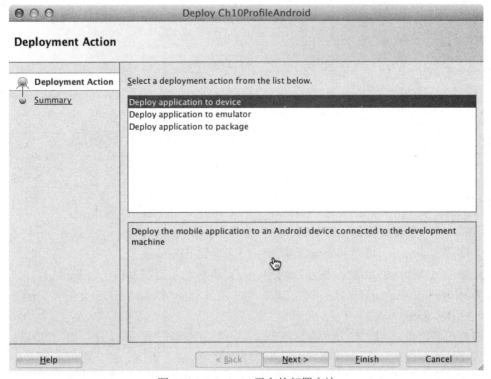

图 10-18 Android 平台的部署方法

如果有一台连接到开发机器的 Android 设备，就可以通过选择 Deploy application to device 将应用直接部署到设备上。

这假定 Android 设备被绑定在开发机器上并能够被正确地识别。它还要求启用 USB 调试，以及允许从未知源安装应用。这些设置都能通过 Android 设置来启用。

按照同样的方式，可以通过选择 Deploy application to simulator 将应用部署到仿真器上。然而，需要首先启动 Android 仿真器，因为 JDeveloper 不会自动为你启动仿真器。

如果想要在 Google Play 上发布移动应用，就需要将它部署为包——一个 .apk 文件。之后，可以在 Google Developer Console 中将 .apk 文件上传到 Google Play。对此，需要一个 Android Developer 账号。

当然，还可以从 JDeveloepr 中将应用部署到 iOS 平台(见图 10-19)。

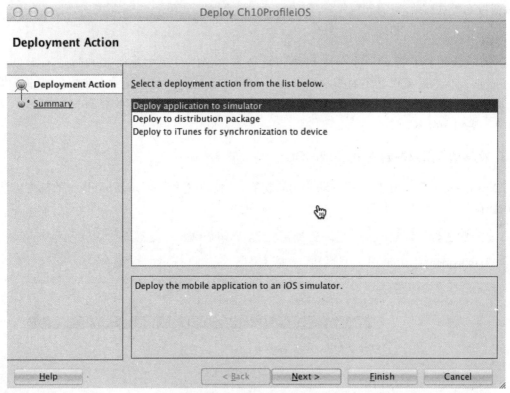

图 10-19　iOS 平台的部署方法

为了部署到模拟器，显然要选择 Deploy application to simulator。另外两个选项可以创建一个 .ipa 文件，适合在 iOS 设备上的安装。如果选择 Deploy application to iTunes，.ipa 文件就会被创建并部署到 iTunes。可以从 iTunes 中将应用同步到 iOS 设备。

如果想通过 Apple Store 来分发移动应用，必须将移动应用部署到一个 .ipa 文件。这可以通过选择 Deploy to distribution package 来实现。为了将移动应用部署到 iOS 设备或 iTunes 上，需要一个 iOS Developer 账号。

当想要将应用部署到一台实际的设备上时，需要部署到一个 .ipa 文件，并用相应的证书和发行配置文件来标注它。可以使用开发者或发行配置文件来标注它，并且根据配置文件和证书的类型，可以将应用部署到开发者设备、通过 Apple App Store 的任何设备或者企业内部的任何设备。详细信息请参阅 Apple Developer Portal：developer.apple.com。

> **注意：**
> 在 Apple App Store 或 Google Play 中实际的部署超出了本书的范围。

10.3 小结

在构建应用时，安全性总是一个大问题，并且在移动环境下，这个问题甚至变得更加严重。Oracle Mobile Application Framework 为构建安全的移动应用提供了大力支持。它还提供了配置服务器的概念，使你能够构建可配置的移动应用。

第 II 部分

开发样例应用

第 11 章　TAMCAPP 样例应用
第 12 章　开发 Springboard
第 13 章　创建 Conference Session 特性
第 14 章　创建与会者特性
第 15 章　开发地图和社交网络
第 16 章　配置安全性和首选项
第 17 章　实现推送通知
第 18 章　优化 TAMCAPP

第 11 章

TAMCAPP 样例应用

　　本书包含了大量信息和简短的代码样例，这有助于构建 Oracle MAF 应用。也有助于构建端到端的移动应用来学习本书提供的许多有价值的内容，因此能让你了解整个开发生命周期。为了有助于你的学习，将介绍一个名为 TAMCAPP(The Awesome Mobile Conference App)的样例应用。TAMCAPP 是一个交互式的移动应用，会议主持人、与会者和会议组织者可以使用它(它的徽标如图 11-1 所示)。

图 11-1 TAMCAPP 应用的徽标

TAMCAPP 将涵盖 Oracle MAF Framework 的许多方面，从设置基本应用的功能和页面到使用框架的更高级的功能，比如设备交互、远程 URL、安全性和偏好。

从数据的角度来看，基于 SOAP XML Web 服务和 REST-JSON Web 服务，将从数据源获取关于会议的信息并存储在移动的本地数据库中。在初始启动时，将创建本地数据库，并执行一个 Web 服务调用来检索需要存储在本地数据库中的数据，这样用户就能使用有意义的会议细节。只要有网络连接，日程表上发生的变更不仅会存储在设备上，也会存储在企业数据库中。

如果没有可用的连接，变更将被存储在本地。一旦设备重新联机，就会自动调用一个 Web 服务与企业数据库同步数据。在第 18 章将会解释该机制。

为会议的与会者提供的 TAMCAPP 的主要功能如下：
- 注册会议
- 修改个人信息
- 添加其他与会者到设备通讯录
- 建立会议日程表
- 浏览会场地图
- 浏览会议摘要和发言人
- 评价会议

此外，还包括：
- 访问社交媒体，比如 Twitter
- 使用应用来定位当地景点，比如标志性建筑、饭店、宾馆和博物馆。

为发言人提供的功能：
- 浏览对他们组织的会议的评价

为会议组织者提供的功能：
- 当会议取消或日程表发生变化时，将通知推送给所有的用户
- 发送电子邮件给维护人员来报告受损的物品清单，比如投影仪和/或麦克风
- 检查会议到会的人数

11.1 数据模型

TAMCAPP 应用既使用远程企业数据库，也使用本地设备上的数据库。这使用户能够在非连接模式下访问某些特性。

11.1.1 企业数据模型

基于服务器的数据库能够为会议存储必要的数据。图 11-2 显示了该数据库。数据库包含了多张表，但最重要的表是 PRESENTATIONS 和 ATTENDEES 表。这些表被连接在一张用于建立日程表和会议评价的 ATTENDANCES 表中。其他表，COUNTRIES、ROOMS、SLOTS、TOPICS 和 TRACKS，是查找表，对 Oracle MAF 应用来说没有直接的影响。

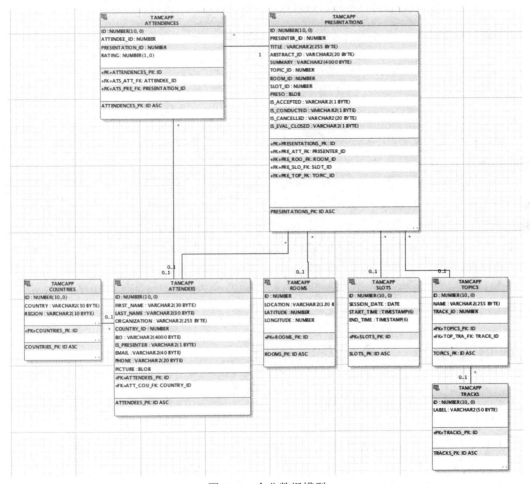

图 11-2　企业数据模型

11.1.2 设备上的数据模型

在设备上有一张名为 mySchedule 的表，用来存储用户的日程，因此用户可以在非连接模式下访问他们的日程。在大多数会议上，Wi-Fi 出现故障是一件令人沮丧的事情，因此用户能够在非连接模式下访问他们的日程是很重要的。

设备上的表还能允许用户对他们参加的报告进行离线评价。重新在线之后，日程表上的变化和进行的评价会与企业数据库同步。mySchedule 表是 Attendances 表的一个副本(或复本)，带有一些额外的查询信息(如报告人姓名、会议标题和会议日期)，并只包含设备所有者的与会者。

11.2 Web 服务

企业数据模型主要作为一组通过企业服务器部署的Web服务公开。这将包括以下离散的SOAP Web服务操作，来补充移动应用的以下功能：

- 注册与会者
- 编辑与会者
- 编辑日程表
- 搜索会议
- 评价会议
- 浏览评价
- 提交人数

TAMCAPP 还将整合一个 REST-JSON Web 服务，一个提供关于会议中心当地景点的信息，比如提供餐厅信息的谷歌服务。

本书不包含到企业服务器的 Web 服务的开发和实现。无论如何，它们可以被视为超越他们提供的数据和 API 的黑匣子。在我看来，在现实生活中，你也应该将 Web 服务视为带有一个给定的接口定义和功能的黑匣子。

值得一提的是，Web 服务的类型(无论是 SOAP 还是 REST Web 服务)对如何从 Oracle MAF 应用调用这些 Web 服务产生很大的影响。

在本书中，在任何调用 Web 服务的地方都会提供一个 API，这样就能知道 Web 服务是如何调用的，以及调用的结果可能是什么。

11.3 TAMCAPP 应用设计和流

TAMCAPP 将使用一个自定义的皮肤，用它的背景颜色、字体大小和图片来实现指定的 TAMCAPP 外观。

只有注册用户才能使用 TAMCAPP 应用。为了注册来使用应用，在安装并首次运行它后，就调用了注册特性。在注册过程中，不仅注册了用户，也将设备注册进企业的数据库中。设备注册是必要的，用来支持在会议期间推送会议和日程变化的通知。

特性

TAMCAPP 中的功能被分为一些特性。以下是应用中的特性：

- 注册
  - 注册用户
- 与会者
  - 浏览与会者
  - 编辑与会者
- 会议
  - 搜索会议

- 会议详细信息
- 查看评价
● 日程表
  - 我的日程表
● 社交媒体
  - Twitter
● 地图
  - 景点
  - 会场地图
● 组织
  - 报告技术问题

在 TAMCAPP 应用中，使用导航栏和 springboard 导航到特性或从特性导航。

11.4 注册和登录

下载并安装完 TAMCAPP 应用后，用户需要注册来获得应用的密码。登录以及使用所有受保护的应用特性时都需要该密码。在注册页面完成注册，见图 11-3。注册不仅注册用户，还注册设备。需要注册设备来获得由会议组织者发送的关于会议日程变化的推送通知。

在随后的应用启动时，系统会提示用户在登录页面输入用户名和密码(见图 11-4)。

图 11-3　注册页面

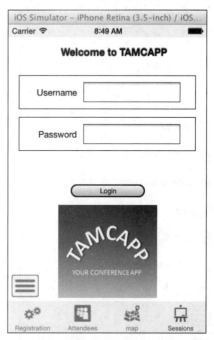

图 11-4　登录页面

11.5 Springboard

成功登录后，应用将显示 Springboard。Springboard 将允许访问应用可使用的特性，以及一个关闭应用的注销按钮。

Springboard(见图 11-5)将被实现为一个自定义的 Springboard，并为已登录的用户显示所有可获得的特性。从 Springboard，用户也可能注销应用。

第 12 章将会讨论 Springboard 的实现。

11.6 与会者

与会者特性包含了所有与会者的一张列表(见图 11-6)，并且与会者可以更改个人信息(见图 11-7)，比如姓名、联系电话和电子邮件地址。可以从这张列表中呼叫选中的与会者并向他发送电子邮件。与会者还能更换他们的图片，既可以使用设备上已有的图片，也可以使用设备的摄像头拍摄一张新的图片。可以从该列表将与会者的其他详细信息复制到设备上的联系人列表。

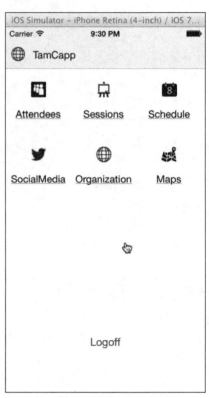

图 11-5 springboard

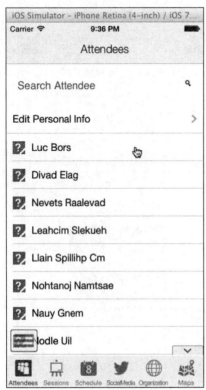

图 11-6 与会者页面

图 11-7 编辑与会者页面

可以从应用中获得与会者的图片，并将它上传到企业数据库。这会在第 14 章中进行解释。

11.7 社交媒体

通过社交媒体特性，与会者可以访问 TAMCAPP Twitter 账号并阅读@tamcappconf 的微博，如图 11-8 所示。第 15 章将介绍实现 Oracle MAF 和 Twitter 之间交互的两种方法。

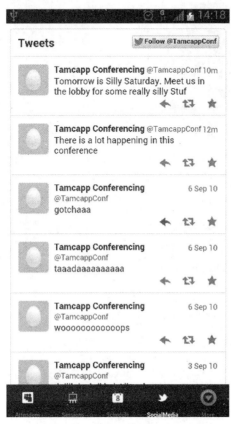

图 11-8　嵌入一个 Twitter 源

11.8 地图

地图特性能够显示一张会场的地图(见图 11-9)。所有的会议室在地图上都有一个"热点"，如果用户在这上面移动手指，就会在提示框中显示信息。点击一个热点时，会显示一个弹框，包含关于具体位置的所有种类的相关信息，比如会议室以及房间能容纳的与会者人数。

地图部分还包含了一张本地景点的地图。景点页面向用户显示了离当前位置最近的景点位置，正如图 11-10 所示。这些点被绘制在地理地图上。通过调用谷歌的 REST-JSON Web 服务来检索这些点，它返回基于坐标、类型和半径的点。

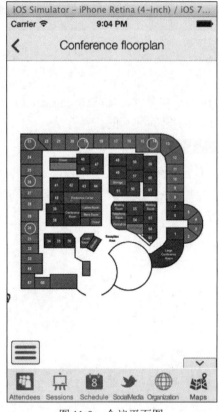 

图 11-9　会议平面图　　　　　　　图 11-10　景点

在第 15 章中将学习如何实现该地图功能。

11.9　会议

会议特性既包含了会议的列表，也包含了每一场会议的详细视图，包括会议评价页面，发言人可以在该页面上查看他们的会议评价。该特性使用基于角色的安全性来区分发言人和普通与会者。只有发言人能够访问"会议评价"页面，而普通与会者不能访问它。

会议特性开始于一张包含所有按会议日期划分的会议列表视图，如图 11-11 所示。可以通过在搜索框中输入搜索字符串来搜索并过滤这些会议。浏览会议页面具有将一个选中的会议添加到用户日程表的功能。对此，用户只需要单击"添加"按钮，就能自动将会议添加到他的日程表中。

在该列表中，可以选择会议并打开特定会议的详细信息，如图 11-12 所示。详细信息页面显示了时间、地点和指定会议的主持人，还显示了会议的摘要。也可以下载会议论文并在设备上查看它(见图 11-13)。

第 11 章　TAMCAPP 样例应用　**201**

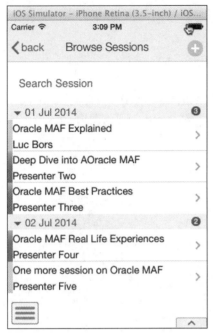 

图 11-11　浏览会议页面　　　　　　　　　图 11-12　会议详细信息页面

图 11-13　会议论文查看器

最后，用户可以用一星到五星的等级为会议进行评分。提交评级之后，就会禁用对此次会议的评价。

11.9.1 我的日程表

我的日程表包含所有添加到用户日程表中的会议(见图 11-14)。从 My Schedule，用户可以通过向右滑动的操作从他们的日程表中删除会议。同时，用户可以调用 Conference Sessions 特性来查看所选会议的详细信息。

11.9.2 发言人

除了普通与会者所具备的所有功能以外，发言人还能够访问对会议的评价。会议评价会显示在仪表板上，包含一些图表和测量的标准。图 11-15 显示了一个会议的例子。如果一位发言人有多个会议，就会显示下拉图标，因此发言人如果想访问对某个会议的评价，就可以从下拉按钮选择特定的会议来更改会议。

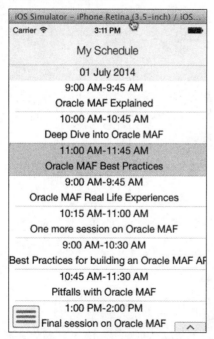
图 11-14　My Schedule 页面

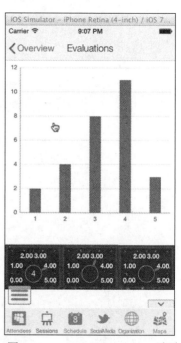
图 11-15　Session Evaluation 页面

在第 13 章和 16 章中将描述该功能。

11.9.3 组织

组委会的成员具有一些可获得的特性，使用它们来管理任务，比如记录会议人数和在会议上报告技术问题。问题报告包括拍照和通过电子邮件将它发送到支持部门，如图 11-16 和图 11-17 所示。

图 11-16　报告问题页面　　　　图 11-17　调用电子邮件客户端

与会人数被实现为一种"数字计时器"(见图 11-18)。每位与会者进入房间时,用户就点一下按钮。等到所有人都进入房间并且会议开始之后,总人数就会被提交。

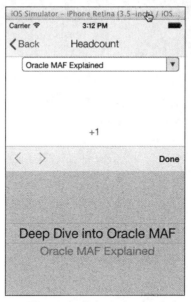

图 11-18　数字计时器页面

最后,组委会能够将推送通知发送到 TAMCAPP 的所有用户来通知他们关于日程安排的变化。通知是从一台服务器端的应用发出的。所有安装了 TAMCAPP 的设备都已经在企业数据库中注册过。在首次启动应用的过程中就会出现注册,此时用户就会自行注册。通知将显示在设备上,要么作为横幅(见图 11-19),要么作为警报(见图 11-20),还能显示在通知中心(Notification Center)。单击通知后,就会打开 TAMCAPP 应用并显示变化。这在 iOS 和 Android 上的行为不同。这种差异将在第 17 章中进行解释。

图 11-19　Banner Notification 警报

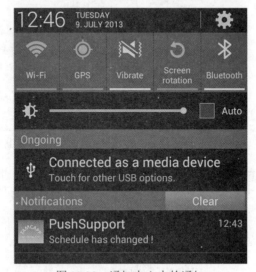

图 11-20　通知中心内的通知

在 iOS 设备上，通过标记应用图标来可视化推送通知。

在第 17 章中还会解释在 TAMCAPP Oracle MAF 应用中对推送通知的实现。

11.10　平板布局

到目前为止，被描述的功能都为智能手机设计并构建。如果 TAMCAPP 运行在平板电脑上，布局将不同。整体的功能是相同的，但是因为在平板电脑上你会有更多可用的空间，应用看起来就会不同。在第 18 章中将讨论平板电脑的布局。

11.11　小结

本章描述了样例应用 TAMCAPP，它的一些特性包含了 Oracle MAF Framework 可能使用的特性。本章展现了 TAMCAPP 中包含的功能。在下一章，将学习如何实现这些功能。

第 12 章

开发 Springboard

在前面的章节中，我们回顾了整个 TAMCAPP 应用。了解了 Springboard 的外观和在应用中的特性。现在，该开始创建 TAMCAPP Oracle MAF 应用了。构建 Oracle MAF 应用，首先要新建一个应用并定义在应用中使用的特性。本章将介绍如何设置 TAMCAPP 应用以及如何构建应用中使用的自定义 Springboard。

12.1 创建应用

创建 TAMCAPP MAF 应用的第一步是使用 JDeveloper，并新建 Oracle MAF 应用。可能唯一需要考虑的事情是应用包前缀，在整个应用中它会被用于组织 Artifact。在默认方式下新建一个 MAF 应用将会创建两个 JDeveloper 中的项目。第一个项目会在之后使用，它是

ApplicationController。第二个项目是 ViewController，创建特性时需要用到它。

图 12-1 中高亮显示了 maf-feature.xml 文件，一个 Oracle MAF 应用的所有特性都被定义在该文件中。

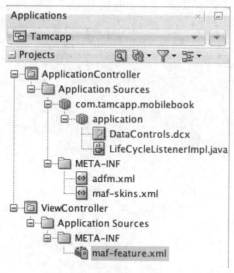

图 12-1　默认的项目设置

12.2　定义 TAMCAPP 应用的特性

正如在前面的章节中描述的那样，TAMCAPP 应用包含了以下特性：
- 与会者　该特性实现了浏览和编辑与会者数据所需的所有功能。
- 会议　该特性实现了浏览会议、阅读与会议相关的文件、设置日程表以及查看会议评级所需的所有功能。
- 日程表　该特性实现了查看日程表所需的所有功能。
- 组织(设备上的)　该特性实现了组委会需要的所有功能。
- 地图　该特性实现了浏览会场地图和会场附近地图的功能。
- 社交媒体　该特性实现了显示会议的 Twitter 源的功能。
- 组织(远程的)　该特性实现了组委会需要的功能以及作为一台远程服务器上现有的应用可使用的功能。

下一章会介绍，在实现特性之前，首先需要在 maf-feature.xml 文件中定义它们，如图 12-2 所示。

定义特性时，需要配置实现它们是用单个 Oracle MAF AMX 页面、包含多个 AMX 页面的 Oracle MAF 有界任务流、一个 HTML 页面还是一个远程的 URL。Attendees、Sessions、Schedule、OrganizationLocal 和 Maps 特性使用 AMX 类型技术。当该特性具有某种包含多个页面的流时，将使用一个 Oracle MAF 移动有界任务流。如果特性中仅有一个单独的页面，则使用一个 AMX 页面也行。

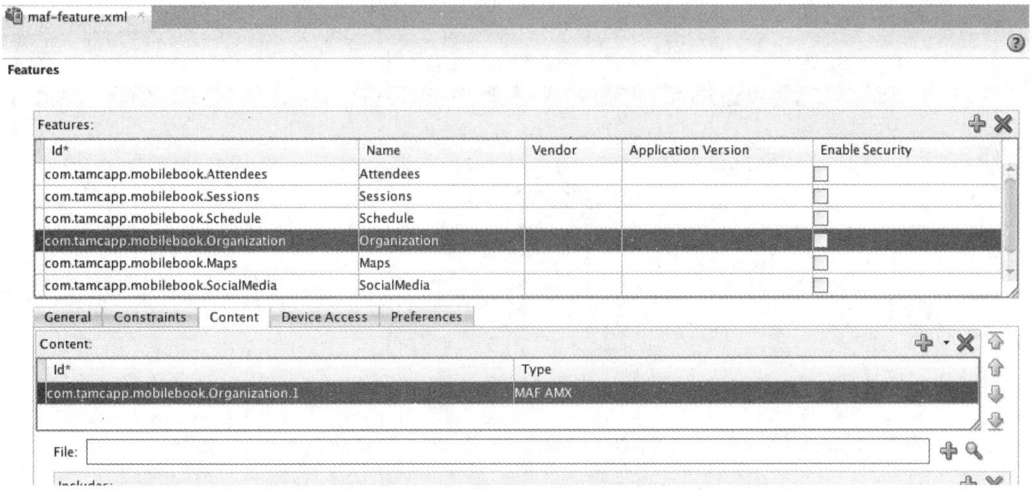

图 12-2　TAMCAPP 应用中的 MAF AMX 特性

当定义一个新的特性时，MAF 特性的定义文件将它的配置存储为一个<adfmf:feature/>标签：

```
<adfmf:feature id="com.tamcapp.mobilebook.Attendees" name="Attendees"
            icon="images/Myspace.png"
            image="images/Myspace.png">
  <adfmf:constraints/>
  <adfmf:content id="com.tamcapp.mobilebook.Attendees.1">
    <adfmf:amx/>
  </adfmf:content>
</adfmf:feature>
```

注意到<adfmf:amx/>是空的。只要定义一个实现该特性的文件，就会在这里引用该文件。

提示：

如果开始使用 Oracle MAF 应用，则需要创建多个具有相同内容类型(比如 AMX)的特性，maf-feature 文件的 XML 视图提供了一个快速的解决方案。不需要使用概览编辑器来声明式地创建所有特性，只需要声明式地创建第一个特性，之后使用 XML 视图复制此第一个特性，并根据你的需要将其粘贴多次。需要手动更改 id、名称和内容 id，不过，这可能是一种从头开始设置多个特性的较快的方法。

继续创建与会者特性。与会者特性基于一个任务流。在 Content 选项卡上，需要在 File 引用上单击加号图标。当选择任务流时，会调用 Create MAF Task Flow 对话框，需要在此对话框中输入新任务流的名称，如图 12-3 所示。

单击确定后，该特性的定义现在就包含了一个到内容定义中的任务流的引用。

```
<adfmf:content id="com.tamcapp.mobilebook.Attendees.1">
   <adfmf:amx file="com.tamcapp.mobilebook.Attendees/
      AttendeeTaskFlow.xml#AttendeeTaskFlow"/>
</adfmf:content>
```

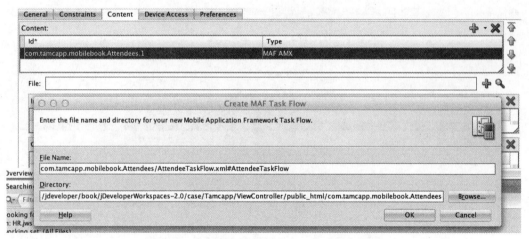

图 12-3　将与会者特性创建为一个移动任务流

注意：

实际上，可以定义多个内容条目。也就是说，一个特性可以具有多个任务流或定义多个页面。必须使用内容部分的约束部分，以定义何时使用哪个内容。例如，可以为一个特性定义两个不同的任务流。基于某种约束，一个被用于平板电脑布局，另一个被用于智能手机的布局。第 18 章中会更详细地介绍这个概念。

继续为所有其他的基于 AMX 的特性创建内容。它们都将任务流作为内容类型。在后一个阶段，还将实现一个不基于任务流的特性，但它直接基于 AMX 页面。

12.2.1　使用特性存档

在上一节中，所有特性都被添加到 maf-feature.xml 文件中。尽管这工作正常，但还有另一种解决方案。为了使 MAF ViewController 项目可以重用，将应用特性捆绑到一个名为 Feature Archive(FAR)的存档中。FAR 是一个 JAR 文件，包含了移动应用可以使用的应用特性 Artifact。这种方法通常会导致一个或一些特性的多个小的 MAF 应用工作区，而不是一个有许多特性的大的 MAF 应用工作区。

一个 MAF 应用可以使用 FAR 中所有的特性，通过将它们作为特性引用添加到 maf-application.xml 文件的方式。

为了创建一个 FAR 并使用一个消费型应用中的 FAR 所包含的特性，必须采取以下三个简单的步骤。首先是在想要部署为 FAR 的 ViewController 项目上新建一个 Feature Archive 部署配置文件，通过在 ViewController 上调用上下文菜单并选择 Deploy | New Deployment Profile 完成。在 Create 对话框中，必须选择 MAF Feature Archive。

部署配置文件准备就绪后，就可以将 ViewController 项目部署为一个 FAR。FAR 将被保存在文件系统上，准备用于其他 MAF 应用。

为了在应用中使用 FAR，必须有一个 JDeveloper 中的文件系统连接(File System Connection)，该连接指向 FAR 存储的位置。如果没有该连接，就必须创建一个。打开 Resources 窗口，选择 New、IDE Connections，然后选择 File System，并输入 Feature Archive 存储的位置。如果一切配置正确，现在就可以在 Resource 窗口中找到 FAR。现在，可以用鼠标右击 Feature Archive 文件，选择"Add to Application As"，然后选择 Library。

现在，FAR 中的所有特性都可以在消费型 MAF 应用中使用，并且可以将它们作为特性引用添加到 maf-application.xml 文件中。

12.2.2 本地 HTML：社交媒体特性

对于社交媒体特性，将使用本地 HTML 内容类型。这使你能够创建自己的 HTML 页面。

设置本地 HTML 很容易，如图 12-4 所示。在 Content 选项卡上的特性级，只需要将 Local HTML 选为类型。现在，JDeveloper 可以新建一个 HTML 文件或浏览文件系统上已存在的文件。单击加号图标，并输入本地 HTML 文件的名称，在本样例中就是 twitter.html。

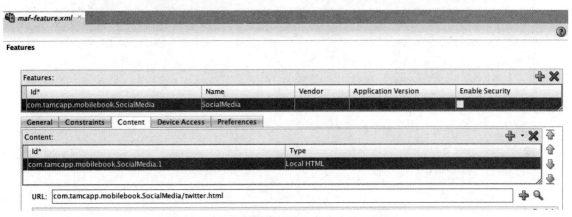

图 12-4　将社交媒体特性定义为本地 HTML

将在第 15 章中创建此页面实际的内容。

12.2.3 远程 URL：组织远程特性

发送推送消息的组织特性被实现为一个远程 URL。远程 URL 的内容实际上是一个到 Web 应用的引用。远程内容可以通过提供服务器端生成的 HTML 内容来补充 AMX 和本地 HTML 的内容。远程 URL 的实现需要一个有效的 Web 地址和一个托管的 Web 应用。托管的 Web 应用不一定需要是一个移动 Web 应用。然而，只使用优化过移动浏览器的托管的 Web 应用是很好的，甚至是最好的行为。很明显，远程 URL 的内容需要网络连接，因此，非连接模式下无法访问远程 URL。

如图 12-5 所示，设置远程 URL 很容易。在 Content 选项卡上的特性级，只需要将 Remote URL 选为类型。现在，JDeveloper 显示 Edit URL Connection 对话框，这会在之后进行学习。此外，可以指示 Oracle MAF 显示浏览器导航按钮。这些按钮可以使你回退、前进以及刷新远程 URL 内容。

当定义一个新的 URL 连接来调用远程 URL 时，JDeveloper 将对特性的引用添加到特性定义文件中。现在，JDeveloper 创建的连接还可以作为一种应用资源(见图 12-6)，因此它可以用于移动应用的其他特性。

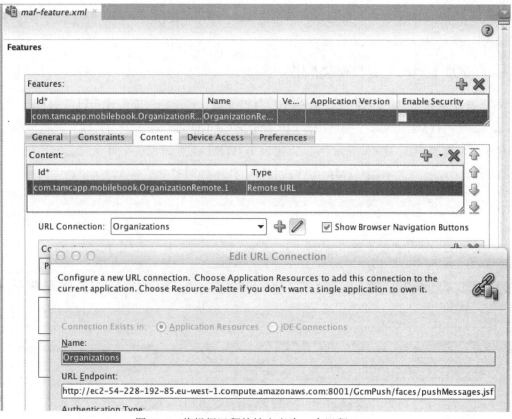

图 12-5　将组织远程特性定义为一个远程 URL

图 12-6　组织远程 URL 的 URL 连接

12.3　使用图片

Springboard 和导航栏上的图片实际上是应用特性级的资源。一个应用特性的自定义图片必须位于 ViewController\public_html 目录下。如果可能的话，创建一个名为 images 的子目录，这样就让图片有一个单独的文件夹。

注意：
Oracle MAF 不支持从其他位置引用的资源，举例来说，这意味着你不能使用../作为前缀，输入 public_html 目录以外的值。为了防止引用 public_html 以外的资源，Oracle MAF 包括一个名为 File 的审计规则，用来确保应用没有使用 public_html 目录以外的文件。可以从 Preferences 中的 Audit Profiles 节点，通过选择 Tools | Preferences | Audit | Profiles 来访问 Oracle MAF 审计配置文件。选择该配置文件后，如果更改资源的位置，JDeveloper 就会发出警告。

对于 TAMCAPP，图片位于 public_html 下的一个子文件夹中。特性使用以下图片：

- images/attendees.png
- images/sessions.png
- images/schedule.png
- images/Twitter-Bird.png
- images/organization.png
- images/maps.png

注意：

如果一个应用特性的导航栏和 Springboard 使用自定义图片而不是 Oracle MAF 提供的默认图片，就必须按照 Android 和 iOS 各自描述的规范创建这些图片。对于 Android，在 Android Developers 网站上对它进行了规范。对于 iOS，iOS Human Interface Guidelines 中一篇题为 "Custom Icon and Image Creation Guidelines" 的文章包含了对它的规范，这可以在 iOS Developer Library 中找到。

要定义一个特性分别用于在导航栏和 Springboard 上的图标，就需要在相应特性 General 选项卡的相关字段下进行定义。社交媒体特性的一个例子如图 12-7 所示。

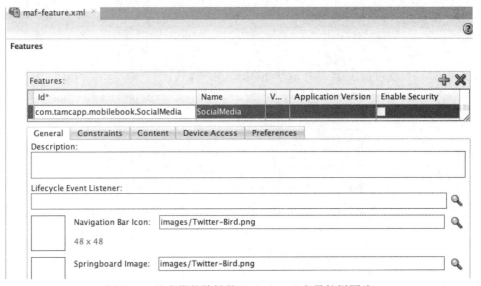

图 12-7　社交媒体特性的 Springboard 和导航栏图片

此外，还有一个选项在相应特性的 Content 选项卡上定义图片。这里的默认设置是使用定义在 General 选项卡上的图片。然而，可以在 Content 选项卡上通过定义一个特定的图片来重写此行为。这会用于以下场景：你有多种内容，用于不同形式的因素、移动 OS 或其他设备特性。

12.4　创建 TAMCAPP 自定义的 Springboard

Springboard 是移动应用上的一种很常见的导航控制。它们中的一些具有很常见"列表状"的 Springboard，这与 Oracle MAF 默认的 Springboard 相同。其他还包括很花哨的矩阵布局或其他布局的 Springboard。

如前所述，本书接下来的几章会详细描述如何实现所有特性。可以从 Springboard 调用特性。正如在第 7 章中学习的，会自动为你创建一个 Springboard。在下一章，你将会学习如何创建一个自定义的 Springboard。

提示：

如果想看看 Oracle MAF 如何实现默认的 Springboard 并从中受益，可以查看默认 Springboard 的源代码。默认的 Springboard 是一个 AMX 页面，它被捆绑在一个 Feature Archive (FAR) JAR 文件中，并部署 Oracle MAF 应用中的其他 FAR。这个 JAR 文件包括所有与 Springboard 相关的 Artifact，比如 DataBindings.cpx 和 PageDef.xml 文件。只有在 maf-application .xml 文件中将 Springboard 选项选为 Default 后，才可以使用该文件。可以打开 FAR 并查看 Springboard.amx 文件。

Oracle MAF 使你能够创建自定义的 Springboard，并在 MAF 应用中使用它们。正如在第 6 章中曾提到的，默认的 Oracle MAF Springboard 使用列表布局。对于 TAMCAPP，需要一种网格状的 Springboard。为了实现导航最常见的 UI 模式(网格 Springboard)，需要创建一个自定义的 Springboard。网格 Springboard 以网格布局显示应用特性，例如，用 2×2 或 3×3 的网格。创建自定义的 Springboard 时，需要将包含 Springboard 的附加的 Oracle MAF 特性添加到应用中。

此 Oracle MAF 特性被用来实现 Springboard。因为该特性代表 Springboard，它必须进行配置，所以不会显示在 Springboard 或导航栏上。这些配置是 maf- application.xml 文件的一部分。在本章的后半部分将会学习更多有关它的内容。

提示：

还可以决定创建具有嵌入特性文本的图片。以此方式,创建矩阵布局或其他布局就更容易。但是请记住，没有一种简单的方法来改变这个文本。事实上，当文本发生变化时，你将必须创建新的图片。另一个缺点是，你不能使用多国语言资源包。但是，如果这是在布局方面唯一烦扰你的地方，那么图片将是一种简单的解决方案。

这个过程的第一步是新建一个 AMX 页面。该 AMX 页面包含布局容器，来呈现包含 Springboard 特性的网格。在这种情况下,自定义的 Springboard 必须被定义为 Oracle MAF 特性，该特性从 AMX 移动页面获取内容，如图 12-8 所示。创建该页面类似于创建其他 AMX 页面。它会显示应用的每一个特性的图标。

将 Springboard 布局在一个 3×2 的矩阵中时，可以使用表格组件，其行和单元格包含在 panelGroupLayout 组件中，该组件的内嵌样式宽度属性被设置为33%。以这种方式，三个这样的组件加起来就占据了 100%(实际上是 99%)的可用宽度。

```
<amx:panelGroupLayout id="plam2"
    inlineStyle="width:33%;display:inline-block;"
    halign="center" valign="middle">
```

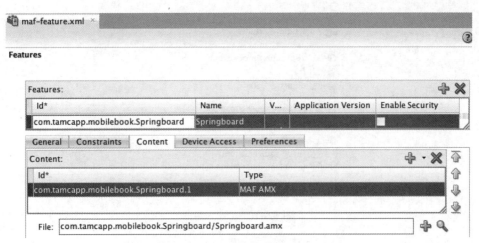

图 12-8　自定义的 Springboard 特性定义

页面基于表格布局显示 Springboard，该表格的实际内容产生于一个迭代器。在这个迭代器内，使用 panelGroupLayout 组件。为了创建一个具有三列的 Springboard，迭代器在每个条目放置一个 panelGroupLayout 组件。

```
<amx:iterator var="row"
              value="#{bindings.features.collectionModel}"
              id="i1">
  <amx:panelGroupLayout id="plam2"
                        inlineStyle="width:33%;display:inline-block;"
                        halign="center" valign="middle">
… … …
```

通过从 ApplicationFeatures 数据控件(见图 12-9)拖放特性集合来创建 <amx:iterator/>组件。该集合包含了 MAF 应用的所有特性(显示在 Springboard 上的属性值为 true)，在 Springboard 中使用它通过简单地迭代该集合的方式为所有特性创建条目。

图 12-9　ApplicationFeatures 数据控件上的特性集合

还可以使用 ApplicationFeatures 数据控件来添加可以用于从 Springboard 导航到某个特性的组件，比如 gotoFeature()(见图 12-10)操作，当调用该组件并提供一个特性名称时，它就会导航到对应的特性。

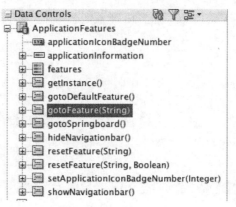

图 12-10　gotoFeature

拖放操作还将在 Springboard 页面的 PageDefinition 文件中创建一个 MethodAction 绑定。MethodAction 绑定具有 NamedData 部分，它包含 NDName、NDType 和 NDValue 属性来定义 gotoFeature 方法的参数，也就是要导航到的特性名称。默认情况下，NDValue 为空，因此需要为它提供一个有效的特性名称作为一个字符串。

这个值通常是需要从 Springboard 调用的特性的 ID。在 Springboard AMX 页面的代码中，你会注意到 setPropertyListener 使用了当前行的 Id("#{row.id}")，并将此 Id 放到名为 FeatureId 的 PageFlowScope 变量中。

```
<amx:setPropertyListener type="action"
                         from="#{row.id}
                         to="#{pageFlowScope.FeatureId}" />
```

现在，可以在 MethodAction 绑定的 NDValue 中使用此 pageFlowScope 变量。ADF 绑定框架将处理合适的调用。

```
<methodAction id="gotoFeature" RequiresUpdateModel="true"
            Action="invokeMethod"
            MethodName="gotoFeature"
            IsViewObjectMethod="false"
            DataControl="ApplicationFeatures"
            InstanceName="data.ApplicationFeatures.dataProvider">
  <NamedData NDName="featureId"
          NDValue="#{pageFlowScope.FeatureId}"
          NDType="java.lang.String"/>
</methodAction>
```

最后要做的一件事是为网格 Springboard 的最终版本提供完整的代码样例。

```
<amx:tableLayout id="tl1" inlineStyle="width:100%;">
  <amx:rowLayout id="rl1">
    <amx:cellFormat id="cf1" height="10" inlineStyle="width:100%;"/>
  </amx:rowLayout>
  <amx:rowLayout id="rl4">
    <amx:cellFormat id="cf4" inlineStyle="width:100%;">
      <amx:panelGroupLayout id="pgl1" layout="wrap" halign="center">
        <amx:iterator var="row"
                  value="#{bindings.features.collectionModel}"
```

```
                    id="i1">
        <amx:panelGroupLayout id="plam2"
                    inlineStyle="width:33%;display:inline-block;"
                    halign="center" valign="middle">
      <amx:tableLayout id="tl2">
        <amx:rowLayout id="rl2">
          <amx:cellFormat id="cf2" halign="center"
                    valign="middle">
            <amx:commandLink
            actionListener="#{bindings.gotoFeature.execute}"
            id="cl3">
              <amx:image id="i2" source="#{row.image}"
                    inlineStyle="width:44px;height:44px"/>
              <amx:setPropertyListener type="action"
                    from="#{row.id}
                    to="#{pageFlowScope.FeatureId}" />
            </amx:commandLink>
          </amx:cellFormat>
        </amx:rowLayout>
        <amx:rowLayout id="rl3">
          <amx:cellFormat id="cf3" halign="center"
                    valign="middle">
            <amx:commandLink id="cl2"
            actionListener="#{bindings.gotoFeature.execute}">
              <amx:outputText value="#{row.name}" id="ot2"/>
              <amx:setPropertyListener type="action"
                    from="#{row.id}"
                    to="#{pageFlowScope.FeatureId}"/>
            </amx:commandLink>
          </amx:cellFormat>
        </amx:rowLayout>
      </amx:tableLayout>
      <amx:spacer id="s2" height="25"/>
    </amx:panelGroupLayout>
  </amx:i terator>
    </amx:panelGroupLayout>
  </amx:cellFormat>
</amx:rowLayout>
</amx:tableLayout>
```

最后，新创建的 AMX 页面需要作为一个 springboard 被链接到应用。此设置是 maf-application.xml 文件的一部分。当定义一个自定义的 Springboard 时，Oracle MAF 需要知道是哪个特性实现了自定义的 Springboard。对于 TAMCAPP，你将会使用名为"Springboard"的 Springboard 特性(见图 12-11)。

实现 Springboard 的特性不应该在导航栏上可见，也不应该在 Oracle MAF 应用的 Springboard 上可见。通过切换 Springboard 按钮来调用它。因此，在 maf-application.xml 文件中，"Show on Navigation Bar"和"Show on Springboard"都必须被设置为 false，如图 12-12 所示。

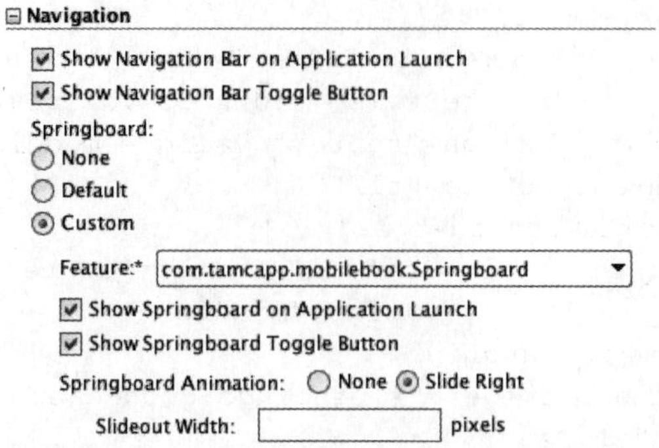

图 12-11　使用自定义 Springboard 的配置

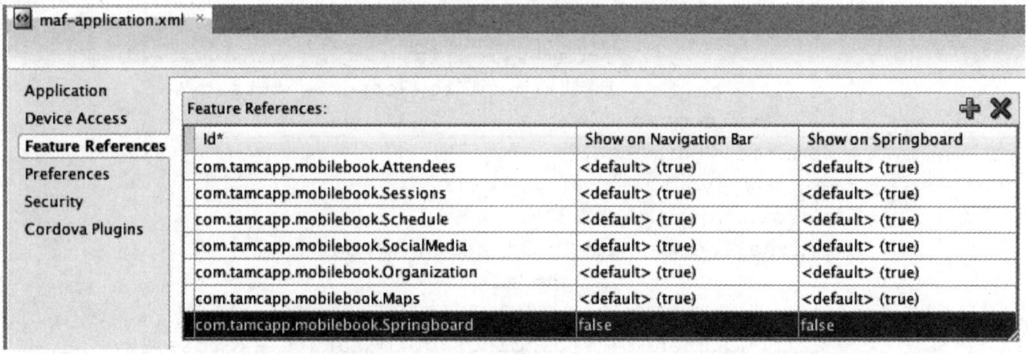

图 12-12　禁止显示 Springboard 和导航栏上的自定义 Springboard

现在，已经完全创建并配置好了新建的自定义 Springboard，它看起来像一个"真实的"网格状的 Springboard，如图 12-13 所示。

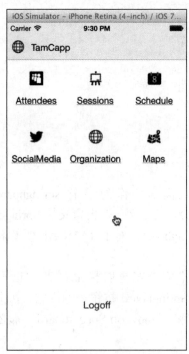

图 12-13　运行中的自定义 Springboard

12.5 小结

现在已经设置了 TAMCAPP 应用，并创建了 Springboard，定义了所有的特性。至此，你已经为学习如何实现 TAMCAPP 的实际功能做好了准备。本章介绍了如何设置 Oracle MAF 应用，以及如何创建一个动态的自定义 Springboard。本章主要内容如下：
- 如何找到显示在 Springboard 上的所有特性
- 如何使用绑定框架调用特性
- 如何使用 propertyListeners 为 MethodActions 提供值

第13章

创建 Conference Session 特性

在会议期间,你肯定想要随时随地获得会议的所有信息。TAMCAPP 应用在 Conference Session 特性中实现了该功能。此特性提供对所有会议信息的访问;可以看到根据路径分组的会议,并且能够过滤和搜索会话,甚至创建自己的会议日程表。此外,如果是发言人,还能够看到对会话的评价。因此,Conference Session 特性几乎是 TAMCAPP 应用中最重要的特性。

从发展的角度看,Conference Session 特性包含 Oracle Mobile Application Framework 的许多方面。通过任务流(见图 13-1)来实现 Conference Session 特性。这个任务流包含视图活动,用于浏览会话、从浏览屏幕查看选中的会话细节,以及发言人查看对会话的评价,以上这些都可以从开始活动进行访问。但如果不是发言人,就不会看到这个开始活动,并且你将直接被路由到 Browse Sessions AMX 页面的会话列表。

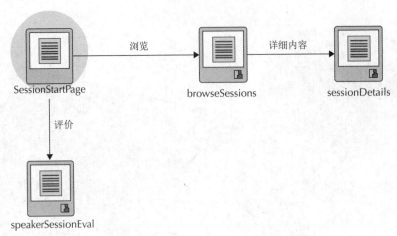

图 13-1 Conference Sessions 特性的任务流

除了可见的内容，Conference Session 特性还包含了以下功能，如从 List AMX 页面导航到 Detail AMX 页面，并将会议会话添加到个人的日程表中，离线时该日程表存储在设备上的 SQLite 数据库中，在线时将它同步到企业数据库。任务流中的视图活动被实现为 Oracle MAF AMX 页面。接下来的部分描述了如何实现这些视图活动。首先从 Browse Sessions AMX 页面开始。

13.1 实现 Browse Conference Sessions

Browse Conference Session AMX 页面(见图 13-2)显示了会议期间所有可获得的会话。页面上的信息来自于 SOAP Web 服务。一进入 Browse Session AMX 页面，就会获取所有可获得的会话，并以列表视图呈现。可以从这个列表，将会话添加到你的日程表中，也可以从此列表导航到 Session Details 页面。Browse Conference Sessions 列表的技术实现包括三个部分，首先是 Web 服务数据控件。之后，在一个名为 ConferenceSessions 的 Java 类中使用此数据控件。该 Java 类拥有自己的数据控件，以此将它的数据通过一个 PageDefinition 文件传递到 Conference Session List AMX 页面。

13.1.1 连接数据

调用一个 Web 服务在 Conference Sessions 列表上检索信息。用于此功能的 Web 服务是 SOAP XML Web 服务。此 Web 服务的具体实现细节已经超出了本书的讨论范围。Web 服务提供了几种操作，但是对于 Conference Sessions 特性，

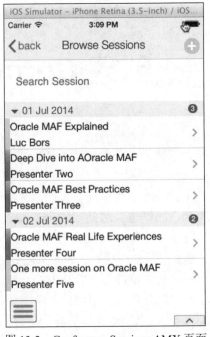

图 13-2 Conference Sessions AMX 页面

只有其中一部分是有关的，如下所示：
- **searchSessions** 基于一个搜索字符串，返回所有满足搜索条件的会议会话。
- **updateAttendances** 使用此操作将会议会话评价发送到服务器。
- **createAttendances** 当添加会议会话到用户的个人日程表中时，使用此操作来创建一个与会者会话。

因为 Web 服务是一个 SOAP Web 服务，所以 TAMCAPP 应用可以通过使用 Web 服务数据控件来调用 Web 服务。在 JDeveloper 中，Web 服务数据控件在设计时使用 SOAP Web 服务的 WSDL 来定义 MAF 应用可以使用的操作(见图 13-3)。

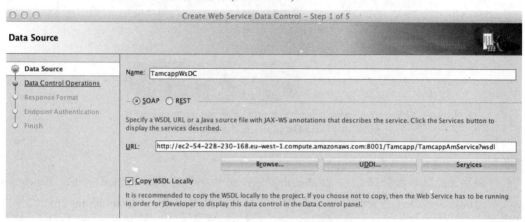

图 13-3　创建 WebService 数据控件

正如之前在第 5 章中描述的，使用 JDeveloper 简单的拖放特性，基于 Web 服务数据控件操作直接从 Data Control 面板创建页面是很有诱惑力的。通过这种方法，JDeveloper 能迅速创建所有的 AMX 页面组件，并且通过绑定层，只要使用少量的代码就能将它们连接到后端的 Web 服务调用。

然而虽然简单，这种方法在 AMX 页面和外部的 Web 服务之间创建了一个紧耦合。如果 Web 服务以某种方式发生了变化，它就会立即跳出页面，此时你必须从头开始创建它。这种方法不支持许多其他有用的特性，比如缓存、数据过滤，以及附加的聚集，如将多个 Web 服务调用的结果组合在一起。

不只是使用 Oracle MAF，另一种最佳的做法是在 Web 服务和 MAF AMX 页面之间创建一个抽象层。最好通过编程调用 Web 服务的 Java bean 来实现这个抽象层。然后，通过一个 POJO 数据控件来显示 Java bean。这种方法的通用名称是 Bean Data Control Service 对象模式。可以通过图像可视化该模式，如图 13-4 所示，接下来的几节中将对此进行进一步的研究。

13.1.2　创建 Conference-Session Bean

Conference-Session Bean，如果坚持保留模式名称，也可以称之为 Conference-Session Service 对象，这是一个类，能够调用 Web 服务。如第 5 章中所述，Oracle MAF 可以从 AdfmfJavaUtilities 类中使用 invokeDataControlMethod() 方法来实现它。该方法使开发者不需要使用 pageDefinition，能够直接在数据控件上调用方法。这意味着即使没有 MAF AMX 页面，开发者仍然可以使用数据控件操作。

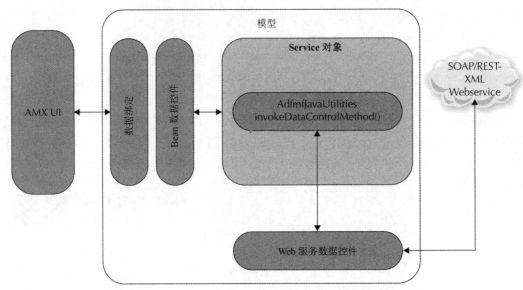

图 13-4 Bean Data Control Service 对象模式

注意：

包含该方法的数据控件必须在 databindings.cpx 文件中。否则，invokeDataControlMethod() 方法找不到该数据控件，并会抛出一个异常。有几种方法可以获得 databindings.cpx 文件中的数据控件。可以手动添加数据控件，也可以在 MAF AMX 页面上通过拖放其中一个数据控件的操作来添加它。从数据控件拖放会将条目添加到 databindings.cpx，并且会更改 AMX 文件和相应的 pageDefinition 文件。需要手动从 AMX 文件和 pageDefinition 文件中移除这些更改，而 databindings.cpx 中的条目必须被保存。

```
GenericType result =
(GenericType)AdfmfJavaUtilities.invokeDataControlMethod("
   TamcappWsDC", null,
   "searchSessions", pnames, params, ptypes);
```

此调用是 ConferenceSessions 类中的 searchConferenceSessions() 方法的一部分。现在可以处理该方法调用的结果(一个 GenericType)，并将它变成 ConferenceSession 对象，这会在之后进行说明。

```
int x = result.getAttributeCount();
for (int i = 0; i < x; i++) {
  GenericType infoResult = (GenericType)result.getAttribute(i);
  ConferenceSession cs = new ConferenceSession ();
  cs = (ConferenceSession)
       GenericTypeBeanSerializationHelper.fromGenericType(
       ConferenceSession.class, infoResult);
  addSearchResult(cs);
}
```

请注意，这段代码使用了 GenericType 和 GenericTypeBeanSerializationHelper。接下来对它们进行解释。

1. 解释 GenericType

由Web服务数据控件和URL(或REST)数据控件返回的数据有效载荷的内部表示都不是强类型。在内部，Oracle MAF的实现使用GenericType类，这个类是一个简单的包含名称/值对的属性图，它用于存储各个有效载荷元素。在一个较大的分层结构中，要表示分层结构经常返回Web服务。GenericType包含getAttribute方法，为这个方法提供属性索引或字符串属性名，它就会返回匹配值。正如在之前的例子中看到的，invokeDataControlMethod返回一个GenericType对象，开发者需要自己解析这些GenericType对象，或者使用GenericTypeBeanSerializationHelper、MAF Frameworks辅助类来解析它们。

2. GenericTypeBeanSerializationHelper

GenericTypeBeanSerializationHelper 类是一种辅助类，帮助开发者编组和解组 GenericType 内的数据。不必通过编程从 GenericTypes 结构提取每个元素，然后实例化自己的对象，并逐一填充属性，这是相当容易出错和费力的工作，辅助类将为你实现从 GenericType 到指定的 POJO 结构的全部转换工作，需要时再返回。

为了满足从 GenericType 到 POJO 的转换，辅助类提供了 fromGenericType 方法。该方法使用希望返回的 Java 对象类和 GenericType 作为参数。该方法实例化 Java 对象，然后读取 GenericType 中的每个属性，并使用反射在 Java 类中设置相同的属性。最后，该方法返回指定为参数的类的实例。

另一种方法是使用反转方法 toGenericType。在这种情况下，需要提供在数据控件定义(如"MyDC.myParams.MyCollection")中代表包位置的字符串，然后传递持有数据的 Java 对象，之后会返回一个 GenericType 。同样，它将使用反射来计算 Java 类和 GenericType 之间匹配的属性并调用 getters/setters。

13.1.3 创建 Conference Session POJO

通常，一次 Web 服务调用的结果不会具有与移动应用需要的完全相同的数据结构。要完全控制数据结构，Web 服务调用的结果会被转换为应用特定的数据模型，由一个或多个 POJO 来表示。

对于 TAMCAPP 应用，以下的代码示例描述了会话 POJO。请注意，Slot 对象不是一个简单的数据类型，它代表一个对象，即 Conference-Session 计划的实际时隙，都包含了起始日期、起始时间、终止日期和终止时间。

```
public class ConferenceSession {
    int id;
    String presenterName;
    String title;
    String sessionAbstract;
    String topic;
    String room;
    Slot slot;
```

13.1.4 创建 Bean Data Control

如果想要通过数据控件显示在 AMX UI 上的 Java 基类，为 Java 类创建数据控件就变得很简单了。只要右击 Application Navigator 中的 Java 类，并选择 Create Data Control。对于 ConferenceSessions 类，数据控件如图 13-5 所示。

图 13-5　ConferenceSessions 数据控件

仔细观察这些数据控件，会发现它们类似于 ConferenceSessions 类的结构。在接下来的几节中，将学习这个类和它的方法。ConferenceSessions Java 类中的所有方法都可以作为此数据控件上的操作。这些操作的结果可以由从数据控件拖放到页面的集合来表示。此功能使开发者能够非常快速地创建 MAF AMX 页面，这将在接下来的几节中进行学习。

13.1.5　创建 Conference Session 列表 AMX 页面

要创建 List View，首先要创建一个简单的 MAF AMX 页面。通过在任务流图中双击对应的视图活动来创建这个 AMX 页面。下一步是从数据控件将 conferenceSessions 集合作为一个"List View"拖放到 AMX 页面，如图 13-6 所示。

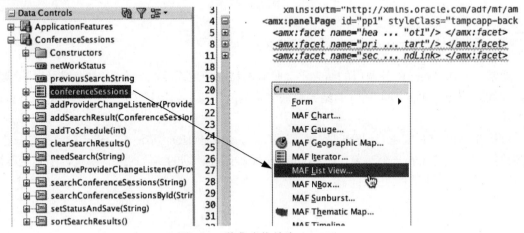

图 13-6　将集合拖放为 List View

将集合拖放为 List View 后，JDeveloper 会提示你在可用的预定义布局中选择一个布局。选择一个合适的布局后，需要设置列表属性并配置分屏器属性。Oracle MAF 使用分屏器对列表条目进行分组。对于 Conference Sessions 特性，日期是一个完美的分屏器属性，因为它会为每个日期显示所有的会议(见图 13-7)。

第 13 章 创建 Conference Session 特性

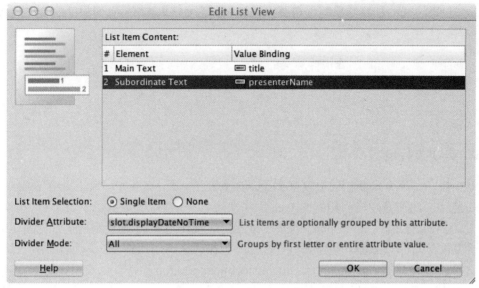

图 13-7　List View 配置

下面的代码示例显示了最后的结果：

```
<amx:listView var="row"
  value="#{bindings.conferenceSessions.collectionModel}"
  fetchSize="#{bindings.conferenceSessions.rangeSize}"
  dividerMode="all" id="lv1"
  dividerAttribute="slot.displayDateNoTime" collapsibleDividers="true"
  selectedRowKeys=
    "#{bindings.conferenceSessions.collectionModel.selectedRow}"
  selectionListener=
    "#{bindings.conferenceSessions1.collectionModel.makeCurrent}"
  showDividerCount="true" collapsedDividers='"02 Jul 2013" '>
  <amx:listItem id="li1" action="details">
    <amx:tableLayout width="100%" id="tl2">
      <amx:rowLayout id="rl2">
        <amx:cellFormat width="8px" halign="center" rowSpan="2" id="cf5"
                        valign="middle"/>
        <amx:cellFormat width="100%" height="28px" id="cf3">
          <amx:outputText value="#{row.title}" id="ot3"/>
        </amx:cellFormat>
      </amx:rowLayout>
      <amx:rowLayout id="rl3">
        <amx:cellFormat width="100%" height="12px" id="cf1">
          <amx:outputText value="#{row.presenterName}"id="ot2"/>
        </amx:cellFormat>
      </amx:rowLayout>
    </amx:tableLayout>
  </amx:listItem>
</amx:listView>
```

注意到 listView 的值产生于下面的这个 EL 表达式：

```
<amx:listView value="#{bindings. conferenceSessions.collectionModel}"
```

这个 EL 表达式的计算结果等于树绑定，其名称为 MAF AMX 页面的 PageDefinition 中的会议。

```
<tree IterBinding=" conferenceSessions Iterator" id=" conferenceSessions ">
  <nodeDefinition>
     …..
  </nodeDefinition>
</tree>
```

13.1.6 实现查找会议

默认情况下，所有可获得的会议都会显示在列表中。TAMCAPP 应用提供了在会议内进行搜索的可能性。此搜索功能由相同的 Web 服务实现。

搜索需要的方法是 searchConferenceSessions。此操作也能被拖放到页面上(见图 13-8)。因为用户会需要一个字段来输入搜索条件，以及一个按钮来调用搜索方法，所以参数表是最好的选择。这将创建必要的 amx:inputText 和 amx:commandButton 控件，以及相关的绑定来调用数据控件 searchConferenceSessions 方法。

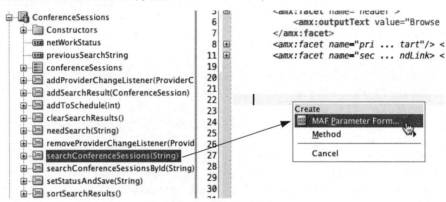

图 13-8　拖放参数表单

相应的 MAF AMX 页面代码如下面的示例所示：

```
<amx:tableLayout id="tl1" width="100%" shortDesc="Table">
  <amx:rowLayout id="rl1">
    <amx:cellFormat id="cf2" width="100%" shortDesc="Cell">
      <amx:inputText simple="true" id="inputText2"
                 value="#{bindings.searchString.inputValue}"
                 hintText="Search Session"/>
    </amx:cellFormat>
    <amx:cellFormat id="cf4" width="48px" halign="center" shortDesc="Cell">
      <amx:commandButton id="cb1a" shortDesc="Search Link"
           icon="/images/find.png"
           actionListener="#{bindings.searchConferenceSessions.execute}">
      </amx:commandButton>
    </amx:cellFormat>
  </amx:rowLayout>
</amx:tableLayout>
```

调用按钮将调用 searchConferenceSessions 方法，并使用搜索字符串的值作为参数。

```java
public void searchConferenceSessions(String searchString) {
   // clear searchresults before starting a new search
   clearSearchResults();
   List pnames = new ArrayList();
   List params = new ArrayList();
   List ptypes = new ArrayList();
   pnames.add("findCriteria");
   ptypes.add(String.class);
   params.add(null);
   pnames.add("b_searchString");
   ptypes.add(String.class);
   params.add(searchString);
   pnames.add("findControl");
   ptypes.add(String.class);
   params.add(null);
   try {
     // This calls the DC method and gives us the Return
      GenericType result =
      (GenericType)AdfmfJavaUtilities.invokeDataControlMethod("TamcappWsDC",
      null, "searchSessions", pnames, params, ptypes);
```

13.2 阻止不必要的 Web 服务调用

在第一次调用 Web 服务之后，其结果存储在内存的 ConferenceSessions 类中，作为 s_searchResults 对象内 ConferenceSessions 的一个 List。当从 List 页面导航到 Details 页面并且再次返回时，默认情况下，会再次调用 Web 服务，如果已经取出了数据，不仅不必要这么做，而且这么做会降低应用的速度，还会骚扰用户！

阻止 Web 服务调用实际上是很容易的，并且可以在相同的 Java 代码中实现它。只需要检查搜索条件是否已经改变以及会议集合是否为空。如果其中任意条件为 true，就调用 Web 服务；否则，就不需要调用。

```java
if (s_searchResults.isEmpty()){
    searchConferenceSessions(currentSearchString);
}
else {
  if (!currentSearchString.equalsIgnoreCase(previousSearchString)){
     searchConferenceSessions(currentSearchString);
     setPreviousSearchString(currentSearchString);
  }
}
```

注意到绑定层本身并不缓存数据，因此，必须在 POJO 服务对象模型中进行缓存。当然，这只有当缓存数据的 bean 在内存中存在时才能工作。在以下几种情况下你可能想要将数据存放的时间更长，比如当没有网络访问时，或者当 TAMCAPP 应用或设备被关闭时想留存数据。

本章的后半部分将介绍如何使用本地的 SQLite 数据库来支持这些情况。

13.3 会议会话的详细信息页面

现在完成了会议会话的列表页面。实现会议会话特性的下一步是创建会议会话的详细信息页面。在会议会话的详细信息页面(见图 13-9)上，可以浏览某次会话的具体细节。这包括时间、会议房间和摘要，而且还可以下载并查看会话文件。这个页面没有使用 List(列表)布局，而是使用了一个 Form(表单)布局。

图 13-9　会议会话的详细信息页面

可以使用与创建列表页面完全相同的方式(通过从如图 13-10 所示的数据控件面板中拖放会议集合)来创建该页面。这一次，它必须被拖放为一张表单，而不是一个列表视图。

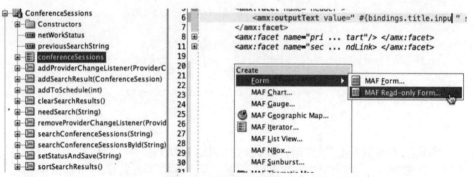

图 13-10　创建 Conference Session Detail 页面

会议会话的详细信息页面的布局没有什么特别的地方。唯一值得一提的是会议房间、会话开始时间和结束时间的分组。通过将这三个组件放置在一个 cellFormat 组件中，它们将显示在一行上。

```
<amx:cellFormat id="cf2">
    <amx:outputText value="#{bindings.room.inputValue} : "
                    styleClass="tamcapp-smaller-text" id="ot7"/>
    <amx:outputText value="#{bindings.displayStartTime.inputValue} - "
                    styleClass="tamcapp-smaller-text" id="ot10"
    <amx:outputText value="#{bindings.displayEndTime.inputValue}"
                    styleClass="tamcapp-smaller-text" id="ot10a"/>
</amx:cellFormat>
```

会话摘要显示在一个没有标签的多行文本框中。这通过将 inputText 组件的行属性设置为大于 1 的值并将简单属性设置为 true 来实现：

```
<amx:inputText value="#{bindings.sessionAbstract.inputValue}"
               styleClass="tamcapp-smaller-text" rows="4"
               simple="true" id="ot11"/>
```

从列表导航到详细信息

在列表视图中，触摸列表中的某项内容并打开对应的详细信息是有意义的。当从一个包含表格的页面导航到另一个包含相应表格的页面时，通常会保留当前选择的行，并且在前往的表格页面上会显示相同的行。当然，只有当表格基于相同的迭代器和数据集合时才有效。幸运的是，在 Oracle MAF 中，当从一个页面导航到另一个页面时，会保留集合中的当前行，因此只需要在列表页面和详细信息页面上使用相同的迭代器和数据集合即可。

13.4 查看会议会话文件

在会议会话的详细信息 AMX 页面上有一个特殊的特性：显示提交的会议会话文件。当按下按钮时，就将文件下载到设备上并显示在查看器中。为此，使用了设备特性数据控件的 displayFile 操作。然而，这只能显示本地设备上的文件。这就是首先需要下载文件的原因。调用一个相同的命令按钮来实现下载和显示功能，该命令按钮调用一个包含了所有所需代码的 actionListener：

```
<amx:commandButton text="Display Paper" id="cb3"
                   actionListener="#{showDocumentBean.remotePreview}"/>
```

在 showDocumentBean 中的 remotePreview 方法中，文件被下载并保存到本地文件系统中。从 Session 对象的 fileURL 属性中检索到文件的 URL。对于会话的详细信息页面，可以通过使用以下 EL 表达式从页面的 PageDefinition 文件中找到该属性。该 EL 表达式的值为文件 URL：

```
#{bindings.fileURL.inputValue}
```

该表达式用于 getValueExpression()方法，然后解析实际的 URL 来新建一个 URL 对象，该对象用于将文件下载到设备：

```
public void remotePreview(ActionEvent e)
{
  URL remoteFileUrl;
  InputStream is;
  FileOutputStream fos;
```

```java
try
{
  // open connection to remote PDF file
  ValueExpression ve =
    AdfmfJavaUtilities.getValueExpression("#{bindings.fileURL.inputValue}"
    , String.class);
  String inputpath =
      (String) ve.getValue(AdfmfJavaUtilities.getAdfELContext());
  if (inputpath != null && !"".equals(inputpath)) {
    remoteFileUrl = new URL(inputpath);
  }
  URLConnection connection = remoteFileUrl.openConnection();
  is = connection.getInputStream();
  // we write the file to the application directory
  File localFile = new File(
      AdfmfJavaUtilities.getDirectoryPathRoot(
        AdfmfJavaUtilities.DownloadDirectory)
        + "/downloadedPDF.pdf");
```

处理下载文件的逻辑与在第 8 章中使用的逻辑完全相同。最后，设备特性数据控件的 displayFile()方法如下：

```java
// get the header text we want to display
 ValueExpression ve1 =
     AdfmfJavaUtilities.getValueExpression(
         "#{bindings.headerText.inputValue}", String.class);
 String headerText =
     (String) ve1.getValue(AdfmfJavaUtilities.getAdfELContext());
 if (headerText == null || "".equals(headerText)) {
     headerText = "Remote File";
 }
// create URL and invoke displayFile with its String representation.
// This String representation is in the buffer which is a StringBuffer
// containing the encoded URL string.
 URL localURL = new URL("file", "localhost", buffer.toString());
 DeviceManagerFactory.getDeviceManager().displayFile(
                                  localURL.toString(),
                                  headerText);
```

13.5 创建视觉跟踪指示器

现在基本上做完了会议会话的列表 AMX 页面，而我们希望包括最后一个特性来帮助用户。我们希望包括一个视觉颜色指示器，为每一次会话区分会议上不同的路径。通常，会议有多个包含不同主题的路径，因此添加这个特性是重要的。TAMCAPP 在每个会话前使用一个彩色条。使用表达式语言和 CSS 的组合来实现这个彩色条。

在 Oracle MAF 中，可以使用皮肤为应用提供某些 CSS 定义的样式。Oracle MAF 应用的皮肤机制使你能够为应用提供自定义的外观，在第 4 章中已经描述了该机制。

设置指示器颜色

颜色指示器的样式定义在 tamcapp.css 中，使用了渐变色，当然，这只是因为个人爱好。MAF AMX 页面中，使用 greenCell(绿色单元)和 redCell(红色单元)作为颜色指示器。

```
.greenCell{
 background-image: -webkit-gradient(linear, left bottom, left top,
                   color-stop(0, #00ff00),
                   color-stop(0.48, #52ff52),
                   color-stop(0.49, #63ff63),
                   color-stop(1.00, #73ff73));
}

.redCell{
 background-image: -webkit-gradient(linear, left bottom, left top,
                   color-stop(0, #ff0000),
                   color-stop(0.48, #ff2222),
                   color-stop(0.49, #ff3232),
                   color-stop(1.00, #ffb5b5));
}
```

很方便就能看到带有不同颜色的不同路径。这使你能够一目了然地看到有趣的会话。为此，使用了 styleClass 属性。styleClass 属性可以基于 EL 表达式。该 EL 表达式检查会话处于哪个路径中，并且在此基础上，将不同的样式应用到相应的组件上(见图 13-11)。

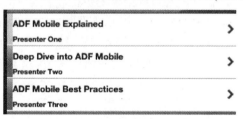

图 13-11　会议会话路径的颜色指示器

```
<amx:cellFormat width="8px" halign="center" rowSpan="2" id="cf5"
                styleClass=" #{row.topic=='Oracle MAF' ? 'greenCell' : 'redCell' }"
                valign="middle">
</amx:cellFormat>
```

13.6　评价会议会话

会议会话评价为发言人提供了宝贵的反馈意见。根据这些评价，发言人可以了解观众有多喜欢他们的演讲以及是否有改进的空间。

在 TAMCAPP 中，在会话详细信息 MAF AMX 页面上实现会议会话的评价。评价可以使用星形等级组件。该组件是 Oracle MAF 移动 DVT 组件库的一部分，并且这正是你所需要的组件。它提供通过选择星星的方式来输入 1 到 5 等级。

```
<dvtm:ratingGauge id="ratingGauge1" inputIncrement="half"
    emptyText="Evaluation Pending" maxValue="5"
    minValue="0" inlineStyle="height:50%;"
```

```
            value="#{bindings.conferenceSessionRating.inputValue}"
            valueChangeListener=
                "#{pageFlowScope.conferenceSessionBean.RateConfSession}"/>
```

该组件有一个 valueChangeListener，每当更改组件值时就会启动 valueChangeListener。Web 服务的 updateAttendences 操作立刻处理这些更改。

该操作(见图 13-12)使用一个包含等级的 Attendences 对象。

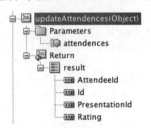

图 13-12　UpdateAttendences 操作

13.7　查看对会议会话的评价

如果是发言人，就可以查看对你的会议会话的评价。这些评价显示在发言人仪表板上。仪表板上显示一张图表，呈现出每种等级响应的数量以及一些显示在 Gauge 中的额外信息，比如技能、材料和附加值。如何对非发言人隐藏指定的页面将在第 16 章中进行介绍。

很容易就能创建带有评价的 MAF AMX 页面(见图 13-13)。Oracle MAF Data Visualization 组件可以用与表格和表单完全相同的方式，基于数据绑定集合。可以从数据控件拖动该集合和/或属性并拖放为一个 DVT 组件。带有分数的条形图如图 13-14 所示。

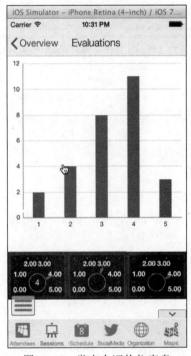

图 13-13　发言人评价仪表盘

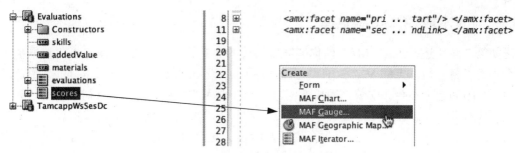

图 13-14 创建会话评价仪表盘

注意:
为了评价 AMX 页面,创建了一个 bean 和一个数据控件。

Evaluations 数据控件基于 Evaluations 类。Evaluations 类包含 getEvaluations()方法和 getScores()方法。描述类、类的方法和如何从类创建一个数据控件都很类似。因此就不在这里重复叙述。使用数据控件拖放为一个移动图标会产生以下 AMX 代码:

```
<dvtm:barChart var="row" value="#{bindings.scores.collectionModel}" id="bc1"
               animationOnDisplay="auto" animationOnDataChange="auto"
               animationDuration="2500">
  <amx:facet name="dataStamp">
    <dvtm:chartDataItem group="#{row.score}" value="#{row.count}"
                series="#{bindings.scores.hints.count.label}" id="cdi1"/>
  </amx:facet>
  <dvtm:legend rendered="false" id="l1"/>
</dvtm:barChart>
```

在会话评价 AMX 页面的下半部分,有三个 Gauge 分别用来显示对技能、材料和附加值的评级。Gauge 是相同的,除了值属性,其值产生于三个不同的属性绑定:addedValue、Materials 和 Skills;用于 Skills 的代码显示如下:

```
<dvtm:dialGauge minValue="0" maxValue="5" background="rectangleDarkCustom"
                indicator="needleDark" value="#{bindings.skills.inputValue}"
                id="dg1" animationDuration="2500">
```

13.8 日程表生成器

像任何一款优秀的会议应用一样,TAMCAPP 使你能够创建自己的日程表,重要的是,能够使你在会议期间注册将要参加的会话。TAMCAPP 中的日程表生成器被集成在会议会话的列表 AMX 页面中。TAMCAPP 应用中,只有日程表能够支持离线功能。这意味着数据既被保存在本地设备上,也被远程保存在企业数据库中。

正如第 7 章所述,可以动态创建设备上的 SQLite 数据库。通过 SQL 语句,从应用的角度来完成数据存储和恢复。

为了支持在线和离线功能,需要识别未决事务,这样一旦再次联网,就将它们发送到企业数据库。因此每当没有网络连接时,就将更改标记为非同步,并存储在本地数据库中。

13.8.1 设置本地 SQLite 数据库

正如第 7 章所述，Oracle MAF 使你能够使用设备上的数据库。"My Schedule"数据被保存在这个本地设备上数据库的 MY_SCHEDULE 表中。假设初始启动时"My Schedule"中还没有任何数据，因为通常不会在安装应用前就创建了一个个人的日程表。因此，初始启动时只需要创建数据库和 MY_SCHEDULE 表来存储用户将来会创建的日程表。为此，我们可以使用位于 ApplicationController 项目中的应用生命周期监听器。这个自定义的生命周期监听器类实现了 Oracle MAF LifeCycleListener 接口，因此它有一个 start()方法。可以在应用启动时，使用此 start()方法来安装表脚本。首先，检查数据库是否已经存在。在表中使用一个选择语句来实现该检查。如果语句失败，则假设数据库不存在并调用一个方法来创建数据库表。

```java
public void start(){
try {
  //Getting the connection to the database
  Statement stat = DBConnectionFactory.getConnection().createStatement();
  ResultSet rs = stat.executeQuery("SELECT * FROM MY_SCHEDULE;");
} catch (SQLException e)
  { // probably means no database file is found
    initDB();
  }
  catch (Exception e) {
    e.printStackTrace();
  }
}
```

initDB()方法使用 tamcapp.sql 脚本部署应用，本质上是一个 SQL 脚本来创建 MY_SCHEDULE 表，打开脚本，然后逐行读取它来执行 SQL 语句。

```java
/**
 * This method will read the sql file and
 * commit the SQL statements to the SQLite DB
 */
private void initDB() {
  try {
    // SQL script is packaged as a resource with the application,
    // so the getResourceAsStream method can be used
    ClassLoader cl = Thread.currentThread().getContextClassLoader();
    InputStream is = cl.getResourceAsStream(".adf/META-INF/tamcapp.sql");
    if (is == null) {
      System.err.println("Could not look up : .adf/META-INF/tamcapp.sql");
      return;
    }
    BufferedReader bReader = new BufferedReader(new InputStreamReader(is));
    List stmts = new ArrayList();
    String strstmt = "";
    String ln = bReader.readLine();
    // The while loop iterates over all the lines in the SQL script,
    // assembling them into valid SQL statements and executing them
    // when a terminating semicolon is encountered; skipping blank lines
    // and comments
```

```
        while (ln != null) {
          if (ln.startsWith("REM")) {
              ln = bReader.readLine();
              continue;
          }
          strstmt = strstmt + ln;
          if (strstmt.endsWith(";")) {
              stmts.add(strstmt); strstmt = "";
              ln = bReader.readLine(); continue;
          }
          ln = bReader.readLine();
        }
        // To improve performance, the statements are executed
        // one at a time in the context of a single transaction
        DBConnectionFactory.getConnection().setAutoCommit(false);
        for (int i = 0; i < stmts.size(); i++) {
          Statement pStmt =
              DBConnectionFactory.getConnection().createStatement();
          pStmt.executeUpdate((String)stmts.get(i));
        }
        DBConnectionFactory.getConnection().commit();
} catch (Exception e) {
    e.printStackTrace();
}
```

相应的 tamcapp.sql 文件的内容显示在下列代码示例中：

```
CREATE TABLE MY_SCHEDULE (
  SESSION_ID        NUMBER(4) NOT NULL,
  PRESENTER_NAME    VARCHAR(30),
  SESSION_TITLE     VARCHAR(30),
  SESSION_ABSTRACT  VARCHAR(30) ,
  TOPIC             VARCHAR(30) ,
  ROOM              VARCHAR(30) ,
  SESSION_START     DATE,
  SESSION_END       DATE,
  SYNCHRONIZED      VARCHAR2(1),
  CONSTRAINT MY_SCHEDULE_PK PRIMARY KEY(SESSION_ID)
);
```

可以从 Conference Session List 中添加会议会话到你的会议日程表中。只需要轻敲 Add 按钮，就将选中的会话添加到了日程表中，或者可以使用一个不同但更加常见的方式来实现它，即使用 tapHold 手势。接下来的部分描述了日程表生成器的技术实现。

13.8.2　添加一个会议会话到 mySchedule

从会议会话的列表 AMX 页面添加作品的方法是直截了当的。列表项含有一个 amx:actionListener 子组件来调用 addToSchedule()方法。这需要一个方法绑定，该方法绑定的创建可以通过从数据控件拖放到页面上的操作实现。显示了一个 Edit Action Binding 对话框(见图 13-15)，并且可以将当前会话的值设置为之前讨论的 pageFlowScope 参数。

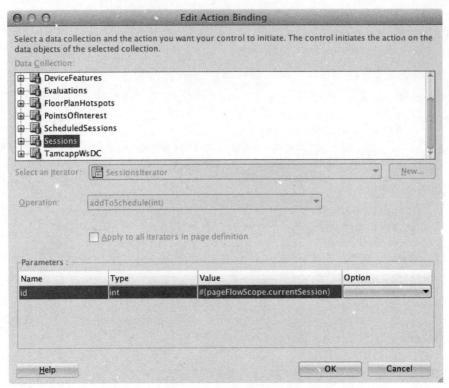

图 13-15　AddSession 方法绑定

现在，每当调用 tapHold 手势，就调用 addToSchedule 并使用当前的 ConferenceSession 作为参数。

```
<amx:actionListener id="al1"
                    binding="#{bindings.addToSchedule.execute}"
type="tapHold"/>
```

可以从 Session List AMX 页面标题中的 Add 按钮调用相同的方法。正如之前提到的，实际功能是用 Java 实现的。

实际上，将会议会话添加到日程表是新建一个 ScheduledSession 对象，并将它添加到 ScheduledSessions 集合。并不是有意要使用"表格"一词。这是因为实际上是将条目添加到集合中，并且在后台是一个 Java 类，决定了将日程表的变化存储在哪里。开始时，变化存储在本地数据库中，因此在离线模式下也可以使用它。接着，如果有可用的连接，就调用 Web 服务将变化存储在企业数据库中。如果没有可用的连接，就会标记该变化为"未同步"。通过将本地变化标记为"未同步"，TAMCAPP 应用能够在之后重新建立连接时找到这些变化并再次尝试同步。图 13-16 描述了这个工作流程。

为了检查网络状态，请记住，写这本书时的 Oracle MAF 的版本仅在应用启动时检查网络状态。而不是之后再重新评估它。因此在应用运行时不能使用 EL 表达式 "#{deviceScope.hardware.networkStatus}" 来获取精确的网络状态。为了获得当前的网络状态，最佳的解决办法是使用 JavaScript 来获得当前的网络状态以及创建 bean，并用该 bean 中的变量来表示网络状态，并用 JavaScript 调用它的 setter。

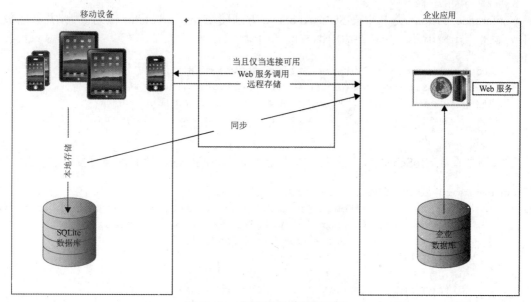

图 13-16　在线/离线存储和同步

其中包含的 JavaScript 代码如下面的列表所示，根据网络状态，无论是 true 还是 false，它都会调用 setStatusAndSave 方法。

```javascript
(function () {
   if (!window.application)
      window.application = {
      };
   /**
    * Method to check the network status
    */
   application.checkConnection = function () {
      var networkState = navigator.network.connection.type;
      var states = {
      };
      states[Connection.UNKNOWN] = 'Unknown connection';
      states[Connection.ETHERNET] = 'Ethernet connection';
      states[Connection.WIFI] = 'WiFi connection';
      states[Connection.CELL_2G] = 'Cell 2G connection';
      states[Connection.CELL_3G] = 'Cell 3G connection';
      states[Connection.CELL_4G] = 'Cell 4G connection';
      states[Connection.NONE] = 'No network connection';
     if (networkState == Connection.NONE || networkState == Connection.UNKNOWN) {
        adf.mf.api.invokeMethod("com.tamcapp.mobilebook.mobile.model.Sessions",
                    "setStatusAndSave", "false", onSuccess, onFail);
      }
      else {
        adf.mf.api.invokeMethod("com.tamcapp.mobilebook.mobile.model.Sessions",
                    "setStatusAndSave", "true", onSuccess, onFail);
      }
   }
   function onSuccess(param) { }
   function onFail() {}
})();
```

ConferenceSessions 类中的 setStatusAndSave 方法使用 networkStatus 作为参数，并将它放入应用的变量作用域中，因此整个应用都可以访问它。

```java
public void setStatusAndSave(String networkStatus) {
  ValueExpression ve = AdfmfJavaUtilities.getValueExpression(
    "#{applicationScope.networkStatus}", String.class);
  ve.setValue(AdfmfJavaUtilities.getAdfELContext(), networkStatus);
}
```

这一切都在 addToSchedule 方法中，首先检查 networkStatus，然后保存日程表的变化：

```java
public void addToSchedule(int id){
    // First check to current Network status by calling the javascript function
        AdfmfContainerUtilities.invokeContainerJavaScriptFunction(
            "com.tamcapp.mobilebook.Sessions"
            , "application.checkConnection"
            , new Object[] { });
        String netWorkStatus = getNetWorkStatus();
        ScheduledSession s = getCurrentSession();
        // now depending on the networkstatus call out to the webservice
        if (netWorkStatus.equalsIgnoreCase("true")){
        // call Webservice
        GenericType result =
          (GenericType)AdfmfJavaUtilities.invokeDataControlMethod("TamcappWsDC",
                null, "saveMyScheduledSession", pnames, params, ptypes);
          // and after that
          // also save locally with synchronized indicator = "Y"
        s.setSyncrhonized("Y");
        AddSessionToDB(s);
     }
       else{
       // save locally with synchronized indicator = "N".
       s.setSyncrhonized("N");
       AddSessionToDB(s);
     }
  }
/* * getNetworkStatus is able to get the networkstatus from the
 ** applicationscope because the applicationScope variable networkstatus
 ** was set when setStatusAndSave was called from the JavaScript function
 */
public String getNetWorkStatus() {
  ValueExpression networkStatusVal =
    AdfmfJavaUtilities.getValueExpression("#{applicationScope.networkStatus}",
                    String.class);
   return (String)networkStatusVal.getValue(
     AdfmfJavaUtilities.getAdfELContext());
}
```

考虑到保存功能是可用的(在本章的最后一节中将进行描述)并且能正常工作，下一步是实现实际的数据同步。这可以在成功将日程表的变化写入服务器数据库后(下一章节将讨论它)，通过后台持续运行的进程自动完成，在第 18 章中会描述它。

注意：
如果在保存前已经检查了网络状态，为了我们所描述的目的，将网络状态存储在 applicationScope 不是最好的方法。然而，在第 18 章中实现的后台进程将持续地检查网络状态并将它存储在 applicationScope 中。因此，前面代码样例中的 getNetworkStatus()方法会从 applicationScope 读取网络状态。

13.8.3 同步日程表数据

需要同步的本地更改全部都被设置成值为"N"的 SYNCHRONIZED 属性标志。满足此标准的所有行需要被保存到企业数据库中，在同步成功后，需要更新这些行，使 SYNCHRONIZED="Y"。事实上，这并不是一个非常困难的任务。

```
if (netWorkStatus.equalsIgnoreCase("true")){
    // call Webservice and after that
    // also save locally with synchronized indicator = "Y"
    ………………
    described earlier
    ………………
    // Finally check for unsynchronized changes and if any are found
    List unsynchronizedSessions = fetchUnsynchronized();
    // call the webservice to synch and update locally to SYNCHRONIZED=" Y"
    int x = unsynchronizedSessions.size();
    for (int i = 0; i < x; i++) {
      // callWebservice for Session s = (Session) unsynchronizedSessions
      GenericType result =
        (GenericType)AdfmfJavaUtilities.invokeDataControlMethod(
          "TamcappWsDC", null, "saveSchedule",pnames, params, ptypes);
      // update synchronized attribute
        s.setSynchronized("Y");
        setSynchronized(s);
    }
}
```

13.8.4 读写本地数据库

对于断开连接的应用，你的代码负责填充本地 SQLite 数据库。然后，返回用户界面的代码可以从 SQLite 数据库检索数据，而不是直接调用 Web 服务，同时，还使用 SQLite 数据库在本地存储变更。在之前章节中使用的所有代码都位于 MyScheduleDbAccessor 类中，本节对它进行了说明。它包含使用动态 where 子句查询数据库的方法、将新记录添加到数据库中的方法以及更新未同步的记录使之同步的方法。

```
public class MyScheduleDbAccessor {
private String where;
/**
 * Method will query the database and return
 * the result list
 */
public List queryDb() {
List s_myScheduledSessions = null;
```

```java
        try {
            Connection conn = DBConnectionFactory.getConnection();
            conn.setAutoCommit(false);
            String statement = "SELECT * from MY_SCHEDULE" + getWhere();
            PreparedStatement stat = conn.prepareStatement(statement);
            ResultSet rs = stat.executeQuery();
            while (rs.next()) {
                int id = rs.getInt("SESSION_ID");
                String presenterName = rs.getString("PRESENTER_NAME");
                String title = rs.getString("TITLE");
                String sessionAbstract = rs.getString("SESSION_ABSTRACT");
                String topic = rs. getString ("TOPIC");
                String room = rs. getString ("ROOM");
                Date sessionStart = rs.getDate("SESSION_START");
                Date sessionEnd = rs.getDate("SESSION_END");
                String synchronized = rs. getString ("SYNCHRONIZED");
                Slot slot = New Slot (sessionStart, sessionEnd);
                ScheduledSession d = new ScheduledSession (id,presenterName,
                title, sessionAbstract, topic, room,synchronized slot );
                s_myScheduledSessions.add(d);
            }
    rs.close();
    return s_myScheduledSessions;
    Trace.log(Utility.ApplicationLogger, Level.INFO, MyScheduleDbAccessor.class,
            "Execute", "Exiting from queryDB Method");
    } catch (SQLException e) {
        System.err.println(e.getMessage());
    } catch (Exception e) {
        System.err.println(e.getMessage());
        }
    }
    public List fetchUnsynched (){
    List s_myScheduledSessions = null;
    setWhere("WHERE SYNCHRONIZED='N' ");
    s_myScheduledSessions = queryDb();
    setWhere("");
    return s_myScheduledSessions;
    }
    public void getWhere(){
        return this.where;}
    public String setWhere(String where){
        this.where = where;}
    /**
    * Method will commit the details of newly created Session object
    * @return
    */
    public boolean AddSessionToDB(ScheduledSession myScheduledSession) {
    boolean result = false;
        try {
            Connection conn = DBConnectionFactory.getConnection();
            conn.setAutoCommit(false);
            String insertSQL = "Insert into MY_SCHEDULE
```

第 13 章 创建 Conference Session 特性 **241**

```java
            (SESSION_ID,PRESENTER_NAME, SESSION_TITLE, SESSION_ABSTRACT, TOPIC, ROOM,
        SESSION_START, SESSION_END, SYNCHRONIZED) values (?,?,?,?,?,?,?,?,?)";
            PreparedStatement pStmt = conn.prepareStatement(insertSQL);
            pStmt.setInt(1, myScheduledSession.getId());
            pStmt.setString(2, myScheduledSession.getPresenterName ());
            pStmt.setString(3, myScheduledSession.getTitle());
            pStmt.setString(4, myScheduledSession.getAbstract());
            pStmt.setString(5, myScheduledSession.getTopic());
            pStmt.setString(6, myScheduledSession.getRoom());
            pStmt.setDate(7, myScheduledSession.getSlot.getSessionStart());
            pStmt.setDate(8, myScheduledSession.getSlot.getSessionEnd());
            pStmt.setString(9, myScheduledSession.getSynchronized());

            pStmt.execute();
            conn.commit();
            result = true;
            } catch (SQLException e) {
            System.err.println(e.getMessage());
            } catch (Exception e) {
            System.err.println(e.getMessage());
            }
         Trace.log(Utility.ApplicationLogger, Level.INFO, MySessionsList.class,
                "AddSession", "Exiting AddSessionToDB");
            return result;
            }
public boolean setSynchronized (ScheduledSession myScheduledSession) {
    boolean result = false
    try {
        Connection conn = DBConnectionFactory.getConnection();
        conn.setAutoCommit(false);
        String updateSQL =
            "Update MY_SCHEDULE set SYNCHRONIZED='Y' where SESSION_ID = ?" ;
        pStmt.setString(1, myScheduledSession.getId());
        pStmt.execute();
        conn.commit();
        result = true;
        } catch (SQLException e) {
        System.err.println(e.getMessage());
        } catch (Exception e) {
        System.err.println(e.getMessage());
        }
        return result;
}
public class MyScheduleDbAccessor {
    private String where;
    /**
     * Method will query the database and return
     * the result list
     */
    public List queryDb() {
    List s_myScheduledSessions = null;
    try {
```

```java
                Connection conn = DBConnectionFactory.getConnection();
                conn.setAutoCommit(false);
                String statement = "SELECT * from MY_SCHEDULE" + getWhere();
                PreparedStatement stat = conn.prepareStatement(statement);
                ResultSet rs = stat.executeQuery();
                while (rs.next()) {
                    int id = rs.getInt("SESSION_ID");
                    String presenterName = rs.getString("PRESENTER_NAME");
                    String title = rs.getString("TITLE");
                    String sessionAbstract = rs.getString("SESSION_ABSTRACT");
                    String topic = rs. getString ("TOPIC");
                    String room = rs. getString ("ROOM");
                    Date sessionStart = rs.getDate("SESSION_START");
                    Date sessionEnd = rs.getDate("SESSION_END");
                    String synched = rs. getString ("SYNCHRONIZED");
                    Slot slot = new Slot();
                    slot.setStartTime(sessionStart);
                    slot.setEndTime(sessionEnd);
                    ScheduledSession d = new ScheduledSession (id,presenterName,
                         title, sessionAbstract, topic, room,synched slot );
                    s_myScheduledSessions.add(d);
                }
        rs.close();
Trace.log(Utility.ApplicationLogger, Level.INFO, MyScheduleDbAccessor.class,
                "Execute", "Exiting from queryDB Method");
} catch (SQLException e) {
System.err.println(e.getMessage());
} catch (Exception e) {
System.err.println(e.getMessage());
}
return s_myScheduledSessions;
}
public List fetchUnsynched (){
List s_myScheduledSessions = null;
setWhere("WHERE SYNCHRONIZED='N' ");
s_myScheduledSessions = queryDb();
setWhere("");
return s_myScheduledSessions;
}
public String getWhere(){
return this.where;}
public void setWhere(String where){
this.where = where;}
/**
 * Method will commit the details of newly created Session object
 * @return
 */
public boolean AddSessionToDB(ScheduledSession myScheduledSession) {
boolean result = false;
try {
Connection conn = DBConnectionFactory.getConnection();
conn.setAutoCommit(false);
```

```java
        String insertSQL = "Insert into MY_SCHEDULE 
      (SESSION_ID,PRESENTER_NAME, SESSION_TITLE, SESSION_ABSTRACT, TOPIC, ROOM, 
SESSION_START, SESSION_END, SYNCHRONIZED) values (?,?,?,?,?,?,?,?,?)";
        PreparedStatement pStmt = conn.prepareStatement(insertSQL);
        pStmt.setInt(1, myScheduledSession.getId());
        pStmt.setString(2, myScheduledSession.getPresenterName ());
        pStmt.setString(3, myScheduledSession.getTitle());
        pStmt.setString(4, myScheduledSession.getSessionAbstract());
        pStmt.setString(5, myScheduledSession.getTopic());
        pStmt.setString(6, myScheduledSession.getRoom());
        pStmt.setDate(7, (Date)myScheduledSession.getSessionStartDateTime());
        pStmt.setDate(8, (Date)myScheduledSession.getSessionEndDateTime());
        pStmt.setString(9, myScheduledSession.getSynched());

        pStmt.execute();
        conn.commit();
        result = true;
    } catch (SQLException e) {
    System.err.println(e.getMessage());
    } catch (Exception e) {
    System.err.println(e.getMessage());
    }
    Trace.log(Utility.ApplicationLogger, Level.INFO, MyScheduleDbAccessor.class,
        "AddSession", "Exiting AddSessionToDB");
    return result;
    }
    public boolean setSynchronized (ScheduledSession myScheduledSession) {
    boolean result = false;
    try {
        Connection conn = DBConnectionFactory.getConnection();
        conn.setAutoCommit(false);
        String updateSQL = 
            "Update MY_SCHEDULE set SYNCHRONIZED='Y' where SESSION_ID = ?" ;
        PreparedStatement pStmt = conn.prepareStatement(updateSQL);
        pStmt.setInt(1, myScheduledSession.getId());
        pStmt.execute();
        conn.commit();
        result = true;
    } catch (SQLException e) {
    System.err.println(e.getMessage());
    } catch (Exception e) {
    System.err.println(e.getMessage());
    }
    return result;
    }
```

A 队用于 Oracle MAF 的 Mobile Persistence Extension

通过本章的学习，你已经了解了如何在设备上的 SQLite 数据库和企业数据库之间同步数据。同步能正常进行，并且可以用 Java 代码来实现。如果有需要支持离线并与企业数据库同步的多张表，你很快就会发现这可能是件费力的事情。需要编写的代码数量会迅速增长，编程时，你可能会意识到正在为每一个想要调用来读写数据的 Web 服务重复相同的编码模式。为了简化这个任务，可以使用 Mobile Persistence Extension。

Oracle Fusion Middleware Architects 团队（"A 队"）创建了 Mobile Persistence Extension。它是一个轻量级满足持久性和同步的框架。它建立在通用的 Java 代码上，被用来调用 Web 服务，以及对设备上的 SQLite 数据库执行 CRUD 操作。如果要建立更多的 Oracle MAF 应用，不久就会发现你不断地重复一些费力的步骤。这些步骤通常与创建 POJO 模型、编写 SQL 语句以及在 Web 服务、POJO 和 SQL 语句之间连续映射有关。此外，必须创建跟踪不同步的变化的自定义代码。

Mobile Persistence Extension 为与移动应用中数据的持续性和同步性相关的挑战提供了一种解决办法。目前可获得的 Mobile Persistence Extension 是 JDeveloper 的扩展，可以从 A 队的博客上下载：

http://www.ateam-oracle.com/a-team-mobile-persistence-extension-for-oracle-maf/

13.9 小结

人们参加会议的原因是参加由发言人展开的会话。对于一个会议应用，想要被会议的与会者们认为是一个好的应用，会话信息是功能中的关键部分。没有会话信息，与会者就无法创建一个合理的日程表，而与会者就会很快抛弃这款应用。同样重要的是，在会场提供的 WiFi 和网络连接信号较差的情况下，应用能够提供离线访问会话详细信息的功能。在 TAMCAPP Conference Session 特性中可以获取这种功能，并且本章实现了该功能。本章主要内容如下：

- 如何基于 SOAP Web 服务来创建 AMX 页面
- 如何实现 Bean Data Control Service 对象模式
- 如何使用数据可视化工具
- 如何下载并查看文件
- 如何使用本地数据库以及与企业数据库同步

第 14 章

创建与会者特性

参加一个会议时,能够很方便地知道出席本次会议的其他与会者。这能让你找到自己的同行并建立关系网。为此,TAMCAPP 具有与会者特性。与会者特性包括发现与会者的搜索功能以及显示与会者列表的功能,并且用户可以打开与会者的详细信息。使用 Attendee Details AMX 页面来说明一些设备特性的使用方法。TAMCAPP 用户可以和与会者合作,通过将与会者添加到设备通讯录的方式并用多种方式和与会者取得联系。

TAMCAPP 的用户和与会者可以在 Attendee Details AMX 页面修改他/她的个人信息,比如姓名、电话和电子邮件地址,还可以用已有的或新拍摄的照片更换他/她的图片。可以从应用内获取与会者的图片并上传到企业数据库。该特性包含的所有 AMX 页面如图 14-1 所示。

图 14-1　与会者列表、与会者详细信息、编辑个人信息

创建列表和表单(像 AMX 页面)的功能已经在前面的章节中进行了说明，因此本章不再详细阐述。本章将重点实现以下功能：比如程序导航和"智能搜索"、调用电话功能、使用 URL 方案。并且，你将学习如何以编程的方式使用绑定层，以及如何将图片上传至服务器数据库。

与 Conference Session AMX 页面相比，Attendees AMX 页面为 Attendee List 和 Attendee Details 使用了不同的数据集。这样做是出于效率的原因。之前的章节已经对第一种实现(Conference Session，它使用了一种不同的集合)做了说明，本章将介绍第二种实现(Attendees)。原则是相同的，主要区别是，对与会者来说，当从 List AMX 页面导航到 Details AMX 页面时，必须有一个 Web 服务调用。使用这种方法有其特定的原因。

想象一个返回数百个与会者详细信息的 Web 服务，这些与会者都有图片和其他附加属性。需要从服务器传递的数据量极易累积。因此，使用两个不同的 Web 服务会更方便：一个用于 List 页面，只返回姓名和公司之类的数据；第二个用于 Details 页面，返回其他数据(比如照片)，但只针对一个与会者。这意味着使用一个额外的 Web 服务调用，但通常它仍会有性能上的提升，至少从终端用户的角度来说是这样的。下一节会介绍这种实现。

14.1　实现 Attendees List AMX 页面

Attendees List AMX 页面包含搜索与会者的功能，搜索后的结果会显示在一张与会者列表中。这很简单。用户可以从列表导航至详细信息。如前所述，当导航至详细信息时，会调用第二个 Web 服务来检索选中的参加者的所有信息。

14.1.1　实现导航到 Attendee Details AMX 页面

可以通过许多不同的方式实现从一个页面导航到另一个页面。通常，导航会包含一些命令组件，或者直接在列表项调用导航。它们都使用用于调用对应的导航组件的动作属性。一般的手机应用都有另一种从列表进入导航的方式，就是在列表内部用左滑手势进入。这是一种很常见的模式，并且可以使用 Oracle MAF 来实现。

第 14 章 创建与会者特性

在 Oracle MAF 中,只要简单地将 actionListener 组件添加为 listItem 的子组件并设置其类型为 swipeLeft,就可以使用 actionListener 组件。请注意,还有用于把当前行的 rowKey(选中的参与者 Id)放入一个 pageFlowScope 变量的 setPropertyListener 组件。

```
<amx:listView var="row" value="#{bindings.attendees.collectionModel}"
        fetchSize="#{bindings.attendees.rangeSize}"
        selectedRowKeys="#{bindings.attendees.collectionModel.selectedRow}"
        selectionListener="#{bindings.attendees.collectionModel.makeCurrent
}"
        showMoreStrategy="autoScroll" bufferStrategy="viewport"
        id="lv2">
<amx:listItem showLinkIcon="false" id="li2">
    <amx:tableLayout width="100%" id="tl2">
        <amx:rowLayout id="rl2">
            <amx:cellFormat width="10px" rowSpan="2" id="cf6"/>
            <amx:cellFormat width="100%" height="28px" id="cf5">
                <amx:outputText value="#{row.firstName} #{row.lastName}"
                        styleClass="tamcapp-smaller-text"
                        id="ot3"/>
            </amx:cellFormat>
        </amx:rowLayout>
        <amx:rowLayout id="rl3">
            <amx:cellFormat width="100%" height="12px" id="cf7">
                <amx:outputText value="#{row.organization}"
                        styleClass="adfmf-listItem-captionText"
                        id="ot4"/>
            </amx:cellFormat>
        </amx:rowLayout>
    </amx:tableLayout>
<amx:actionListener id="al1" type="swipeLeft"
            binding="#{pageFlowScope.attendeesBean.goDetails}"/>
<amx:setPropertyListener id="sp1" type="swipeLeft" from="#{row.rowKey}"
                to="#{pageFlowScope.attendeesBean.currentAttendee}"/>
<amx:setPropertyListener id="spl7" type="swipeLeft" from="#{false}"
                to="#{pageFlowScope.attendeesBean.me}"/>
</amx:listItem>
</amx:listView>
```

类型属性上的 swipeLeft 表明每当用户向左滑动时就触发该监听器。之后,在绑定属性中定义的方法就生效了。此方法负责调用程序导航。

很明显,如图 14-2 所示的任务流程图从 List 至 Details 的导航由控制流实例"details"实现。这可以从下列的 XML 片段中看出:

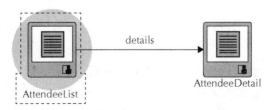

图 14-2 带有控制流的与会者任务流程图

```xml
<control-flow-rule id="__1">
    <from-activity-id>AttendeeList</from-activity-id>
    <control-flow-case id="__2">
        <from-outcome>details</from-outcome>
            <to-activity-id>AttendeeDetail</to-activity-id>
    </control-flow-case>
</control-flow-rule>
```

goDetails()方法调用 doNavigation()方法:

```java
public void goDetails(ActionEvent actionEvent) {
    TamcappUtils.doNavigation("details");
}
```

在一个实用工具类中定义 doNavigation 方法，并使用导航实例作为参数。以这种方式，可以灵活地调用程序导航。

```java
public static void doNavigation(String navCase) {
    AdfmfContainerUtilities.invokeContainerJavaScriptFunction(
                        AdfmfJavaUtilities.getFeatureName()
                      , "adf.mf.api.amx.doNavigation"
                      , new Object[] { navCase });
}
```

由于导航的原因，调用了 Attendee Details AMX 页面并实例化相应的 PageDefinition。PageDefinition 具有一个 invokeAction 绑定，它调用绑定的 searchAttendeesDetail 方法，反过来它又会调用 Web 服务。下面的代码示例显示了 PageDefinition 的入口。

```xml
<executables>
    <invokeAction id="autoQuery" Binds="searchAttendeesDetail"/>
</executables>
<bindings>
    <methodAction id="searchAttendeesDetail" RequiresUpdateModel="true"
            Action="invokeMethod" MethodName="searchAttendeesDetail"
            IsViewObjectMethod="false" DataControl="AttendeesDetail"
            InstanceName="data.AttendeesDetail.dataProvider">
        <NamedData NDName="currentAttendee" NDType="java.lang.Long"
            NDValue="#{pageFlowScope.attendeesBean.currentAttendee}"/>
    </methodAction>
```

在本示例中，每次导航至 Attendee Details AMX 页面时，就会使用合适的 Attendee Id 来调用 Web 服务，与会者的数据会显示在 Details AMX 页面。

14.1.2 智能导航

设想当你搜索与会者时，只返回了一个与会者。这个与会者会出现在列表中，单击它之后，用户会导航到 Details AMX 页面。这样的用户体验并不友好，不是吗？首选流程是将这一个与会者显示在 Details AMX 页面，而不是 List AMX 页面。很明显，无论怎样用户都会这样做，所以为何不立刻自动打开详细信息呢？这意味着搜索和导航需要一起执行。如上一节所介绍的，Oracle MAF 让开发者能使用程序导航，也可以用于实现这种智能搜索模式。

注意：

用户是否喜欢这个功能是个人喜好的问题。在第16章，你将学习如何使用偏好，在智能搜索和"正常"的行为之间进行切换。

这里的第一步是调用 Web 服务的 searchAttendees 操作。成功调用后，该操作返回一个结果集。现在可以确定该结果集中与会者的数量，如果只找到一个与会者，则将用户直接导航至 Details AMX 页面。

```
try {
  GenericType result =
    (GenericType)AdfmfJavaUtilities.invokeDataControlMethod(
      "TamcappWsAttDc", null, "searchAttendees",
      pnames, params, ptypes);
  int x = result.getAttributeCount();
  // process result
  ...
// end processing
// now check if there is only one result
if (x==1){
  prepareNavigation(attendeeId);
}
```

注意，如果只找到一个结果，就调用 prepareNavigation()方法，并将 attendeeId 作为它的参数。需要这样做是因为相对于使用命令组件的导航，程序导航的工作方式即不调用 setPropertyListener 就把与会者信息放入上下文中。这也需要通过编程的方式实现。这就是 prepareNavigation()方法的用处。它从搜索结果中获取一个与会者并将它赋值给 pageFlowScope 变量，该变量包含调用程序导航前要显示在 Attendee Details AMX 页面上的与会者。

```
public void prepareNavigation(int attendeeId) {
  ValueExpression ve = AdfmfJavaUtilities.getValueExpression(
        "#{pageFlowScope.attendeesBean.currentAttendee}", int.class);
  ve.setValue(AdfmfJavaUtilities.getAdfELContext(),
        new Integer(attendeeId));
  TamcappUtils.doNavigation("details");
  }
```

有了在 pageFlowScope 中可获得的当前与会者，我们就可以用与从 Attendees List AMX 页面调用 Attendee Details AMX 页面完全相同的方式导航：调用 Details AMX 页面，实例化 PageDefinition，并且将"#{pageFlowScope.attendeesBean.currentAttendee}"作为参数执行调用动作。

14.2 实现 Attendee Details AMX 页面

你常常会碰到这样一种情况，想将会议与会者的信息保存下来以备后用。你能够在 Attendee Details AMX 页面上获取与会者的信息，如电子邮件地址、电话号码和其他相关信息，并将其保存到设备上的联系人列表中、发送电子邮件、发送短信或拨打电话。主要功能在第 8 章已经阐述过了。然而，Attendee Details AMX 页面则更进一步。

处理与会者信息

Attendee Details AMX 页面显示了与会者的详细信息，它也被用于编辑 TAMCAPP 用户的个人信息和照片。为了通过电话、电子邮件等与其他与会者进行互动，用户可以长按 Attendee Details 信息，这时会出现一个弹窗，在该弹窗中可以获取到所有这些交互信息。下一节将解释如何实现弹窗以及和与会者互动的功能。

1. 实现弹窗

当前 Oracle MAF 版本的一个局限就是需要 showPopupBehavior，但它不提供所有我们想要的功能。目前，MAF 只支持命令元素和 listView 上的 showPopupBehavior。不可能将 showPopupBehavior 添加为任何其他布局容器元素的子元素，如面板表单布局、面板组布局、表格布局、行布局或单元格式。

请看 Attendee Details AMX 页面中的 AMX 源码，很明显，JDeveloper 使用在创建表单布局过程中选中的所有组件创建了一个 PanelFormLayout。没有一种显而易见的方法可以将 showPopupBehavior 添加到该组件中。但这里有个窍门。当页面上所有的内容都被一个 List 组件包围时，就可以将 showPopupBehavior 添加进该 List 组件。注意到定义在 listView 上的 styleClass 能使 listView 不可见。

```
<amx:listView id="lv1" styleClass="invisible">
  <amx:listItem id="lip1" shortDesc="Phone listItem" showLinkIcon="false">
    <amx:tableLayout id="tl1" width="100%">
      <amx:rowLayout id="rl1">
         .........
      </amx:rowLayout>
    </amx:tableLayout>
    <amx:showPopupBehavior id="spb1" type="tapHold" popupId="actions"
                           align="overlapBottom" alignId="lv1"/>
  </amx:listItem>
</amx:listView>
```

现在，当在此 AMX 页面上长按时，会显示一个含有链接的弹窗来调用设备的联系人列表，给与会者发送短信、发送电子邮件，以及给与会者打电话，甚至在你的设备上调用 Skype 应用(见图 14-3)。

图 14-3　包含可用动作的弹窗

下面几节将讨论此功能的实现。

2. 添加到联系人列表

要把与会者添加到设备的联系人列表，可以使用 DeviceFeatures 数据控件。就其他数据控件的用法而言，我更喜欢通过 Java 代码调用它，Java 提供的 API 具有更多的灵活性和可控性。在弹窗中，使用 commandLink 来调用 attendeesBean 中的 addToContacts 方法。请注意，为了使弹窗中的所有 commandLink 看起来相同，commandLink 没有定义文本，而是使用图像作为子属性。

```
<amx:commandLink id="cb6"
          actionListener="#{pageFlowScope.attendeesBean.addToContacts}">
  <amx:image id="i7" source="/images/contact.png"
          inlineStyle="height:36px; width:36px;"/>
  <amx:closePopupBehavior popupId="actions" id="cp6"/>
</amx:commandLink>
```

调用此方法时，必须将当前选中的TAMCAPP应用中的与会者添加到通讯录中。通过在Java代码中使用绑定容器，就可以找到这个与会者。getValueExpression().getValue()方法可用于查找属性绑定和它们的值。请注意，这是在Details AMX页面上只有一个与会者被选中时的情况。因此，没必要在迭代器里查找当前行。可以直接从绑定属性中导出适当的值。

```
public void addToContacts(ActionEvent ae){ (){
  PersonDetail prd = new PersonDetail();
  AdfELContext adfELContext = AdfmfJavaUtilities.getAdfELContext();
  ValueExpression veFn = AdfmfJavaUtilities.getValueExpression(
        "#{bindings.firstName.inputValue}", String.class);
  prd.setFirstName(veFn.getValue(adfELContext).toString());
  ValueExpression veLn = AdfmfJavaUtilities.getValueExpression(
        "#{bindings.lastName.inputValue}", String.class);
  prd.setLastName(veLn.getValue(adfELContext).toString());
  ValueExpression vePhone = AdfmfJavaUtilities.getValueExpression(
        "#{bindings.phone.inputValue}", String.class);
  prd.setPhone(vePhone.getValue(adfELContext).toString());
  ValueExpression veEmail = AdfmfJavaUtilities.getValueExpression(
        "#{bindings.email.inputValue}", String.class);
  prd.setEmail(veEmail.getValue(adfELContext).toString());
  ValueExpression veCountry = AdfmfJavaUtilities.getValueExpression(
        "#{bindings.countryName.inputValue}", String.class);
  prd.setCountryName(veCountry.getValue(adfELContext).toString());
  ……
```

从这里开始，使用 PersonDetail 对象，通过在 PersonDetail 对象上调用 getters 方法以及在新的 Contact 上调用 setters 方法来创建新的联系人。联系人被添加后，就可以在设备的 Contact 应用中找到(见图 14-4)。

```
ContactField[] phoneNumbers = null;
ContactField[] emails = null;
ContactAddresses[] addresses = null;
/* Create a new contact */
Contact newContact = new Contact();
ContactName name = new ContactName();
name.setFamilyName(prd.getLastName());
name.setGivenName(prd.getFirstName());
/* and more here….
```

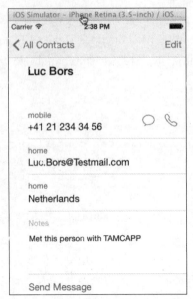

图 14-4 设备联系人列表中被添加的联系人

```
 ....commented out here for brevity
 ....Finally invoke the deviceManager and create the contact
*/
DeviceManager dm = DeviceManagerFactory.getDeviceManager();
dm.createContact(newContact);
```

3. 发送短信和电子邮件

正如处理联系人列表一样,发送短信和电子邮件也是 DeviceFeatures 数据控件提供的功能,TAMCAPP 从 Java 代码调用它:

```
public void sendEmail(ActionEvent ae) {
  AdfELContext adfELContext = AdfmfJavaUtilities.getAdfELContext();
  String subject = "Meeting during TAMCAPP event";
  DeviceManager dm = DeviceManagerFactory.getDeviceManager();
  ValueExpression veTo = AdfmfJavaUtilities.getValueExpression(
            "#{bindings.email.inputValue}", String.class);
  dm.sendEmail((String)veTo.getValue(adfELContext), null,
        subject, null, null, null, null);
}
```

而且同样用于发送短信:

```
public void sendSms(ActionEvent ae) {
  AdfELContext adfELContext = AdfmfJavaUtilities.getAdfELContext();
  String body = "Want to have lunch ?";
  ValueExpression veTo = AdfmfJavaUtilities.getValueExpression(
          "#{bindings.phone.inputValue}", String.class);
  String to = veTo.getValue(adfELContext).toString();
  DeviceManager dm = DeviceManagerFactory.getDeviceManager();
  dm.sendSMS(to, body);
}
```

4. 呼叫与会者

TAMCAPP 应用提供调用设备电话的功能。这个功能是不能用 DeviceFeatures 数据控件来实现的。它使用 tel: URL 方案，其语法非常简单直接：

```
<a href="tel:+1234567890">Place call!</a>
```

Oracle MAF 中的 goLink 组件可以与 tel: URL 方案结合使用。可以从绑定层通过使用 EL 表达式检索到要使用的电话号码。为了使 golink 看起来像一个按钮，可以使用自定义的皮肤，但这超出了本书的讨论范围。一种改变 goLink 外观的更简单的方法是使用嵌入式图片。

```
<amx:goLink id="gl1" shortDesc="Call Link"
       url="tel:#{bindings.phone.inputValue}">
  <amx:image id="i5" source="/images/call.png"
         inlineStyle="height:36px;width:36px"/>
</amx:goLink>
```

如果用户激活一个电话链接，他会收到一条确认警告，询问是否要发出呼叫。建议使用国际格式的电话号码：加号(+)、国家代码、本地区号和本地号码。我们不可能知道与会者在哪里。如果他们在同一个国家，或者甚至在同一本地区域，国际格式的电话号码仍然有效。

为了更进一步，TAMCAPP 也有从应用中调用 Skype 的功能。对此，可以使用 Skype URL 方案。Skype 有自己的 URL 方案。TAMCAPP 需要提供 Skype 用户名来调用 Skype。若需要，添加"?call"参数可以立即发起呼叫。若没有该参数，就显示 Skype 用户信息。

```
<a href="skype:skype_user?call">Skype me!</a>
```

对于 TAMCAPP，假设用户的 Skype 名是由名字和姓氏串联组成。在现实生活中，通常不是这种情况，但对于本例此假设成立。

```
<amx:goLink url="skype:#{bindings.firstName.inputValue}
                #{bindings.firstName.inputValue}?call"
        id="gl2" rendered="#{deviceScope.os=='iOS'}">
  <amx:image id="i6" source="/images/skype.jpg"
          inlineStyle="height:36px; width:36px;"/>
</amx:goLink>
```

> **短信、电子邮件使用 URL 方案**
> 前一节讨论的电子邮件和短信的解决方案也可以用 URL 方案实现，尽管这不是首选。使用 URL 方案时，不能向一封电子邮件中添加附件。还要注意，使用 Java API 具有最大的灵活性。
>
> ```
> <amx:goLink url=" mailto:#{bindings.email.inputValue};subject= Meeting during TAMCAPP event;body=just some text for the body" text="Send mail" </amx:goLink>
> ```
>
> ```
> <amx:goLink url="sms: :#{bindings.phone.inputValue};body= Want to have lunch ? " text="Send SMS" </amx:goLink>
> ```
>
> 也可以使用 URL 方案从 Oracle MAF 应用中调用应用，甚至从一个 MAF 应用中调用另一个 Oracle MAF 应用。还可以使用 URL 方案在应用之间交换信息，比如在 MAF 应用之间。这

将在第 18 章进行介绍。

14.3 编辑个人信息

所有的 TAMCAPP 用户都可以更新他们的信息。可以通过单击 Attendee List AMX 页面上的 Edit Personal Info 区域来调用该功能。这将导航至 Details AMX 页面，并在上下文中设置 TAMCAPP 用户为当前正在编辑的与会者。此外，还会设置 pageFlowScope.attendeesBean.me 属性为真，从而以编辑模式打开 Attendee Details AMX 页面。用户现在可以修改联系人信息，也可以上传图片。

14.3.1 保存修改

在修改诸如电话号码、电子邮件地址等信息之后，必须将这些修改保存到企业数据库中。AttendeesDetail 类中的 saveAttendee() 方法处理保存修改的操作。通过调用 updateAttendees Web 服务操作，将个人信息的修改保存到企业数据库。请记住，当需要从 Web 服务读取数据时，可以使用 fromGenericType 方法。在相反的情形下，当需要向 Web 服务写入数据时，可以使用 toGenericType 方法。GenericTypeBeanSerializationHandler 的 toGenericType 方法会获取每个数组元素并将它添加到 toGenericType，作为个人属性。

只用随机对象调用 Web 服务操作是不可行的。数据控件期望一个类型明确的对象，对象的属性还要匹配它的定义。由鼠标指针悬停在参数上方，来确定数据控件期望的类型名是否合适，如图 14-5 所示。

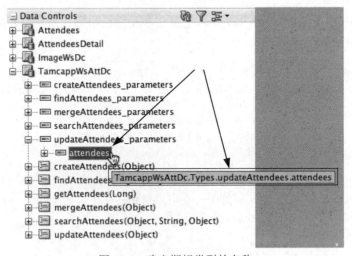

图 14-5　确定期望类型的名称

所以为了把与会者的 Java 结构转换成泛型类型，toGenericType 需要一个具有 "TamcappWsAttDc.Types.updateAttendees.attendees" 类型的对象：

```
GenericType gtAttendee = GenericTypeBeanSerializationHelper.toGenericType(
         "TamcappWsAttDc.Types.updateAttendees.attendees", attendee);
```

有了这个认识，现在就可以完成 saveAttendee() 方法了。首先，找到其信息正在被修改的

Attendee 对象；接着，把它转换为一个 GenericType 对象；最后，在 TamcaapWsAttDc 数据控件上调用 updateAttendees 操作。下面的代码示例展示了 Web 服务调用 updateAttendees 的完整代码：

```java
public void saveAttendee(){
// we know that there is only one attendee in the search result because
// we invoke this saveAttendee from the details page
  PersonDetail attendee = (PersonDetail)s_searchResults.get(0);
  // Set attribute values
  List namesList = new ArrayList(1);
  List paramsList = new ArrayList(1);
  List typesList = new ArrayList(1);
  GenericType gtAttendee = GenericTypeBeanSerializationHelper.toGenericType(
            "TamcappWsAttDc.Types.updateAttendees.attendees", attendee);
  namesList.add("attendees");
  paramsList.add(gtAttendee);
  typesList.add(Object.class);
  try {
    AdfmfJavaUtilities.invokeDataControlMethod(
               "TamcappWsAttDc", null, "updateAttendees"
               , namesList, paramsList, typesList);
  } catch (AdfInvocationException ex) {
    Trace.log(Utility.ApplicationLogger, Level.SEVERE,
       AttendeesDetail.class, "updateAttendees",">>>>>>" + ex.getMessage());
    AdfException e = new AdfException("Error Invoking Web Service. Try later",
                         AdfException.WARNING);
    throw e;
  }
}
```

AttendeesDetail 数据控件中的 saveAttendee()方法也是可用的。在 Attendee Details AMX 页面上将它拖放为一个命令按钮后，就可以调用它。请注意，这个按钮只有在与会者正在修改他/她的信息时才可用。为此，使用了前面解释过的"me"属性。

```xml
<amx:facet name="secondary">
  <amx:commandButton id="cb2" text="Save"
                     styleClass="adfmf-commandButton-highlight"
                     actionListener="#{bindings.saveAttendee.execute}"
                     rendered="#{pageFlowScope.attendeesBean.me}" />
</amx:facet>
```

14.3.2　与会者图片

存储在企业数据库中的图片是 Web 服务的 getAttendees 操作返回的属性之一。图片返回为一个字符串，并且可以使用图片组件将它显示为一张图片。

```xml
<amx:image source="data:image/gif;base64,#{bindings.picture.inputValue}" />
```

所有使用 TAMCAPP 应用的与会者都能修改他们的个人图片。要拍摄一张图片，用户可以从 Edit Personal Info MAF AMX 页面调用 New Photo 按钮，并且当用户想上传一张现有的图片时，可以使用 Upload Existing 按钮。这两个按钮都使用了 attendeesBean 中的一个方法。

uploadExisting 使用 getFromFile()方法，而 takePicture 使用 takePhoto()方法。这两个方法基本相同。唯一的区别是源类型。一个是 CAMERA_SOURCETYPE_PHOTOLIBRARY，而另一个是 CAMERA_SOURCETYPE_CAMERA。作为参考，下面的代码展示了 takePhoto()方法。doUpload()方法的调用实际上是最重要的，将在下一节介绍。

```
public void takePhoto(ActionEvent ae) {
  DeviceManager dm = DeviceManagerFactory.getDeviceManager();
  if (dm.hasCamera()){
    String theImage = dm.getPicture(50
              ,DeviceManager.CAMERA_DESTINATIONTYPE_DATA_URL
              ,DeviceManager.CAMERA_SOURCETYPE_CAMERA
              ,false,DeviceManager.CAMERA_ENCODINGTYPE_PNG ,400,200);
    // Only upload if the user did not cancel the camera.
    if(theImage!=null){
      doUpload(theImage);
    }
  }
}
```

拍照或选择图片后，必须将图片保存到服务器。将图片从设备上传到服务器有所不同。这涉及一个以图片作为字符串的 Web 服务。该字符串应该是图片的 Base64 编码字符串表示。在之前的示例代码中的 takePhoto()方法中，目标类型被设置为 CAMERA_DESTINATIONTYPE_DATA_URL，这正是我们想要的。

注意：

这些 Base64 编码的图片会导致应用耗尽内存。随着图片质量和大小的增长，字符串大小也随之增长。必须按照第 8 章所介绍的微调 quality、targetHeight 及 argetWidth 参数，来找到图片质量和内存使用之间的最优平衡。

在 uploadImage()方法中，imageSource 被用作调用 saveImage Web 服务操作的参数之一。另外两个参数是图片类型，在此例中是 png，及当前与会者的 Id。请注意，对于此 Web 服务，通过使用 invokeDataControlMethod，将创建数据控件(见图 14-6)，并调用 saveImage()操作。

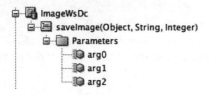

图 14-6　图片 Web 服务数据控件

下面的示例代码展示了 uploadImage()方法的完整代码：

```
public void uploadImage(Object imageSource) {
  String attendeeId = (String)AdfmfJavaUtilities.evaluateELExpression(
              "#{pageFlowScope.attendeesBean.currentAttendee}");
  Integer id = Integer.valueOf(attendeeId);
  ArrayList parameterNames = new ArrayList();
  ArrayList parameterValue = new ArrayList();
```

```
ArrayList parameterTypes = new ArrayList();
parameterNames.add("arg0");//arg0 contains file content
parameterNames.add("arg1");//arg1 contains file type e.g. jpg
parameterNames.add("arg2");//arg2 contains the Id of the attendee.
parameterValue.add(imageSource);

parameterValue.add("png");
parameterValue.add(id);
parameterTypes.add(Object.class);
parameterTypes.add(String.class);
parameterTypes.add(Integer.class);
try{
  AdfmfJavaUtilities.invokeDataControlMethod("ImageWsDc", null,
            "saveImage",parameterNames, parameterValue,parameterTypes);
} catch (AdfInvocationException e) {
  Trace.log(Utility.ApplicationLogger, Level.SEVERE,
      AttendeesDetail.class, " uploadImage ",">>>>>>" + ex.getMessage());
  AdfException e = new AdfException("Error Invoking Web Service. Try later",
                    AdfException.WARNING);
  throw e;
  }
}
```

成功上传后,图片被保存在数据库中,并且在之后每次检索此与会者的数据时,都会显示新的图片。对于拍了这张照片并上传的与会者来说,为了获取新的图片再次调用 Web 服务是毫无意义的。新图片的数据已在设备中,所以为什么不立刻显示它呢?这其实比看起来简单多了。只需要在 saveImage() 方法中的异常处理器后面加几行代码就行了。当且仅当没有异常时会执行这段代码,这意味着图片上传成功。在这段代码中,查找当前与会者和更改图片属性值使用的字符串与图片上传时使用的字符串完全相同。

```
// Image upload; All is well;
// Now also update the photo in the current attendee in Memory
  PersonDetail prs = (PersonDetail)s_searchResults.get(0);
  prs.setPicture(imageSource.toString());
```

在图片属性的 setter 中,调用 firePropertyChange,来通知用户界面属性已被修改并显示新的图片。

```
public void setPicture(String picture) {
  String oldPicture = this.picture;
  this.picture = picture;
  propertyChangeSupport.firePropertyChange("picture", oldPicture, picture);
}
```

14.4 小结

只是创建移动应用是一回事,但结合常识和可识别的 UX 模式以用户友好的方式实现它则是另一回事。本章介绍了一些智能技术,这些技术在 Oracle MAF 应用中用于实现搜索和导航的用户友好的 UX 模式。本章主要内容如下：
- 以编程方式导航
- 调用通话功能和 Skype
- 以编程的方式处理绑定层
- 上传图片至服务器数据库

第 15 章

开发地图和社交网络

身为技术专家,你也许会经常出差,在世界各地的许多城市出席会议。会有很多你想分享的感想和许多关于新城市的疑问。试想如何与你的朋友保持联络,如何在一个陌生的城市找到路。现在再试想一下,不能使用智能手机……很难,对吗?几年前,我们没有智能手机却成功做到此事,但现如今我们的生活已经不能离开这两样东西:基于位置的服务和社交网络交互。幸运的是,TAMCAPP 应用派上用场了。这个应用借助于地图支持基于位置的服务,并用 Twitter 与社交网络交互。

15.1 实现地图特性

参加会议时,你可能位于一个全新的城市。为了不让自己迷路,TAMCAPP 附带地图特性。

该地图特性提供了会议中心房间的地图以及当地景点，如餐馆和旅游景点。这两种地图用不同的方式实现。第一种是会议中心地图，使用自定义的 Oracle MAF DVT 专题地图组件实现。第二种是景点地图，使用 Oracle MAF DVT 地图组件实现。本章会讨论以上两种实现方式。

地图特性被实现为一个 Oracle MAF 工作流，如图 15-1 所示。

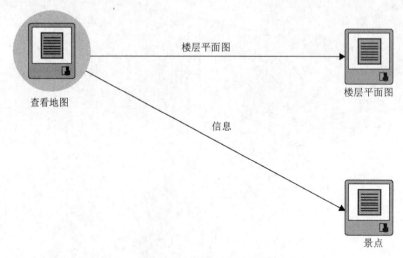

图 15-1　地图工作流程图

为了调用不同的地图，该 ViewMaps 视图包含了一个简单的列表视图。单击一个列表项就会打开一个相应的地图视图。

```
<amx:listView var="row" id="lv1">
  <amx:listItem id="li1" action="floorplan">
    <amx:outputText value="Floor Plan" id="ot2"/>
  </amx:listItem>
  <amx:listItem id="li2" action="info">
    <amx:outputText value="Points of Interest" id="ot3"/>
  </amx:listItem>
</amx:listView>
```

15.1.1　会场地图

会场地图展示了会议室的概貌。在这个会场地图上(见图 15-2)，会有突出显示的热点，该热点响应长按手势来显示一个包含特定会议室信息的弹窗。会场地图是基于自定义的专题地图组件实现的。一张专题地图侧重于一个特定主题或专题，而并不只是显示诸如河流和城市等自然特征。这些项目如果在专题地图上，就是背景信息并作为参考点来增强地图的主题。Oracle MAF 专题地图组件支持对一个地区或国家的地理地图的数据可视化，或者是一个自定义地图的可视化，比如平面图、公园、剧院座位图或一架飞机的布局。预定义和自定义标记都可在地图上定位。这种地图的实现包括三个主要部分，如下所示：

- 自定义图片；包含楼层平面图的实际图片。
- 定义图层和数据点的 XML 元数据文件，将使用它作为热点。
- Oracle MAF DVT 专题地图组件。

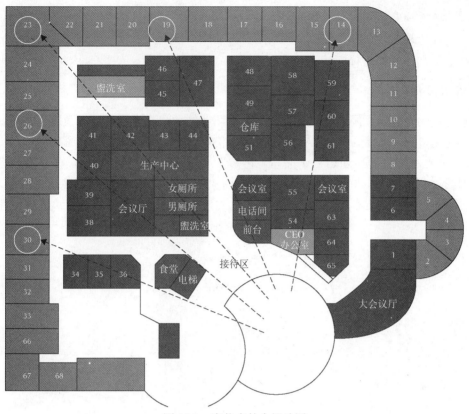

图 15-2　有热点的会场地图

Oracle MAF 专题地图组件支持使用自定义基本地图，如楼层平面图。定义一个自定义的基本地图，需要指定一个指向一张自定义图片的背景层。可以高亮显示这张图片上的某些区域。专题地图使用数据点来实现此功能。这里就使用了 XML 元数据文件。元数据文件包含了对自定义图片和数据点的引用。

最后，从一个实际的 MAF 专题地图组件中引用该 XML 元数据文件。MAF AMX 文件声明了一个带有命名点的自定义区域层。MAF AMX 文件指向的元数据文件由包含点及其名称的列表显示。所涉及的文件概况如图 15-3 所示。

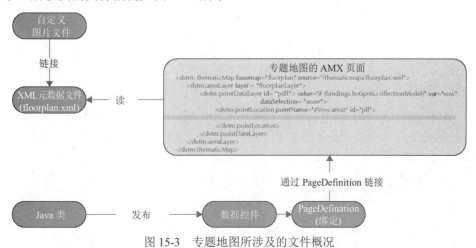

图 15-3　专题地图所涉及的文件概况

对于 TAMCAPP 应用,将专题地图组件与会场平面图一起使用。运行时,地图会显示会议室的热点。长按其中一个热点时,会出现一个弹窗,显示那间会议室里关于会话的额外信息。下面的几节将介绍如何实现此功能。

1. 添加和配置图片

对于特定的专题地图组件,需要有组成会议场地的一张或多张楼层平面图。这些图片必须在应用中可用,而非远程可用。TAMCAPP 应用使用名为"floorplan.png"的图片。

XML 元数据文件(floorplan.xml)描述了自定义地图的配置。该文件定义了基本地图和包括图片引用的层。基本地图和图层都有一个 id,专题地图组件用它来识别合适的基本地图和图层。XML 元数据文件中定义的其他信息为点和它们的坐标。使用点的坐标在已渲染的地图上绘制热点。

```
<basemap id="floorplan">
    <layer id="floorplanLayer">
        <image source="/thematicmaps/floorplan.png" width="762" height="650"/>
    </layer>
    <points>
        <point name="roomOne" x="40" y="40"/>
        <point name="roomTwo" x="260" y="40"/>
        <point name="roomThree" x="40" y="380"/>
        <point name="roomFour" x="40" y="190"/>
        <point name="roomFive" x="550" y="40"/>
    </points>
</basemap>
```

注意:
在前面的例子中,有一张为楼层平面图层定义的图片。在此元数据文件中,可以对不同的屏幕分辨率和显示方向指定不同的图片。专题地图根据屏幕分辨率和方向为图层选择合适的图片。

2. 创建地图

Oracle MAF AMX 页面使用 thematicMap 组件显示楼层平面图。请记住,在默认情况下,thematicMap 组件是基于地理地图的。该地图由基本地图属性定义。本例中的 areaLayer 使用了状态。

```
<dvtm:thematicMap basemap="usa" id="tm2">
    <dvtm:areaLayer layer="states" id="al2"/>
</dvtm:thematicMap>
```

基于 TAMCAPP 的目的,需要自定义基本地图和图层。为了指示 TAMCAPP 的 thematicMap 组件使用自定义图片,基本地图需要指向 XML 元数据文件中的基本地图 id,而区域层需要指向元数据文件中的层定义。基本地图和图层都从 XML 元数据文件中读取,在本例中是"thematicmaps/floorplan.xml"。 thematicMap 的 pointDataLayer 元素需要一个数据集来绘制地图上的点。

```
<dvtm:thematicMap basemap="floorplan" id="tm1"
                  source="/thematicmaps/floorplan.xml"
```

```
                    animationOnDisplay="alphaFade"
                    animationOnMapChange="cubeToLeft">
  <dvtm:areaLayer layer="floorplanLayer" id="al1" areaLabelDisplay="off">
    <dvtm:pointDataLayer id="pdl1" var="row"
                  value="#{bindings.hotspots.collectionModel}"
                  dataSelection="none">
    ....................
    </dvtm:pointDataLayer>
    </dvtm:areaLayer>
</dvtm:thematicMap>
```

数据点层所使用的数据集定义在 FloorPlanHotspots 类中，之后将对它进行介绍。该类定义了一组由数据服务返回的热点。为该类创建了一个数据控件(见图 15-4)，用来拖放专题地图以及在相应的页定义文件中创建绑定条目。

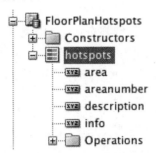

图 15-4　FloorPlanHotspots 数据控件

注意：

基于数据控件面板的数据服务的拖放创建了专题地图组件和必要的绑定。如果 thematicMap 组件是这样创建的，它只能基于预先定义的基本地图。这意味着需要手动修改 <dvtm:thematicMap/>和<dvtm:areaLayer/>来使用自定义的基本地图。

这个 FloorPlanHotspots 类调用一个数据服务。在此具体示例中，数据服务是 Java 类中一个名为 initHotpots()的方法，该 Java 类创建一个包含预定义的硬编码热点集的列表。Hotspot 对象定义一个热点。

```
public class Hotspot {
  private String area;
  private String info;
  private int areanumber;
private String description;
private List s_searchResults = null;
public FloorPlanHotspots() {
  super();
  if (s_searchResults == null) {
     s_searchResults = new ArrayList();
     initHotspots();
  }
}
public void initHotspots() {
  s_searchResults.add((new Hotspot("roomOne", "Mobile Sessions", 1,
```

```
                "In this room there are about 10 sessions on Oracle MAF")));
    s_searchResults.add((new Hotspot("roomTwo", "Database Sessions", 2,
                "Database Sessions can be very interesting")));
    s_searchResults.add((new Hotspot("roomThree", "APEX Sessions", 3,
                "APEX is doing a good job. Just is not my thing")));
    s_searchResults.add((new Hotspot("roomFour", "PL SQL Sessions", 4,
                "PL SQL is way back for me")));
    s_searchResults.add((new Hotspot("roomFive", "Other Sessions", 5,.
                "Need I say more")));
}
public Hotspot[] getHotspots() {
    Hotspot l[] = null;
    l = (Hotspot[])s_searchResults.toArray(new Hotspot[s_searchResults.size()]);
    return l;
}
```

这意味着有五个预定义的热点，它们都有自己的区域、信息、地区编号和描述。在实现实际热点时可以使用这些信息。热点的坐标被硬编码在 floorplan.xml 文件中。例如，一个满足 area=roomOne 的热点会被绘制在 x=40、y=40 的位置，因为在 floorplan.xml 文件中，已经将一个数据点定义为 roomOne 了。

```
<points>
    <point name="roomOne" x="40" y="40"/>
```

3. 定义热点

专题地图的数据点层基于#{bindings.hotspots.collectionModel}，它保留了一个热点数组并使用 var="row" 来清除数据点。该变量用于实际的 pointLocations 和 Markers。该 pointLocation 指定确定数据点位置的数据。在 TAMCAPP 中，这些位置用 x 和 y 坐标来表示。该标记用来清除与地图上的数据点相关联的形状。pointLocation 使用#{row.area}，按名称(type="pointName") 在 XML 元数据文件中查找相应的坐标，并在定义的位置上绘制点。在这些位置上放置标记。最终的结果如图 15-5 所示。

图 15-5　显示会场地图上的热点

```
<dvtm:pointLocation pointName="#{row.area}" id="pl1" type="pointName">
<dvtm:marker id="marker1" value="#{row.areanumber}" fillColor="#636F57"
             opacity="0.0" scaleX="2"
             scaleY="2" shortDesc="#{row.info}" shape="circle"
             labelDisplay="on"
             labelPosition="center" labelStyle="font-size:0px;color:white;"
             gradientEffect="auto">
```

注意:

在 XML 元数据文件中,已经硬编码了 x 和 y 坐标。这些坐标也可以从热点集合中动态衍生出来。为此,Hotspots 对象需要 x、y 坐标的属性,且 pointLocation 组件的类型必须被设置为"pointXY"。

```
<dvtm:pointLocation id="pl1" type="pointXY"
             pointX="#{row.x}" pointY="#{row.y}" >
```

调用热点弹窗

最后,单击热点时 TAMCAPP 会显示一个弹窗。该弹窗是由<amx:showPopupBehavior/>组件调用的。弹窗中显示的信息也是从行变量中检索而来的,并将这些信息输入至 pageFlowScope 变量。

```
<dvtm:pointLocation pointName="#{row.area}" id="pl1">
<dvtm:marker id="marker1" value="#{row.areanumber}" fillColor="#636F57"
             opacity="0.0" scaleX="2"
             scaleY="2" shortDesc="#{row.info}" shape="circle"
             labelDisplay="on"
             labelPosition="center" labelStyle="font-size:0px;color:white;"
             gradientEffect="auto">
    <amx:setPropertyListener from="#{row.info}"
                    to="#{pageFlowScope.hotspotsBean.info}"/>
    <amx:setPropertyListener from="#{row.areanumber}"
                    to="#{pageFlowScope.hotspotsBean.areanumber}"/>
    <amx:setPropertyListener from="#{row.description}"
                    to="#{pageFlowScope.hotspotsBean.description}"/>
    <amx:showPopupBehavior popupId="p1" align="overlapTop" alignId="tm1"/>
</dvtm:marker>
</dvtm:pointLocation>
</dvtm:areaLayer>
</dvtm:thematicMap>
<amx:popup id="p1" autoDismiss="true" animation="slideRight"
        inlineStyle="padding:0px;">
<amx:tableLayout id="tl1" width="75%" inlineStyle=
    "width:300px;height:150px;">
    <amx:rowLayout id="rl911">
        <amx:cellFormat id="cf913" width="80%" valign="top" halign="start">
            <amx:outputText value="#{pageFlowScope.hotspotsBean.info}"
                id="ot41"/>
        </amx:cellFormat>
    </amx:rowLayout>
    <amx:rowLayout id="rl6">
        <amx:cellFormat id="cf99" width="80%" valign="top" halign="start">
```

```
            <amx:outputText
          value="#{pageFlowScope.hotspotsBean.description}"
id="ot91"/>
          </amx:cellFormat>
      </amx:rowLayout>
</amx:tableLayout>
</amx:popup>
```

15.1.2 景点地图

Oracle MAF DVT 地图组件实现了该景点地图。该实现包括以下三个主要部分：
- 一个 Web 服务，在本例中是由 Google 提供的 Web 服务
- 一个提供数据点的 POJO
- 一个地图组件

Google Places API

对于景点地图，我们将使用 Google Places API。Google Places API 允许你在各种"地点"(位置)上查询地点信息，包括按类别查询，如机构、知名的景点、地理位置等。可以通过附近或者文本字符串来搜索地点。地点搜索会返回一个地点的列表，包含每个地点的概要信息。

我们将使用 JSON 类型响应：

https://maps.googleapis.com/maps/api/place/nearbysearch/*JSON*?*parameters*

这里有很多参数可用在之前的 URL 示例中的参数部分。出于本书的目的，仅使用以下参数：
- location=52.35985,4.88510 (从设备的 GPS 位置获取)
- radius=1000
- types (有很多可用类型，但对本例而言只用两种)
  - food
  - art_gallery
- sensor=false
- key=<谷歌 API 密钥>

这将导致以下 Web 服务调用的 URL：

```
https://maps.googleapis.com/maps/api/place/nearbysearch/
json?location=52.35985,4.8
8510&radius=1000&types=art_gallery&sensor=false&key=<your google API key>
```

可以在 Google Places API 的文档网站中找到其他的参数和附加信息：https://developers.google.com/places/documentation/search。

使用 Web 服务时，Google 将结果返回为一个 JSON 字符串：

```
"results" : [
  {
    "geometry" : {
      "location" : {
        "lat" : 52.363850,
        "lng" : 4.880790
      }
```

```
        },
        "icon" : "http://maps.gstatic.com/mapfiles/place_api/icons/cafe-71.png",
        "id" : "7e7aa85e3e8fb7436bf77647cecbc6ce80db0b4a",
        "name" : "American Hotel",
        "photos" : [
          {
            "height" : 858,
            "html_attributions" : [],
            "photo_reference" :
"CnRnAAAANnNEEbl1pLaJOmSOpPbBY6yTKq7pX5ISR0SumPPjzCLoyMqAjLA5KSXX1WyHS6Czae
LloT3CkXjbpH5MOsHIXcMHY0IuvXjloK7ZSGnQPCSdcseeDz67n6P9xJjcHn_IQi_ofX6CYU8ep5d3U
ww5FBIQ6TB6XCXFelAUVw2hGDqZLRoUGv9owCeAoWlVUB-F753HUAcxgYA",
            "width" : 1280
          }
        ],
        "rating" : 3.60,
        "reference" :"CnRtAAAAw3CMp-foxCYu7Jz3AoVujavqDCaVCMSBin2ByjcgsOYR4b9R
2WP64bTinDxnA1_gWfog9sVy5kJtj7dhCCefkcbBTnXR4O0EJekeDGAkaIPCpajV52u6rLd_9SRETAI
MOTk3RE6eeXCM-
4Cop_NRIQemFOs_IWVK17667_0yitkxoUvAkxZbaAmwtqFXv3tQJb5jy88HQ",
        "types" : [ "cafe", "lodging", "food", "establishment" ],
        "vicinity" : "Leidsekade 97, Amsterdam"
      },
……next results……
```

注意：
下载引用和照片引用信息开销较大。如果不想显示图片，不下载这些信息会更好。然而，Google Places API 没有提供排除引用和照片引用信息的方式。这就意味着即使你不想使用这些信息，它也会被下载到应用中。

如果要创建自己的景点地图，需要找出哪些信息是与地图相关的并且可以用于景点地图。对于 TAMCAPP 应用，需要使用位置值来绘制地图上的位置、图标名称、等级和邻近区域。

调用 Google Places Web 服务

Google Places Web 服务是一个 REST-JSON Web 服务。为了处理 Google Places Web 服务的 JSON 响应，需要使用 RestServiceAdapter 和 JSONBeanSerializationHelper 类。这些类是 Oracle MAF 框架的一部分，并且能在 "oracle.adfmf.*" 包中找到它们。在 Oracle MAF 的当前版本中，访问 REST-JSON 服务的唯一方法是通过 RestServiceAdapter 手动访问。为了在 MAF 应用中使用 RestServiceAdapter 接口，需要一个到 URL 的有效连接，服务托管在该 URL 中。确保 connections.xml 中有一个有效的连接，或者仅仅是通过调用 JDeveloper 中的新图库来创建一个新的 URL 连接。在这个连接中定义的 URL 端点是指 REST 服务的根 URL。在调用服务之前，将在 Java 代码中设置实际的请求 URI。

URL 连接没有定义 URL 参数。只需要 URL 端点。TAMCAPP 应用中的 RestServiceAdapter 将构建请求的剩余部分。

注意：
在创建 URL 连接(见图 15-6)后，建议重新启动 JDeveloper。然而，由于 JDeveloper 中的一个 bug，如果不重新启动 JDeveloper，就调用 Web 服务会导致一个错误："建立 URL 连接失败。请确认可以建立有效的 URL。"即使 URL 连接包含一个有效的连接也会发生这种情况。这个 bug 可能很快会被修复。

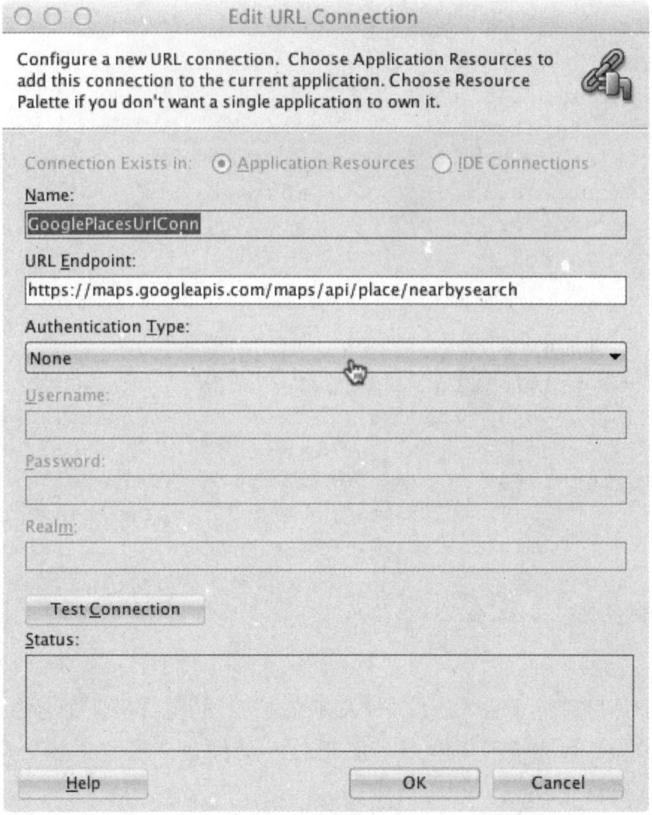

图 15-6 创建 URL 连接

使用 RestServiceAdapter 接入 REST Web 服务，需要定义一个 URL 端点连接、请求类型(本例中为 GET)，以及包含你尝试查询的资源信息的请求 URI。URL 端点连接指的是之前定义的 URL 连接。请求类型 GET 告知 RestServiceAdapter 我们需要检索数据。最终，RestServiceAdapter 需要知道告知 Web 服务所要查找内容的请求 URI。在本例中，建立 URI 需要的位置、半径、类型，当然还有一个有效的 Google API 密钥。

```
RestServiceAdapter restServiceAdapter = Model.createRestServiceAdapter();
// Clear any previous request properties
restServiceAdapter.clearRequestProperties();
// Set the connection name
restServiceAdapter.setConnectionName("GooglePlacesUrlConn");
// Specify the type of request
restServiceAdapter.setRequestType(RestServiceAdapter.REQUEST_TYPE_GET);
// Specify the number of retries
restServiceAdapter.setRetryLimit(0);
// Set the URI which is defined after the endpoint in the connections.xml.
// The request is the endpoint + the URI with query parameters
restServiceAdapter.setRequestURI("json?location=52.35985,4.88510&radius=1000&types=
```

```
food&sensor=false&key=<yourApiKey>");
String response = "not found";
try {
  response = restServiceAdapter.send("");
}
```

处理 JSON-DATA

服务调用的响应必须可以在 TAMCAPP 应用中使用它之前被处理。结果是一个 JSON 结构。为了使用这个结果，TAMCAPP 使用 ServiceResult 对象，该对象模拟 Google Places 结果的 JSON 结构。对 jsonHelper.fromJSON 调用的结果会把这个转换为一个 ServiceResult 对象。从现在开始，可以使用这个结果了，它包含在 Java 对象中。

```
public class ServiceResult {
  private String status;
  private String debug_info;
  private String html_attributions;
  private String next_page_token;
  private JSONArray results;
```

ServiceResult 对象包含了一个 JSONArray，它不能以这种形式被 TAMCAPP 应用使用。必须有某种形式的到对象模型的转换，该对象模型定义了 TAMCAPP 中的 PlacesResult 对象。

```
public class PlacesResult {
  private String vicinity;
  private Double rating;
  private String name;
  private String types;
  private String icon;
  private PlacesGeometry geometry;
```

处理 JSON 结果的第一步是从 JSON 到 Java 的反序列化。为此，MAF 包含了 JSONBeanSerializationHelper 类。它能很好地实现将 JSON 转换为 Java。接下来的代码示例是之前构建请求的示例的延续，并且它侧重于响应的反序列化：

```
JSONBeanSerializationHelper jsonHelper = new JSONBeanSerializationHelper();
try {
 response = restServiceAdapter.send("");
 ServiceResult responseObject =
     (ServiceResult)jsonHelper.fromJSON(ServiceResult.class, response);
 if ( "OK".equalsIgnoreCase( responseObject.getStatus()) ) {
   placesResult = PlacesHelper.transformObject(responseObject).getResults();
   }
 this.result = responseObject.getStatus();
} catch (Exception e) {
 e.printStackTrace();
 this.result = "error";
}
```

在一个名为 PlacesHelper 的辅助类中，resultObject 从 JSONArray 转换为 TAMCAPP 的对象模型的 PlacesResult。这个类将 JSONArray 结果作为 Java 对象，然后在 PlacesResult 对象列

表中为每一个结果创建一个条目。

```java
public static PlacesResponse transformObject(ServiceResult service) {
  PlacesResponse response = new PlacesResponse();
  response.setStatus(service.getStatus());
  PlacesResultList results = new PlacesResultList();
  response.setResults(results);
  JSONArray resultList = service.getResults();
    for (int i = 0; i < resultList.length(); i++) {
    try {
      PlacesResult placesResult = new PlacesResult();
    JSONObject result = resultList.getJSONObject(i);
    if (result.get("icon") != null) {
      placesResult.setIcon((String)result.get("icon"));
    }
 ……
```

调用 Web 服务的方法的完整代码如下所示：

```java
public void searchAction() {
  this.result = "called";
  RestServiceAdapter restServiceAdapter = Model.createRestServiceAdapter();
  // Clear any previous request properties
  restServiceAdapter.clearRequestProperties();
  // Set the connection name
  restServiceAdapter.setConnectionName("GooglePlacesUrlConn");

  // Specify the type of request
  restServiceAdapter.setRequestType(RestServiceAdapter.REQUEST_TYPE_GET);
  restServiceAdapter.addRequestProperty("Content-Type", "application/json");
  restServiceAdapter.addRequestProperty(
  "Accept","application/json;charset=UTF-8");
  // Specify the number of retries
  restServiceAdapter.setRetryLimit(0);
  // Set the URI which is defined after the endpoint in the connections.xml.
  // The request is the endpoint + the URI being set
  restServiceAdapter.setRequestURI("json?location=52.35985,4.88510&"
            +"radius=1000&types=food&sensor=false&key=<yourApiKey>");
  String response = "not found";
  JSONBeanSerializationHelper jsonHelper = new JSONBeanSerializationHelper();
  try {
     // For GET request, there is no payload
     response = restServiceAdapter.send("");
     ServiceResult responseObject =
       (ServiceResult)jsonHelper.fromJSON(ServiceResult.class, response);
     if ( "OK".equalsIgnoreCase( responseObject.getStatus()) ) {
       placesResult = PlacesHelper.transformObject(
                             responseObject).getResults();
     }
     this.result = responseObject.getStatus();
   } catch (Exception e) {
    e.printStackTrace();
```

```
            this.result = "error";
        }
    }
```

现在可以从该类创建数据控件(见图 15-7)。该数据控件用于创建地图组件。只需要从数据控件中将 placesResult 集简单地拖放到页面上,将它作为一个地理地图。一旦创建完毕,JDeveloper 就会显示弹窗,可以使用基于附近地区的地址类型地图。

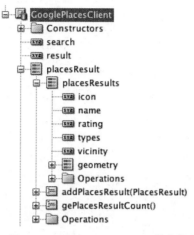

图 15-7 GooglePlacesClient 数据控件

```
    <dvtm:geographicMap id="map1" zoomLevel="4" centerX="52.37323"
centerY="4.89166">
        <dvtm:pointDataLayer value="#{bindings.placesResults.collectionModel}"
                    id="pdl2" var="row">
            <dvtm:pointLocation id="ptl1" type="address"
                        pointName="#{row.name}" address="#{row.vicinity}">
                <dvtm:marker id="mrk1" source="#{row.icon}"/>
            </dvtm:pointLocation>
        </dvtm:pointDataLayer>
    </dvtm:geographicMap>
```

注意:
placesResult 还包含确切的 x 和 y 几何坐标。若需要更精确,可以用这些坐标代替附近区域。然而地图组件能很好地基于附近区域包含的地址进行地理编码。

使用设备的 GPS 坐标

如第 8 章所述,Oracle MAF 可以访问 GPS。该信息可以用于景点地图。为此,前面的代码示例 searchAction()中用过的位置参数使用了坐标的硬编码值,并且需要进行动态创建。因此不需要使用下列代码:

```
location=52.35985,4.88510
```

该应用需要构建如下代码:

```
location=<myLat>,<myLong>
```

为此,该应用需要检索设备当前的位置。DeviceManager 能为你做到这一点。

```
public Location getPosition(){
  DeviceManager dm =DeviceManagerFactory.getDeviceManager();
  Location currentPosition = dm.getCurrentPosition( 60000, true);
  return currentPosition;
}
```

该方法调用所返回的位置对象包含了 Google Places 搜索所需的信息：经度和纬度。可以用 Java 访问该信息。将以上内容组合在一起为：

```
Location myPosition = getPosition();
String locationParameter = "location="+ myPosition.getLatitude();+","+
                          myPosition.getLongitude();
restServiceAdapter.setRequestURI(
"json? "+locationParameter+"&radius=1000&types=food&sensor=false&key=
<yourApiKey>");
```

在本例中，当现在调用 Google Places 服务时，它会返回与食品相关的、在设备的当前位置 1000 米半径以内的位置信息(见图 15-8)。

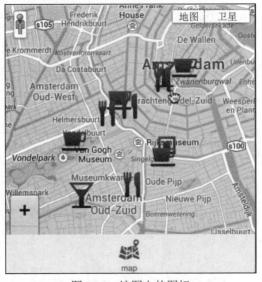

图 15-8　地图上的图标

注意：
在第 18 章，你将学习一种机制，不需要访问设备的 GPS 坐标就能调用 Google Places 搜索。

在食品和休闲区切换

能概览周围所有的酒吧、餐馆及其他吃东西的绝佳之地是极好的。而当停留在一个陌生的城市时，在慵懒的周日或在会议期间宝贵的休息时间里，参观一些博物馆或剧院也很不错。这就是 TAMCAPP 提供在食品和休闲区切换的可能原因(见图 15-9)。

为此，景点地图的页眉部分有两个按钮：一个是餐馆，一个是地标。当调用任一链接时，地图在选项之间进行切换。这是通过结合 actionListener 和 setPropertyListener 实现的。propertyListener 设置 currentMap 类型的值，actionListener 调用了一个托管 bean 中的方法来访问 Web 服务。

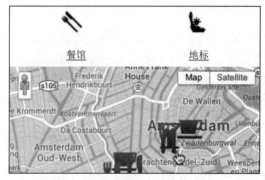

图 15-9 切换餐馆和地标的地图页眉

```
    <amx:commandLink id="cl1
actionListener="#{pageFlowScope.mapsBean.switchMapMode}">
        <amx:image id="i1" source="/images/Fork and knife.png"/>
        <amx:setPropertyListener id="spl2" from="food"
                    to="#{pageFlowScope.mapsBean.currentMap}" type="action"/>
    </amx:commandLink>
    <amx:commandLink
id="cl2"actionListener="#{pageFlowScope.mapsBean.switchMapMode}">
        <amx:image id="i2" source="/images/Statue Of Liberty.png"/>
        <amx:setPropertyListener id="spl2"
from="museum|art_gallery|zoo|movie_theater"
                    to="#{pageFlowScope.mapsBean.currentMap}" type="action"/>
    </amx:commandLink>
```

Google Places API 在一个 GET 请求中支持多种类型。这些类型可用一个"管道"符号进行串联。这展示在之前第二个 commandLink 的 setPropertyListener "from"字段的代码示例中。

每当用户单击一个图标时，我们想用新的参数重新调用 Web 服务，而且新的结果会显示在地图上。这在 mapsBeans 的 switchMapMode 方法中实现，它调用 GooglePlacesClient searchAction，给该方法提供合适的地图类型。注意，只有当地图类型确实发生改变时才执行此调用。

```
public MapsBean() {
    poi = new GooglePlacesClient();
}
public void switchMapMode(ActionEvent actionEvent) {
    if (!currentMap.equalsIgnoreCase(previousMap)) {
        poi.searchAction(currentMap);
        setPreviousMap(currentMap);
    }
}
```

searchAction 方法检索 mapType 并在构建 requestURI 中使用它。现在，该 requestURI 富于动态性，它使用设备的坐标以及用户设置的地图类型。

```
restServiceAdapter.setRequestURI(
"?"+locationParameter+"&radius=1000&types="+mapType+"&sensor=false&key=
<yorKey>");
```

缓存Web服务数据

现在已经实现了景点地图，你必须意识到每次将类型由食物改为休闲再改回来时，就会调用 Web 服务。这没有什么意义，因为很可能会返回完全相同的结果。如何实现某种缓存机制呢？最简单的实现方法是在调用 Web 服务前寻找内存中是否有数据。

为此，需要在 GooglePlacesClient 类中创建两个集合，分别用于两种类型的地点：

```
private PlacesResultList foodPlaces = null;
private PlacesResultList leisurePlaces = null;
```

首次调用服务后，将服务调用的结果放入相应的集合中。当第二次调用该 Web 服务时，通过检查缓存集合中是否有数据来判断该调用是否之前已经执行过。

所以在本例中：

```
if (foodPlaces.getPlacesResultCount()>0){
    readFromCache();
}
```

也可以添加一个额外的检查，但仅当因位置大幅度改变而需要更新搜索结果时才可行。当这两个检查都准备就绪时，现在就能确保不会调用该 Web 服务太多次了。

15.2 嵌入 Twitter 时间轴

在大城市里出席大型会议却无法访问社交媒体是一件不好的事情。至少你会需要与会议相关的新闻。TAMCAPP 应用有一个针对 Tamcapp Conference 的嵌入式 Twitter 时间轴。它会显示所有与@tamcappConf 相关的推文，及会议的 Twitter 账户。有几种不同嵌入时间轴的方法。第一种是 Twitter REST API v1.1。它使你可以向 Oracle MAF 应用中添加一个 Twitter 时间轴。GET statuses/user_timeline 返回由 screen_name 或 user_id 参数指定的用户发布的最新推文的集合。

```
https://api.twitter.com/1.1/statuses/user_timeline.json?screen_name=<name>
```

在前面使用 Google Places REST API 实现景点地图的部分已经对这种互动的方式进行了说明。这也是在 Oracle MAF 应用中在 iOS 上嵌入一个 Twitter 时间轴必须使用的机制。如果只是在 Android 上构建，可以用更简单的方式。可以用 Twitter 小部件实现 Twitter 时间轴。在下一节，你将学习如何使用本地 HTML 在 TAMCAPP 应用中嵌入 Twitter 时间轴。

15.2.1 研究 Twitter 小部件

就像 twitter.com 上的时间轴，嵌入式时间轴是交互式的并且可以使你的访客能够回复、转发以及直接从 TAMCAPP 应用保存喜爱的推文。集成的 Tweet 盒鼓励用户响应或者开始新的会话，而且自动扩展媒体的选择可以把照片放到前面和中间。

这些时间轴工具是专门为 Web、移动网络和触控设备创建的。其实可以非常容易地在 Twitter 网页上创建 Twitter 时间轴小部件(见图 15-10)。当你访问账户的设置页面时，选择"widgets"，就可以新建小部件或编辑已有的部件。

第 15 章 开发地图和社交网络 **275**

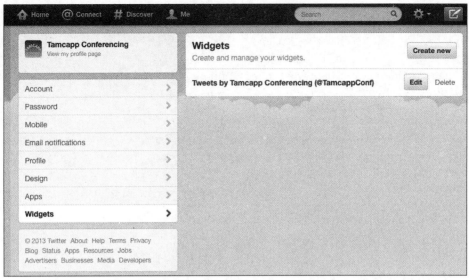

图 15-10　Twitter 时间轴小部件

15.2.2　在示例应用中使用 Twitter 小部件

在 TAMCAPP 中使用 Twitter 小部件其实非常简单。需要创建一个 HTML 页面并把 Twitter 生成的小部件代码粘贴进这个 HTML 页面。这真的是显示 Twitter 时间轴所需做的一切工作了（见图 15-11）。

图 15-11　TamcappConf 的 Twitter 时间轴

```
<!DOCTYPE HTML PUBLIC "-//W3C//DTD HTML 4.01 Transitional//EN"
"http://www.w3.org/TR/html4/loose.dtd">
<html>
  <head>
```

```
      <meta http-equiv="Content-Type" content="text/html; charset=ISO-8859-1">
      </meta>
   </head>
<body>
   <a class="twitter-timeline" href="https://twitter.com/TamcappConf" data-
      widget-id="yourData-Widget-Id"> Tweets by @TamcappConf</a>
   <script type="text/javascript">
!function(d,s,id){var js,fjs=d.getElementsByTagName(s)[0],p=/^http:/.test
(d.location)?'http':'https';if(!d.getElementById(id)){js=d.createElement(s);
js.id=id;js.src=p+"http://platform.twitter.com/widgets.js";fjs.
parentNode.insertBefore(js,fjs);}}
(document,"script","
twitter-wjs");
   </script>
 </body>
</html>
```

15.2.3 将 Twitter 域加入白名单

因为 Twitter 小部件使用了一个远程 URL，所以 Oracle MAF 只能在你明确指示该应用被允许访问时才调用这个 URL。这个过程称为白名单。如图 15-12 所示，可以在应用配置文件中将一个 URL 或域加入到此白名单中。

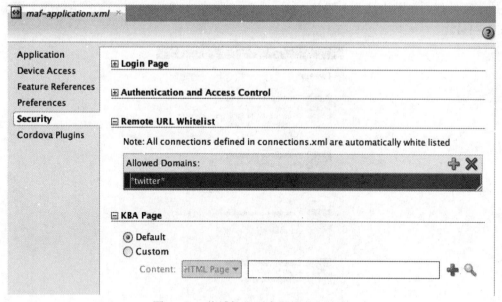

图 15-12　将域加入到应用的白名单中

如图 15-12 中所示，进入该域将产生以下 XML 代码：

```
<adfmf:remoteURLWhiteList>
    <adfmf:domain id="twitter">*twitter*</adfmf:domain>
</adfmf:remoteURLWhiteList>
```

注意：
可以在白名单中加入多种域，甚至用星号(*)添加通配符域。这样的结果是所有的域都是允许访问的。尽管这么做很容易，但你必须意识到允许访问所有的域具有潜在的安全性危险。

15.3 小结

TAMCAPP 应用使你能通过地图找到会议地点和会议城市周围的路。此外，还可以从应用中阅读来自 TAMCAPP 账户的所有推文。

本章主要内容如下：
- 如何在 Oracle MAF 应用中嵌入地图
- 如何创建自定义的主题地图组件
- 如何使用 REST-JSON Web 服务以及如何使用结果
- 如何缓存数据
- 如何使用地理地图
- 如何使用 Twitter 小部件嵌入 Twitter 时间轴

第 16 章

配置安全性和首选项

前面几章介绍了如何开发 TAMCAPP 应用的功能。TAMCAPP 对于不同用户群来说都是一个很好的应用。发言者和与会者都能使用该应用，而且组委会的成员也能使用它。本章将介绍如何保证 TAMCAPP 的安全，以及如何通过使用首选项来配置 TAMCAPP。

当用户安装 TAMCAPP 时，还不能马上就使用它。与许多其他应用一样，需要配置 TAMCAPP。使用安全措施来屏蔽未授权的访问。为了能登录应用，用户需要有一个用户名和密码，此外，也因为一些原因需要完成一些配置，比如推送通知(参见第 17 章)。这都在应用初始启动时进行处理。用户第一次打开 TAMCAPP 时，他就被引导到 Registration 特性，并被提示输入电子邮件地址和用户名。本章将学习如何设置该注册和安全功能。在第 10 章，你已学习了 Oracle Mobile Application Framework 安全性的一般工作原理。在接下来的几小节中，你将学习 TAMCAPP 应用是如何实现安全性的。

除了安全性，本章还会介绍应用首选项的使用，用户可以更改首选项来满足它们的需求。

这些首选项影响了 TAMCAPP 应用的行为；它们和应用存储在一起，并且 TAMCAPP 用户可以修改它们。在本章的第二部分，将学习如何实现 TAMCAPP 的首选项。

16.1 初始注册进程

用户若要能登录 TAMCAPP 应用，就必须有合法的证书。TAMCAPP 在初始注册时提供这些证书。为了便利，TAMCAPP 提供了一个 Registration 特性。这是 TAMCAPP 里唯一一个没有安全授权的特性。所以当用户首次打开 TAMCAPP 应用时，除了 Registration 特性外不能访问其他特性。用户自然而然地被引导至 Registration 特性，被提示输入电子邮件地址和用户名。用户调用 Register 按钮后，这些信息就被传送至 TAMCAPP 企业服务器，并被保存到 TAMCAPP 的"Subscriber"表中。企业应用也会创建一个 TAMCAPP 用户账户，用于登录 TAMCAPP 应用。并通过电子邮件返回证书、用户名和密码。可以使用这些信息登录至 TAMCAPP 安全特性，这些特性显然都需要身份认证。当用户尝试访问这种安全特性时，会出现一个登录界面，用户可以在上面输入用户名和密码。

在第 10 章，你已经学习了 Oracle MAF 可以对任何基本的认证服务器进行身份验证。TAMCAPP 的解决方案附带自己的身份验证服务器。

当 TAMCAPP 用户提供证书时，这些证书会被发送到身份验证服务器。成功登录后，就能确定该用户的角色并将它返回给 TAMCAPP 应用。在会议上，如果用户被认定是此次会议的发言者，他就会得到发言者角色；否则，将分配与会者角色。现在 TAMCAPP 应用可以使用这些角色来显示用户有权使用的特性。而且，可以根据用户角色隐藏或者显示特定的页面内容，比如按钮和输入组件。

初始注册背后的逻辑

为了在初始启动时调用注册，TAMCAPP 应用需要知道这是用户第一次启动了 TAMCAPP 应用。为此，TAMCAPP 会检查企业数据库中是否已经注册了该设备。如果没有，就意味着这是 TAMCAPP 应用第一次在此设备上启动。该检查由 TAMCAPP 的 applicationLifeCycle 监听器的 start() 方法实现：

```
public void start() {
    // Register application for push Notifications (explained in Chapter 17)
    EventSource evtSource =
        EventSourceFactory.getEventSource(NativePushNotificationEventSource.
            NATIVE_PUSH_NOTIFICATION_REMOTE_EVENT_SOURCE_NAME);
    evtSource.addListener(new PushNotificationListener());

    // call Registration feature to check if device is registered
    AdfmfContainerUtilities.gotoFeature("com.tamcapp.mobilebook.reg.
Registration");
}
```

在该方法中，调用了 Registration 特性。该特性有它自己的生命周期监听器。在该监听器的 activate() 方法中，调用一个 Web 服务来检查该设备是否已被注册。如果已被注册，通过导航到应用的 Springboard 再次关闭该特性。如果没有，特性的激活将继续，并且会显示注册页面,这样用户就可以注册。

注意:
对 Registration 特性的调用可以直接在应用生命周期监听器中实现。但是因为是在特性生命周期中实现它,所以 Registration 特性是独立的且可以被重用。

```java
public void activate() {
  String device = (String)AdfmfJavaUtilities.evaluateELExpression(
                       "#{applicationScope.deviceToken}");
  RegistrationService srv = new RegistrationService();
  userName = srv.getTamcappUserByDevice(device);
  if (userName.equalsIgnoreCase("NotRegistered")){
    // do nothing, just continue activating the feature.
  }
  else {
    // deactivate by going to springboard
    AdfmfContainerUtilities.gotoSpringboard();
  }
}
```

注意:
在前面代码示例中的"#{applicationScope.deviceToken}"表达式指的是特定设备的记号,是推送通知所需的信息的一部分。这将在第 17 章进行介绍。

Web 服务有助于实际的注册过程。该 Web 服务将一个 RegisteredUser 对象作为参数。该对象包含了注册用户所需的全部信息,包括了应用和设备的信息。设备信息用于推送通知。

```java
public class RegisteredUser {
  private String applicationId;
  private String deviceToken;
  private String deviceType;
  private String email;
  private String username;
  public RegisteredUser() {
    super();
  }
// getters and setters
}
```

下面显示了与调用注册 Web 服务相关的代码。该 Web 服务有一个名为"createTamcappUsers"的操作。它负责在表格中存储用户 ID 和设备信息,并确保用户的创建在安全范围内。一个安全范围包括一组配置过的安全性提供者、用户、组、安全角色和安全策略。

```java
public void register(String appId, String devToken, String devType, String email,
                 String userName) {
  RegisteredUser regUser = new RegisteredUser();
  regUser.setApplicationId(appId);
  regUser.setDeviceToken(devToken);
  regUser.setDeviceType(devType);
  regUser.setEmail(email);
```

```
    regUser.setUserName(userName);
    List pnames = new ArrayList();
    List params = new ArrayList();
    List ptypes = new ArrayList();
    GenericType gtRegUser = GenericTypeBeanSerializationHelper.toGenericType(
        "TamcappWsRegDc.Types.createTamcappUsers.tamcappUsers",regUser);
    pnames.add("tamcappUsers");
    params.add(gtRegUser);
    ptypes.add(Object.class);
    try {
     // This calls the DC method and gives us the Return
      GenericType result =
(GenericType)AdfmfJavaUtilities.invokeDataControlMethod(
        "TamcappWsRegDc", null, "createTamcappUsers",pnames, params, ptypes);
    } catch (AdfInvocationException ex) {
     // If the web service is not available throw a nice exception
    }
}
```

已注册的用户会收到一封附带证书的电子邮件，可以使用它来登录 TAMCAPP 应用。下一节将介绍如何在 TAMCAPP 应用中实现注册。

16.2 实现 TAMCAPP 的安全性

除了 Registration 特性，TAMCAPP 应用中所有的特性都是安全的。所有其他特性的安全性被定义在单独的特性级别。maf-feature 配置文件包含每个特性的安全性部分。要在特性级别启用安全性，必须选中 Enable Security 复选框，如图 16-1 所示。

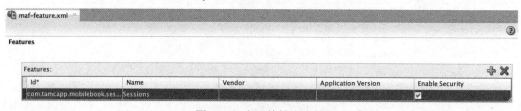

图 16-1　启用特性安全性

下一步是为此特性创建一个登录连接。这必须被定义在应用的配置文件中。TAMCAPP 使用 HTTP 基本身份验证，和可用时的远程登录服务器；否则，TAMCAPP 将使用本地身份验证。因此，在登录连接的 General 选项卡上，应将 "Connectivity mode" 设置为 "hybrid"。用于基本身份验证的 URL 可以在 HTTP Basic 选项卡上输入，如图 16-2 所示。

在 Authorization 选项卡上，可以配置访问控制 URL 和应用可获得的角色。这将在本章后面部分介绍。

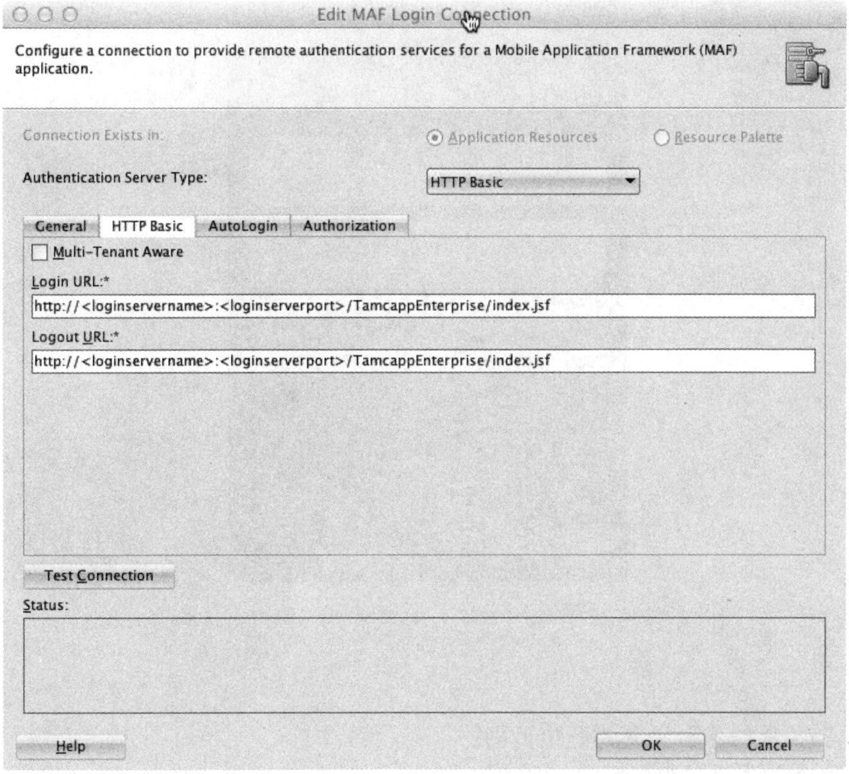

图 16-2　TAMCAPP 的 Edit MAF Mobile Login Connection 对话框

注意：
当特性被部署为 Oracle MAF Feature Archive(FAR)时，消费应用就会对该特性的安全性进行确认。然而，消费应用需要定义一个登录服务器连接，用来将此登录服务器分配给该安全特性。如果登录服务器未在消费应用中定义，在运行时该应用就不能找到登录服务器。

16.2.1　TAMCAPP 登录

当 Oracle MAF 应用已确认安全后，它使用框架提供的一个默认登录页面。开发者可以设计并创建自定义的登录页面。当一个受保护的应用特性被激活但用户还未进行身份验证时(如当它即将在 Web 视图中显示或当操作系统把应用特性返回到前台时)，Oracle MAF 会呈现给用户一个登录页面(见图 16-3)。在这些情况下，Oracle MAF 会判定访问应用特性是否需要用户认证，然后以登录页面询问用户身份。只有当用户成功输入有效的证书后，Oracle MAF 才能呈现预期的 Web 视图、UI 组件或者应用页面。

默认情况下，MAF 只在有需求时才会对未进行身份验证的用户显示一个登录页面，可以是一个应用特性对安全性有需求时，也可以是当它包含一些基于用户角色或权限的约束条件时。如果这些情况中的任意一个出现，那么 MAF 就会在应用启动时向用户呈现登录页面，并在导航栏相应地显示应用特性。

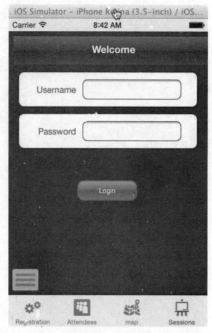

图 16-3　默认的登录页面

为 TAMCAPP 创建自定义的登录页面

默认的登录页面通常能够奏效，但如果需要额外功能或需要一个自定义的外观，框架提供了创建一个自定义登录页面的功能。TAMCAPP 应用有一个这样的自定义登录页面，可以替换默认的登录页面。创建自定义页面并不容易。Oracle MAF 应用创建自定义页面最简单且首选的方式是从标准登录页面入手。这样，进行调整就比较容易，而且你也不太可能忘记与登录过程相关的组件，比如需要调用的 JavaScript 函数。

为了把标准登录页面放入 TAMCAPP 应用，需要先得到该标准登录页面。首选方式是部署 TAMCAPP 应用(或任何其他的 Oracle MAF 应用)，然后在文件系统中输入该部署目录。可以在文件系统中找到默认的登录页面。对于 iOS，它的名称为"adf.login.iphone.html"，并且可以在 temporary_xcode_project 下的 www 目录中找到：

```
<jws-directory>/deploy/<deployment-profile-name>/temporary_xcode_project/
www/adf.login.iphone.html
```

对于 Android，它的名称为"adf.login.android.html"，并且可以在包(.apk)文件内部的 www 目录下找到：

```
<jws-directory>/deploy/<deployment-profile-name>/<deployment-profile-name>
.apk/assets/www/adf.login.android.html
```

一旦定位到标准登录页面，就需要对它进行重命名并将其复制到 TAMCAPP 应用控制器的 public_html 目录下(见图 16-4)。

现在可以调整默认登录页面来满足 TAMCAPP 的需求了。根据本书的目的，将一张自定义图片添加到登录页面后，它的样式就会发生改变。这虽然并不是非常大的改变，但至少展示了创建自定义登录页面的过程。创建完登录页面后，需要将它分配给该应用。在应用配置文件中将自定义登录页面分配给 TAMCAPP 应用，如图 16-5 所示。在这个文件的安全性部分，必须选中"Custom",并且必须分配新创建的 TAMCAPP 登录页面。

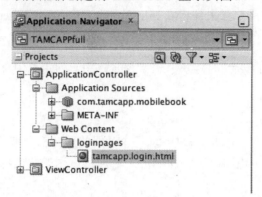

图 16-4 ApplicationController 项目内的自定义登录页面

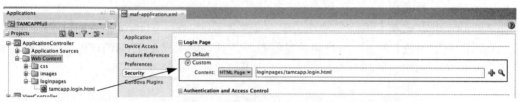

图 16-5 分配自定义的登录页面

进行调整后,maf-applications 文件的 XML 如下面的示例代码所示:

```
<adfmf:login defaultConnRefId="Authenticate">
    <adfmf:localHTML url="loginpages/tamcapp.login.html"/>
</adfmf:login>
```

当用户尝试访问一个安全特性时,就会呈现自定义登录页面(见图 16-6)。

图 16-6 运行中的 TAMCAPP 自定义登录页面

提示:
如果没有直接将自定义登录页面放到 ApplicationController 的 public_html 下,而是放在一

个子文件夹下，可能会发现自定义登录页面没有显示在应用中。为了解决这个问题，需要修改 ApplicationController 的部署配置文件。在 File Groups | Features | Filters 下的部署配置文件中，检查含有自定义登录页面的文件夹。

成功登录后，就开启了安全特性。所有关于该登入用户的角色信息现在都可以在 TAMCAPP 应用中获取。

TAMCAPP 授权模型

TAMCAPP 使用了非常基本的授权模型。每个注册的用户都会被分配一个或多个应用角色，这些角色会在 TAMCAPP 应用中使用。TAMCAPP 应用可用的角色包括：

- Attendee(与会者)
- Organizer(组织者)
- Speaker(发言者)

在 Authorization 选项卡上的登录连接中，必须配置 Access Control Service URL。该 URL 返回已登录用户的角色。此外，用户角色是经过筛选的。应用只对 TAMCAPP 使用的角色感兴趣，所有其他角色都被过滤在安全环境之外，如图 16-7 所示。

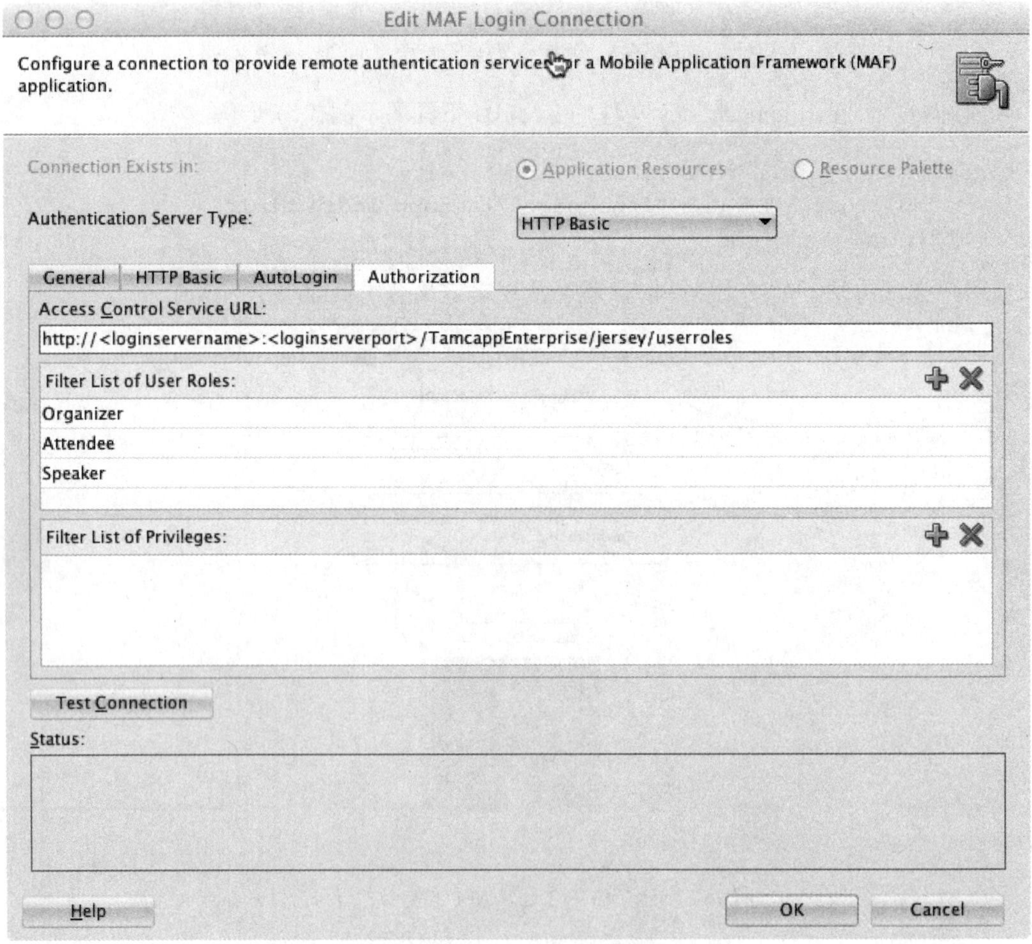

图 16-7　TAMCAPP 的授权配置

当TAMCAPP用户成功登录应用时,用户ID和所有被分配的角色及权限会随着JSON对象一起被返回。MAF框架计算为检索到的用户角色和权限的应用而配置的约束条件,并且只有满足所有相关约束条件的用户才可以使用该应用特性。

在下面的代码示例中,你会分别看到一名与会者(att1)、一名发言者(spe1)、一名组织委员会成员(org1)以及分配了所有角色的管理员的结果。

```
// att1
{"userId":"att1","roles":["Attendee"],"priviliges":[]}
// spe1
{"userId":"spe1","roles":["Speaker"],"priviliges":[]}
// org1
{"userId":"org1","roles":["Organizer"],"priviliges":[]}
// luc (administrator)
{"userId":"luc","roles":["Speaker","Attendee","Organizer"],"priviliges":[]}
```

基于这些响应,构建了TAMCAPP应用的securityContext。在下一节,你将学习如何使用TAMCAPP应用中的securityContext。

隐藏内容

到目前为止,你已经学习了如何基于用户角色来保障Oracle MAF应用特性的安全性。你大概会疑惑是否能用更"粒度"的方式使用安全信息,比如禁止按钮访问页面或隐藏屏幕上的字段。答案是肯定的。所有关于安全性的信息都可以从securityContext获得,可以在EL表达式中使用它。在TAMCAPP中,该信息被用于显示或隐藏评估的AMX页面。Conference Session特性包含一个Evaluations AMX页面。该页面可以从会话启动AMX页面调用,但只有当用户是发言者时才可用,因此分配了"发言者"这个角色,如图16-8所示。

图16-8 不同的用户、不同的角色、不同的功能

为了实现该功能,可以使用一个简单的EL表达式。该表达式检查用户是否拥有"发言者"

角色。如果拥有，就显示该条目，否则就不显示。

```
<amx:listView var="row" id="lv1">
  <amx:listItem id="li1" action="browse">
    <amx:outputText value="Session Overview" id="ot2"/>
  </amx:listItem>
  <amx:listItem id="li2" action="evaluations
            rendered="#{securityContext.userInRole['Speaker']}">
    <amx:outputText value="Evaluations" id="ot3"/>
  </amx:listItem>
</amx:listView>
```

注意：

在之前的 XML 示例代码中的 EL 表达式使用了 securityContext。但不能从 AMX 代码编辑器中的自动完成中使用它。如果不知道你所需要的准确的表达式，则可以调用 Expression Builder 来选择表达式，如图 16-9 所示。

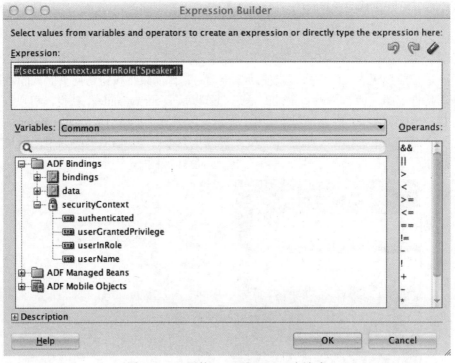

图 16-9　可用的 securityContext 表达式

也可以从 Java 中获得 securityContext。如果需要从 Java 中使用 securityContext，可以按照如下代码示例来访问它：

```
SecurityContext sc =
(SecurityContext)AdfmfJavaUtilities.evaluateELExpression("#{securityContext}");

String inRole = sc.isUserInRole("Speaker");
String userName = sc.getUserName();
String hasPrivilege = sc.hasPrivilege("somePrivilege");
```

16.2.2 应用首选项

首选项是应用永久性存储的一些信息块，用户可以使用它们来配置应用。应用经常向用户提供首选项，以便他们可以自定义应用的外观和行为。首选项可以在属性列表中存储简单的数据类型——字符串、数字、日期、布尔值、URL、数据对象等。在 iOS 和 Android 上，用户都可以检查和修改首选项。在 iOS 上，首选项可以从 iOS 设置应用中获取。从 Android 应用菜单调用 Preferences，会在 Android 上显示应用的首选项。在本节后面你将看到它的一些示例。

每个应用的首选项都不同，并且应用的哪些部分是可配置的取决于你自己。配置包括从代码中检查一个已存储的首选项的值并基于该值采取行动。因此，首选项值本身应该总是简单的，并且具有一个特定的意义，之后由应用实现它。在 Oracle MAF 中，既可以在应用级别，也可以在特性级别创建首选项。maf-application.xml 和 maf-feature.xml 文件负责定义首选项。

首选项页面用<adfmf:preferences>元素来定义。它有一个子元素<adfmf:preferenceGroup>，而且它的子元素通过创建页面定义了用户首选项，这些页面用多种形式来显示选项，比如只读字符串或者下拉菜单。你甚至能为想要组合在一起的首选项创建一个单独的页面。

该框架支持以下四种首选项：

- List
- Boolean
- Text
- Number

在本例中，一个配置如何显示会议会话的已定义的首选项的例子如图 16-10 所示。

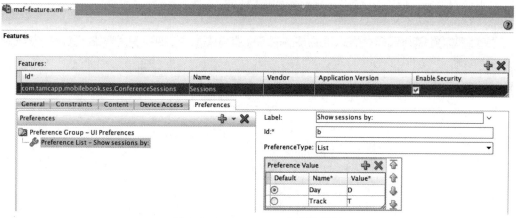

图 16-10　TAMCAPP 的首选项组

以下 XML 示例展示了相同的首选项：

```
<adfmf:preferences>
  <adfmf:preferenceList id="b" label="Show sessions by:" default="D">
    <adfmf:preferenceValue name="Day" value="D"/>
    <adfmf:preferenceValue name="Track" value="T"/>
  </adfmf:preferenceList>
</adfmf:preferences>
```

下一节将介绍如何在 TAMCAPP 应用中创建和使用首选项。

16.2.3 实现 TAMCAPP 首选项

TAMCAPP 附带了一些首选项，使用户能够影响 TAMCAPP 应用的行为。在第 14 章中已经实现了 Smart Search 功能。在 TAMCAPP 应用测试期间，虽然该功能的"用户友好性"被一些用户质疑，但也有人确实喜欢它。为了让 TAMCAPP 用户来决定是否使用 Smart Search，引入了一个特性级别的首选项。该首选项是 Boolean 类型的。当其值为真时，应用会使用 Smart Search，当其值为假时，应用会回退至默认行为。

创建一个特性级别的首选项，在常规搜索和智能搜索之间进行切换

如前所述，可以在应用级别和特性级别添加首选项。Smart Search 首选项是一个特性级别的首选项，并且在 Attendees 特性中创建它。

注意：
除了为消费应用定义的通用首选项，如果应用特性还要求一组用户首选项的特定集合，就可以在配置文件中定义它们。当以这种方式在 FAR 中部署特性时，首选项在消费应用中也是可用的。换句话说，通过在特性级别定义首选项，就可以重用该特性。

在特性级别，可以添加尽可能多的首选项。UseSmartSearch 首选项的创建也很简单，如图 16-11 所示。

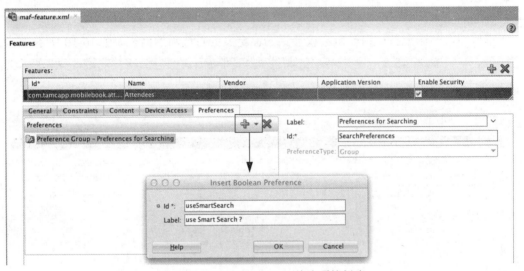

图 16-11　UseSmartSearch 首选项的创建

此外，相应的 XML 也很简单，如下所示：

```
<adfmf:preferences>
  <adfmf:preferenceGroup id="SearchPreferences"
                   label="Preferences for Searching">
    <adfmf:preferenceBoolean id="UseSmartSearch"
                       label="Use Smart Search ?"/>
  </adfmf:preferenceGroup>
</adfmf:preferences>
```

现在可以从应用首选项内改变首选项(见图 16-12 和图 16-13)。通过调用首选项，可以在

TAMCAPP 应用中获取 Android 上的首选项。可以通过 Android 设备上的 Settings 按钮获取这些首选项。在 iOS 上，你必须调用 Settings 应用。

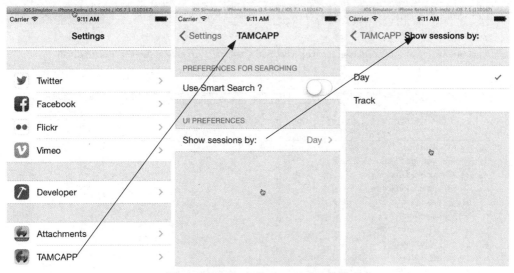

图 16-12　iOS 上的 TAMCAPP 首选项

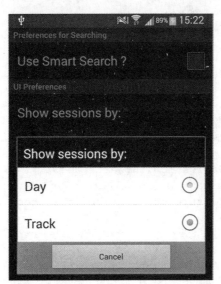

图 16-13　Android 上的 TAMCAPP 首选项

16.2.4　在 Java 代码中使用首选项

上一节介绍了如何在 TAMCAPP 中创建首选项来影响搜索行为。设置首选项只是其中的一个环节。现在该学习如何在 TAMCAPP 应用中使用首选项了。Smart Search 功能已在 Java 代码中实现。如果我们想要使用首选项来影响搜索功能，就必须能在 Java 中获得该首选项。具体而言，我们需要访问 Java 方法中实现 Smart Search 的首选项值。为此，可以使用一个 EL 表达式。通过调用 AdfmfJavaUtilities 类中的 evaluateELExpression 方法可以计算该表达式，稍后会介绍这一点。

EL 表达式可能会比你预期的要复杂一点。为了精确地找到我们正在寻找的首选项，可以调用 EL Expression Builder(见图 16-14)。这样你就可以自由地创建表达式。

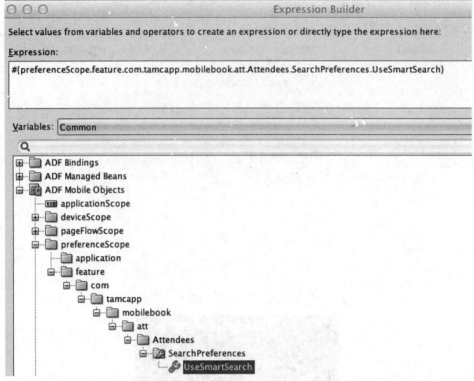

图 16-14　运行中的 EL Expression Builder

现在已经确定了准确的 EL 表达式，可以在 Java 代码中使用它，还可以调整 TAMCAPP 的行为，以启用和禁用 Smart Search 行为。

```
public void prepareNavigation(int attendeeId) {
  Boolean useSmartSearch = (Boolean)AdfmfJavaUtilities.evaluateELExpression(
  "#{preferenceScope.feature.com.tamcapp.mobilebook.att.Attendees.SearchPrefe
rences.UseSmartSearch}");
    // if smart search preference is true, use smart search and navigate
    if (useSmartSearch.booleanValue()){
       ValueExpression ve = AdfmfJavaUtilities.getValueExpression(
             "#{pageFlowScope.attendeesBean.currentAttendee}", int.class);
       ve.setValue(AdfmfJavaUtilities.getAdfELContext(),
             new Integer(attendeeId));
       TamcappUtils.doNavigation("details");
    }
    // else do nothing
}
```

16.3　小结

安全性在移动应用中非常重要。Oracle Mobile Application Framework 提供了确保应用和特性安全的功能。此外，可以使用 Oracle MAF 安全性有条件地显示和隐藏页面内容，而且可以保护特性内容不被未授权访问。Oracle MAF 还可以定义用户首选项，因此用户可以自定义应用的外观和行为。

本章主要内容如下：
- 如何在 TAMCAPP 中实现安全性
- 如何使用 securityContext 来显示和隐藏内容
- 如何使用 Java 代码中的 securityContext
- 如何创建自定义的登录页面
- 如何创建 TAMCAPP 应用的首选项
- 如何在 Java 内部使用首选项

第 17 章

实现推送通知

在不需要真正打开应用的条件下，推送通知允许一个应用向用户通知新消息或者事件，类似于一条短信会发出声音并在你的屏幕上弹出。这是在后台与用户进行交互的很好方式，无论是游戏通知用户一些发生在游戏世界的事情，还是只是电子邮件应用在新邮件到达用户的收件箱中时发出的蜂鸣音。类似于一个邮箱应用，TAMCAPP 应用也可以通知用户。例如，这样的通知可以是关于会议会话日程安排的变动，或者通知发言者已完成的发言者评估。

除了把消息推送至屏幕，iOS 推送通知允许应用在它的图标上显示一个数字或者"标记"，类似于电子邮件应用显示未读邮件的数量。

Oracle Mobile Application Framework(MAF)支持推送通知，在本章你将学习如何在 TAMCAPP 应用中实现它。

17.1 理解推送通知的架构

如果想要在一个 Oracle MAF 应用中实现推送通知，其中一部分需要在服务器端实现，而不仅仅在应用中。为了支持推送通知，首先需要一个服务器端的推送通知服务(Push Notification Service)，根据你的设备，该服务通常由苹果或谷歌提供。该通知服务需要处理消息队列的所有内容，并将其递交到正在运行的目标设备上的目标应用。

此外，推送通知要求服务器端的应用负责产生和发送消息，通常称之为提供者(provider)。通常，将提供者应用安装在你自己这一端。

推送通知架构中涉及的所有组件的概况如图 17-1 所示。

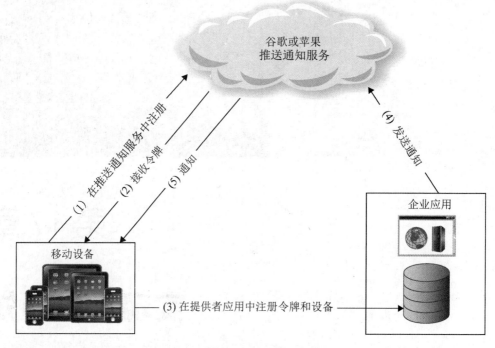

图 17-1 推送通知架构

推送通知事件的一般流程很简单。当 MAF 应用启动时，用推送通知服务发出一个注册请求(1)。成功注册后，推送通知服务为应用提供一个注册 ID(2)，它是唯一识别 MAF 应用和设备的令牌。

注意：
注册发生在每次启动移动应用时，以确保令牌是合法的。

为了向设备发送通知，提供者必须知道设备的令牌。这是第三个步骤，在接收到令牌之后，该设备就注册提供者应用。提供者存储令牌以备后用。现在提供者拥有了发送推送通知所需要的全部信息。根据令牌，可以将推送通知发送到指定的设备。提供者并不直接向设备发送通知，而是使用谷歌或者苹果提供的通知服务(4)。这些通知服务最终会把通知发送到指定的设备。在下一节，你将会学习如何设置云服务和服务器应用，以及如何设置 TAMCAPP 应用来使用推送通知。

17.2 设置云服务

因为 Oracle MAF TAMCAPP 应用不仅支持 Android 也支持 iOS 设备，所以它需要结合谷歌和苹果的推送通知服务，分别称为 Google Cloud Messaging Service 和 Apple Push Notification Service。

Google Cloud Messaging

Google Developer 控制台配置 Google Cloud Messaging，可以通过谷歌网站访问该控制台。

为了使用 Google Developer 控制台和可获取的服务，首先需要创建一个有效的谷歌账户。谷歌账户可以在以下站点中创建：

https://accounts.google.com/SignUp

接下来，新建一个 Google Developer 项目，之后就可以使用谷歌公开访问的 API 了。谷歌 API 使开发者能够与 Google Services(如 Google Maps、Google Places，以及本章中介绍的谷歌的 Cloud Messaging Service)进行交互。在创建这样的项目时，谷歌发出一个项目编号。在 Oracle MAF 应用中，该项目编号被用作 Sender Id/Authorization Id 来识别设备，以便接收有针对性的通知。

创建云项目后，可以在 Google Developer 控制台(见图 17-2)找到该项目的详细信息：

https://console.developers.google.com/console#/project/<YourProjectNumber>

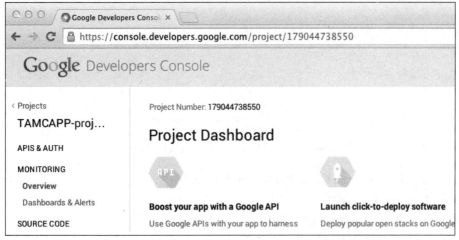

图 17-2　TAMCAPP 项目的 Google Developer 控制台

现在，可以为此 Google Developer 项目启用 Google Cloud Messaging。启用 Google Cloud Messaging 只是打开一个开关按钮的问题(见图 17-3)。

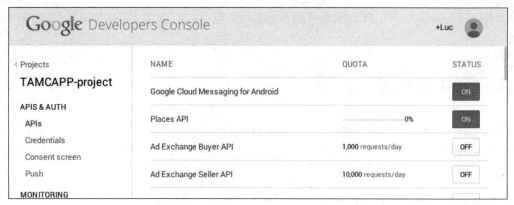

图 17-3　启用 Google Cloud Messaging

最后一步就是获得一个 API 密钥。当你从服务器(提供者)应用给 GCM 服务器发送推送请求时，这个 API 密钥可用于身份验证。为获得该 API 密钥，需要注册该应用。在左侧的侧边栏，选择"APIs & auth"，然后选择"Credentials"。现在在 Public API 入口下，单击"Create new key"，在"Create new key"对话框中，单击"Server key"。

注册应用之后，可以通过单击"Credentials"来查找 API 密钥，然后选择 TAMCAPP(或者你自己的应用)，并输入 API Key(见图 17-4)。

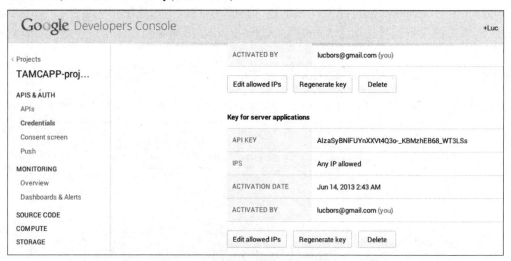

图 17-4　Google Developer 控制台中的 API 密钥

以上一切就绪后，Google Cloud Messaging Service 的配置就完成了。
- 新建 Google Cloud 项目。
- 启用 Google Cloud Messaging API。
- 生成 API 密钥并且可以使用。

17.3　设置 Apple Push Notification Service

与 Google Cloud Messaging 相比，TAMCAPP 应用和 Apple Push Notification Service 的配置相对更复杂。为了向 iOS 上的 MAF 应用发送推送通知，必须注册苹果的 Push Notification

Service(APNS)，而且还需要一个 iOS 开发者账户。访问 Apple Developer 网站 https://developer.apple.com/programs/ios/可以注册 iOS 开发者账户。

注意：
推送通知在 Android 仿真器中工作，但在 iOS 模拟器中不工作。为了测试 iOS 上的推送通知，需要使用一台真实的设备。

为了实现推送通知，苹果需要你有一个新的 App ID 和为每个使用推送通知的应用提供配置文件，以及为提供者应用提供 SSL 证书。所有这些都可以在 iOS Provisioning Portal 上创建：https://developer.apple.com/account/ios/ profile/profileList.action。

为了在 TAMCAPP 应用中使用推送通知，需要使用一个配置了推送通知的配置文件对 TAMCAPP 进行签名。然后提供者应用需要用 SSL 证书来签名推送通知至 APNS。

SSL 证书和配置文件紧密联系在一起，并且只对一个单一的 App ID 有效。这可确保只有 TAMCAPP 提供者应用可以向 TAMCAPP 实例发送推送通知，而其他应用都不可以。但很可惜，推送通知存在的大部分的问题都是由于证书的原因。

生成 SSL 签名证书

APNS 要创建.p12 证书就需要 SSL 签名证书。为了生成 SSL 签名证书，必须在你的开发机器(必须是一台 Mac)中执行以下步骤。

首先，在你的开发机器上，从 applications/utilities 文件夹下启动 Keychain Access 应用。然后在 Keychain Access 菜单中，选择 Certificate Assistant | Request a Certificate From a Certificate Authority。

在Certificate Information弹窗中，输入联系人的电子邮件地址和姓名，这将被用于签名TAMCAPP应用。选择"Saved to disk"，并单击Continue。系统将会提示你为证书签名请求文件命名，并且你必须输入用于保存它的地址。只要你知道在哪里可以找到该文件，任何文件名和位置都是可以的(见图 17-5)。本例中，使用的名称为tamcappfull.certSigningRequest。

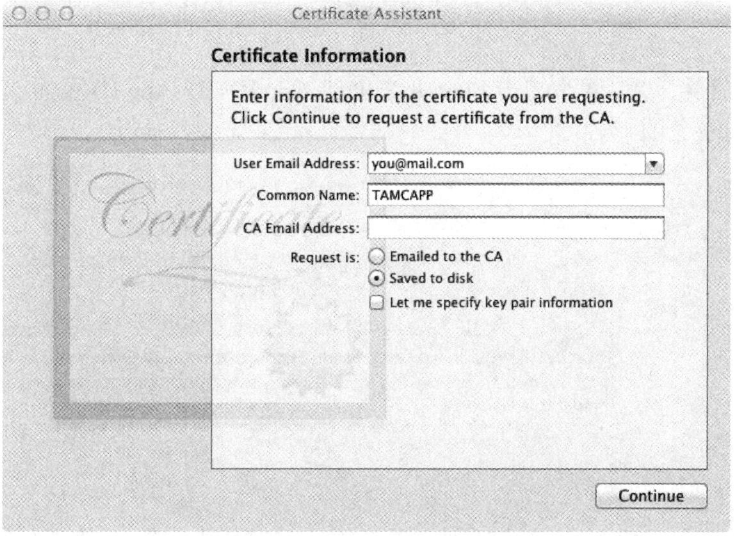

图 17-5　Certificate Assistant 弹窗

成功保存证书后，就可以关闭 Certificate Assistant 弹窗。

为 TAMCAPP 创建一个 App ID

接下来，必须为 TAMCAPP 创建一个 App ID。此 App ID 使 Apple APNS 能识别 TAMCAPP 应用。必须在 iOS Developer Portal 上创建 App ID：

https://developer.apple.com/account/ios/identifiers/bundle/bundleList.action。

在 iOS Apps 部分中的 App Identifier Section，可以新建一个 App ID。App ID 字符串包含两个部分，并用点号(.)隔开——默认将 App ID Prefix 定义为 Team ID，而将 App ID Suffix 定义为 Bundle ID 搜索字符串。必须输入以下信息：

- App ID Description - Name　唯一标识该应用的名称，如 TAMCAPPfull。
- App ID Prefix　从下拉菜单中选择适当的值。.
- App ID Suffix　选择 Explicit App ID，并以反向域名的格式输入所需的 App ID。例如，com.blogspot.lucbors.mobilebook.TAMCAPPfull。
- App Services　选择 Push Notifications，如图 17-6 所示。

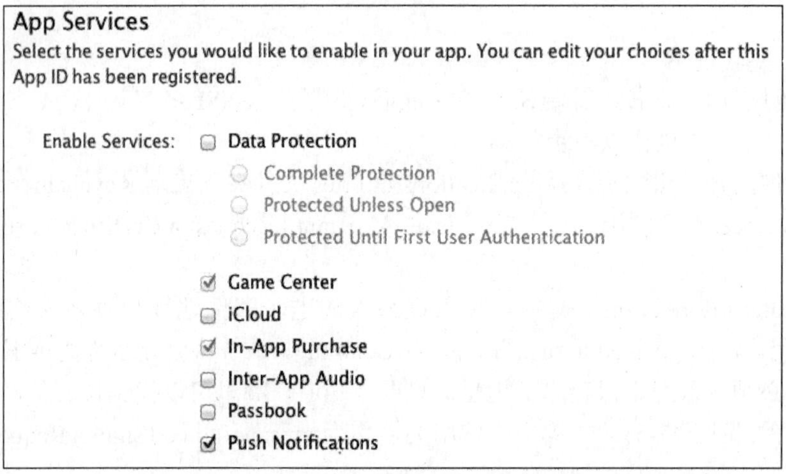

图 17-6　在 App Services 部分选择 Push Notifications

当所有信息都输入后，可以单击 Submit 来创建 App ID。在 App ID 页面，新创建的 App ID 现在应该是可见的(见图 17-7)。

图 17-7　新创建的 App ID

注意：

如果你还没有一个 Provisioning Profile，则必须创建一个用于此 App ID 的 Provisioning Profile。为此，在 iOS 门户网站上，选择左上角的"Certificates, Identifiers & Profiles"链接。在下一个页面，选择靠近底部左侧的"Provisioning Profiles"选项。接着，你将看到自己拥有的所有 Provisioning Profile 的列表。单击右上角的"plus"图标来新建一个 Provisioning Profile。

生成 .p12 证书

接下来，必须用 App ID 生成.p12 证书，并对前面步骤中创建的证书进行签名。该.p12 证书将会和所有的推送通知一起发送到 Apple APNS。下面列出了创建 .p12 证书的步骤。

第一步是为 TAMCAPP 创建一个 SSL 证书。在 iOS Developer Portal 上的 App IDs 页面上，选择 TAMCAPP 的 App ID 并单击 Edit。在 Push Notifications 部分，在 Development SSL Certificate 标题下，单击 Create Certificate(见图 17-8)。

图 17-8　创建 APNS SSL 证书

为了生成证书，必须选择之前创建的 tamcappfull.certSigningRequest 文件。选择 tamcappfull.certSigningRequest 文件后，单击 Generate 生成证书(见图 17-9)。

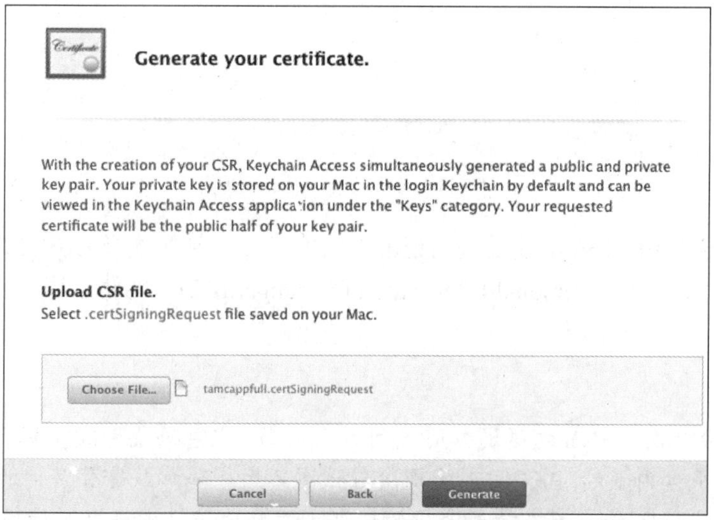

图 17-9　选择 certSigningRequest 并生成证书

一旦生成完整的证书，App ID 设置窗口会再次出现，并且可以将证书(aps_development.cer)下载到开发机器上的一个合适位置(见图 17-10)。

图 17-10　下载 aps_development.cer 文件

现在可以将 .cer 文件添加到开发机器上的 keychain 中，用来将证书和用于创建证书的私钥关联起来。可以通过双击该 .cer 文件并单击 Add 将它安装到 keychain 中。新安装的证书会出现在 My Certificates 下的 Keychain Access 应用中，它的名称类似于 "Apple Development iOS Push Services: <bundle identifier>"（见图 17-11）。

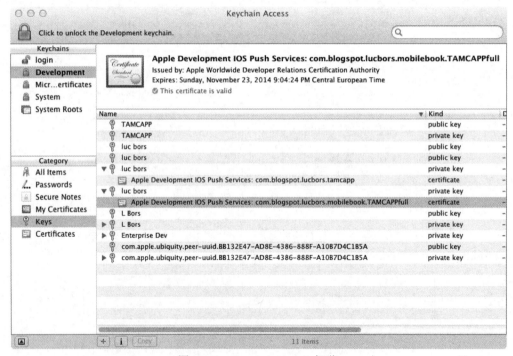

图 17-11　Keychain Access 概览

最后一步是导出 .p12 证书，通过调用证书上的上下文菜单并选择 Export 可以导出。将该证书保存到桌面上作为一个 "Personal Information Exchange(.p12)" 文件，并在密码对话框内输入密码。

注意：

提供者应用会在向 APNS 发送通知时使用 .p12 证书。空密码或无效密码违反了 PKCS12 规范。此外，Java 平台内置的 PKCS12 实现会在试图不用密码加载密钥库时抛出异常。提供者应用使用的是 Java，而 Java 不支持无密码的证书。你要确保导出证书时使用密码。

这样就完成了 Apple Push Notification Service 所需的所有开发工作，以便能够通过 APNS 将推送通知从提供者应用发送到 iOS 应用。

17.4 创建一个推送通知提供者应用

要真正向移动设备发送通知，TAMCAPP 使用了一个提供者应用来产生通知，并把它们从苹果或谷歌发送到 Push Notification Service。

提供者应用可以用任何一种技术来写。以本书中的 TAMCAPP 为例，通过一个 Provider Application 发送推送通知，它只是一个在 JDeveloper 中创建的非常简单的 Java Web 应用。下面几节不会解释如何创建这样一个应用，但会集中介绍如何实现提供者应用中的推送通知功能。

17.4.1 配置 Provider Application

为使用 GCM 发送通知，Provider Application 需要使用 gcm-server.jar 库。gcm-server 库包括了从提供者应用到 GCM 发送推送通知所有所需的类。可以在 android-sdk 中找到该库。从 Android SDK 把 gcm-server.jar 添加到 Provider Application 的 JDeveloper Project 中(见图 17-12)。

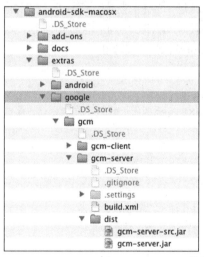

图 17-12 Android SDK 中 gcm-server.jar 的位置

为了使用 APNS，提供者应用可以使用 javaPNS 库。该 Java 库是专门为了通过 Apple Push Notification Service 从 J2EE 应用发送通知而设计的。可以通过下面的链接下载 JavaPNS：

http://code.google.com/p/javapns/downloads/list

在应用中添加了 gcm-server 和 JavaPNS 后，就已配置好提供者应用，可以发送推送通知。提供者应用包括一个单独的 Web 页面，该页面上有一张列出所有订阅设备的表格、一个编写消息的文本框和一个用于调用 Java 逻辑来维护实际推送的按钮(见图 17-13)。

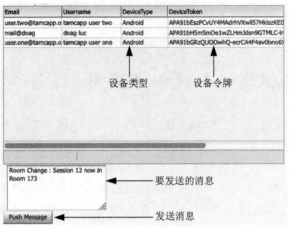

图 17-13　提供者应用

实际上，当 TAMCAPP 用户在初始启动 TAMCAPP 应用时，已经提供了所有在提供者应用中可用的有关设备的信息(deviceType 和 deviceToken)。

提供者应用的创建超过了本书的讨论范围。然而，提供逻辑来发送推送通知的 Java 类是推送通知功能的一个特定部分。本例中的 Java 类命名为 pushMessage。

pushMessage 类包含推送消息所需的逻辑。请注意，下面的方法会导出当前所选设备的 deviceType 和 deviceToken，并使用 deviceToken 将通知发给一个特定的设备。使用 deviceType 来调用方法，将通知推送到 Android 或者 iOS 上。

```java
public void pushNow() {
  DCBindingContainer bindings =(DCBindingContainer)
          BindingContext.getCurrent().getCurrentBindingsEntry();
  DCIteratorBinding iter =
          bindings.findIteratorBinding("GcmSubscribersIterator");
  Row curr = iter.getCurrentRow();
  String target = (String)curr.getAttribute("DeviceToken");
  String type = (String)curr.getAttribute("DeviceType");
  if (type.equalsIgnoreCase("Android")) {
    pushMsgAmdroid(target, this.message);
  }
  else {
    pushMsgIos(target, this.message);
  }
}
```

这两个平台所需的方法稍微有所不同。这会在下面两节中进行介绍。

17.4.2　推送到 Android

如果要将一个通知推送到 Android 设备上，就必须创建一个 Message 对象。该 Message 对象可以包含多种类型的信息。一个非常简单的通知可以是一条警告消息，如下面的代码示例所示。

注意：
可以从 gcm-server 库找到 Message 类和 Sender 类。

发送消息时，*Sender* 对象的一个实例调用了 sendNoRetry。该实例使用 API KEY 创建，而 API KEY 是由 Google Cloud 创建的。

```
private Sender sender = new Sender(<YOUR API KEY>);
Message message = new Message.Builder()
                    .addData("alert", msg)
                    .build();
result = sender.sendNoRetry(message, regId);
```

除了这个简单的通知外，可以用额外有效载荷扩展消息。在下面的示例中，负载包括 Oracle MAF TAMCAPP 应用需要激活的特性的信息和它需要显示的 SessionId。在后面一节会用这些信息来解释 TAMCAPP 应用如何使用自定义的负载。

```
String sound = "default";
Message message = new Message.Builder()
                    .addData("alert", msg)
                    .addData("sound",sound)
                    .addData("FeatureName", "Sessions")
                    .addData("SessionId", "12")
                    .build();
result = sender.sendNoRetry(message, regId);
```

17.4.3　推送到 iOS

使用 JavaPNS 发送通知时有多种选择。一种简单的选择是只推送一条消息或者一条标记指令。这个功能可以通过下面这行代码实现：

```
Push.alert(msg, KEYSTORE_LOCATION,KEYSTORE_PASSWORD , false, target);
```

或者

```
Push.badge(3, KEYSTORE_LOCATION,KEYSTORE_PASSWORD , false, target);
```

JavaPNS 在 Push 类(该类可以包含自定义有效载荷)中还包含一个有效载荷方法。在下面的示例中，有效载荷包括了 Oracle MAF TAMCAPP 应用需要激活的特性的所有信息和它需要显示的 SessionId。在后面一节会用这些信息来解释 TAMCAPP 应用如何使用自定义的有效载荷。还要注意 addBadge(1)负责标记应用图标。本章的 17.4 节将描述应用图标标记。

```
/* Build a blank payload to customize */
 PushNotificationPayload payload = PushNotificationPayload.complex();
/* Customize the payload */

payload.addAlert(msg);
payload.addBadge(1);
payload.addCustomDictionary("FeatureName", "Sessions");
payload.addCustomDictionary("SessionId", "12");
Push.payload(payload, KEYSTORE_LOCATION, KEYSTORE_PASSWORD, false, target);
```

17.5 实现 TAMCAPP 中的推送支持

上一节介绍了如何创建一个简单的提供者应用,以及如何编写一个将推送通知发送到 TAMCAPP 用户的逻辑。TAMCAPP 中实现推送通知的下一步(也是最后一步)就是配置 TAMCAPP 移动应用来接收推送通知。为了在 TAMCAPP 应用中支持推送通知,TAMCAPP 应用必须在云服务和负责发送消息的企业应用中注册自己。在云服务中注册 TAMCAPP 主要由 Oracle Mobile Application Framework 自动处理,其中仅涉及三个简单的手动步骤。

第一步是实现 applicationLifeCycleListener 类并在应用中注册该监听器。必须在应用配置文件 mafapplication.xml 中完成注册,如图 17-14 所示。

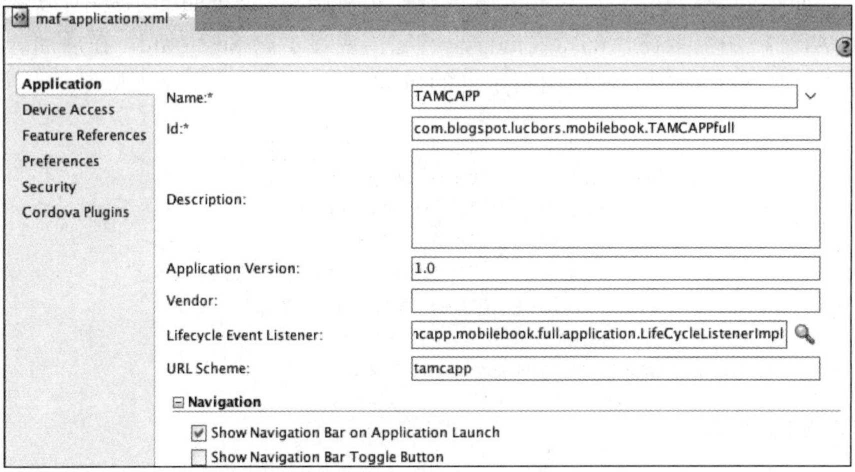

图 17-14 定义应用级别生命周期事件监听器 applicationLifeCycle

applicationLifeCycleListener 必须实现 oracle.adfmf.application.PushNotificationConfig 接口。该接口提供了推送通知的注册配置。

```
public class TamcappLifeCycleListenerImpl implements LifeCycleListener,
PushNotificationConfig {
    public TamcappLifeCycleListenerImpl() {
    }
...// more
}
```

此外,该生命周期监听器类还包括 start()方法。TAMCAPP 应用启动时,会调用此 start()方法。在 start()方法中,TAMCAPP 应用被配备好来接收推送通知。这就是为什么要创建代表本地推送通知事件源的 EventSource 对象的原因。另外,还创建了一个推送通知监听器类的对象,并将其添加到事件源中:

```
public void start() {
  EventSource evtSource = EventSourceFactory.getEventSource(
        NativePushNotificationEventSource.
          NATIVE_PUSH_NOTIFICATION_REMOTE_EVENT_SOURCE_NAME);
  evtSource.addListener(new PushNotificationListener());
}
```

第二步是确保应用有取回推送通知的权限。这是应用配置文件中的一项设置(见图 17-15)。

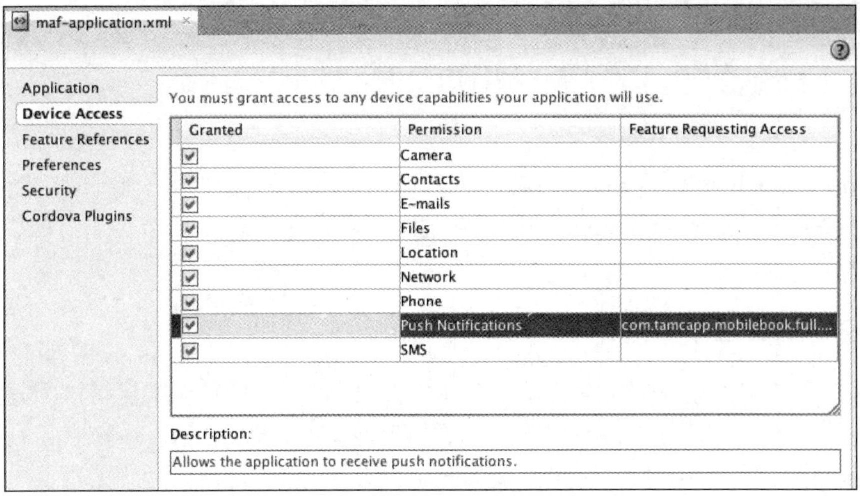

图 17-15　允许推送通知

最后一步是创建一个 eventListener 来负责监听推送通知事件。由 TamcappLifeCycleListenerImpl 类的 start()方法实例化该 eventListener，如前面的代码示例所示。

```
public class PushNotificationListener implements EventListener {
  public PushNotificationListener() {
    super();
  }
  public void onMessage(Event event) {
    … more
  }
  public void onError(AdfException adfException) {
    … more
  }
  public void onOpen(String token) {
    … more
  }
}
```

onOpen()方法是 TAMCAPP 应用配置推送通知最重要的方法。当 Oracle MAF 应用在 Push Notification Service(APN 或 GCM)中成功注册设备/应用时，调用该方法。该方法有一个名为 "token" 的参数。从通知服务中接收该令牌，并且该令牌唯一标识一个设备和应用的组合。在 onOpen()类中，该令牌被存储在 ApplicationScope 中。

注意：
该令牌存储在 TAMCAPP 应用中的 "ApplicationScope"，这样我们就不需要一直请求一个新的令牌。只有当 TAMCAPP 应用重新启动时，它才会请求一个新的令牌。

```
public void onOpen(String token) {
  ValueExpression ve =
    AdfmfJavaUtilities.getValueExpression(
        "#{applicationScope.deviceToken}", String.class);
```

```
  if (token != null) {
    ve.setValue(AdfmfJavaUtilities.getAdfELContext(), token);
  } else {
    ve.setValue(AdfmfJavaUtilities.getAdfELContext(), "dummy Token");
  }
}
```

PushNotificationListener 类也负责响应推送通知。也就是说，无论何时应用接收到一个通知，Oracle Mobile Application Framework 都会通知有效载荷调用 onMessage()方法。这一点将在 17.5 节中进行介绍。

17.5.1　在提供者应用中注册

取回的令牌在初始注册时被发送并保存到提供者应用。提供者应用使用该令牌将通知发送到某个特定的设备。当启动 TAMCAPP 应用并取回令牌时，被调用的 Web 服务完成这件事。在提供者应用中注册 TAMCAPP 用户的设备是十分必要的，这是为了能够在负责发送推送通知企业应用中找到 Device Identifier。提供者应用既需要令牌，也需要设备的操作系统。用户注册并请求一个账户时，注册就被执行一次。

17.5.2　配置通知的显示方式

根据移动平台的不同，可以用不同的方式显示通知。若 TAMCAPP 运行在 Android 上，推送通知会在信息栏中显示几秒钟。之后，应用图标在通知栏保持可见，以告知用户有未读通知。完整的消息可以在 Notification Center 中找到(见图 17-16)。

图 17-16　Android 上的通知(Notification Bar Message、Notification Bar Icon 和 Notification Center)

在 iOS 上，可以用几种不同的方式显示推送通知。可以在 iOS 设置应用中配置这些选项(见图 17-17)。这是标准的 iOS 功能，你可以用自己喜欢的方式对它进行配置。

当使用"Alerts"警告提醒方式时，通知显示为一个显示消息的弹窗，上面有一个关闭按钮和一个启动按钮(见图 17-18)。

除了通知之外，Oracle MAF 还支持标记应用图标。如图 17-19 所示的应用图标使用了数字标记。通常，标记描述的是未读消息的数量。提供者应用也可以提供标记信息。这类似于电子邮件应用，它在邮件服务器上显示未读电子邮件的数量。TAMCAPP 应用标记显示了未读通知的数量。

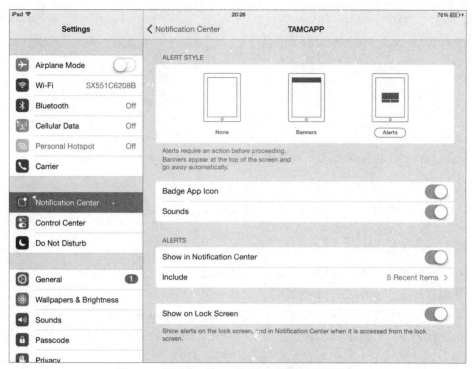

图 17-17　iOS 上对 TAMCAPP 的通知进行设置

图 17-18　iOS 上的通知弹窗

图 17-19　iOS 上应用图标的标记

注意：
"处理"一个通知后，TAMCAPP 能够通过使用 AdfmfContainerUtilities 类中的 setApplicationIconBadgeNumber()方法来修改标记数字。通常，还会通知服务器端的提供者应用：这个通知已被处理。这能使提供者应用修改未被处理的通知的数量，因此，下一次发送通知时，标记数字就能包含准确的数值。

17.6　响应推送通知

本章前面介绍了如何配置 Push Notification Service、提供者应用，以及如何设置 TAMCAPP 来接收推送通知。一切就绪以后，现在该看看 TAMCAPP 实际上是如何响应推送通知的。当消息到达设备时，TAMCAPP 用户单击消息或按下按钮，就调用了通知处理程序。该处理程序是 PushNotificationListener 类中的 onMessage()方法。该方法可以看到有效载荷并使用它。

注意：
就一个应用如何响应推送通知而言，有很多种情况。当应用正在运行并收到了一个通知时，应用就调用 onMessage()方法。如果应用是在后台运行，或者根本不在运行，消息也会显示在设备上。如果用户单击消息，会打开 Oracle MAF 应用并调用 onMessage()方法。然而，必须要知道 onMessage()方法在任何情况下都能被调用。

TAMCAPP 中的通知是关于某个特定会议会话的全部通知。无论何时，应用收到了一个通知，都应该做出如下响应：导航至 Conference Session 特性并显示特定会话的详细信息。实现该情景涉及的步骤如下：

- 确保提供者应用会在消息有效载荷中传递一个标识符，唯一标识此次会议会话。
- 在 Application Lifecycle Event 监听器的 onMessage 方法中，解析通知有效载荷，并将其保存至 applicationScope 变量中。
- 导航到一个特定的特性，在本例中是 Conference Session 特性。
- 在特性的 AMX 任务流的默认活动中，判定该特性是否由于推送通知而被调用。
- 如果该特性是由于推送通知而被调用，就调用一个 Web 服务，基于会议会话 ID 来取回给定会议会话的最新信息，会议会话 ID 就是有效载荷的一部分并且被保存在 applicationScope 变量中。
- 最后，导航至 Conference Session Detail AMX 页面，并显示会议会话信息。

为了实现这些，必须修改第 13 章创建的 Conference Session 特性。
以下是两处明显的修改：

- 第一，基于通知激活该特性。为此，该特性需要具有 activate()方法中的 lifeCycleListener，它包含了响应特性激活的逻辑。注意，通知可以激活特性，当用户启动 Oracle MAF 应用后第一次选择应用特性时也会激活特性，或者当应用被重选时(也就是带回前端)也会激活特性。
- 第二，由于通知，特性必须通过流来调用一个不同的导航路由。因此，必须修改实现 Conference Session 特性的任务流。

下面几小节将会介绍这些修改，但我们首先将介绍在应用级别负责处理通知的 onMessage()方法。

17.6.1　onMessage()方法

当 TAMCAPP 响应推送通知时，都会调用 onMessage()方法。请记住，这要么是 TAMCAPP 应用处于活动状态时收到通知，要么是处于非活动状态时用户因为收到通知而选择调用应用。在 onMessage()方法中，我们需要设置一些 applicationScope 信息。这是因为通知是在应用级别被处理，但是我们想要调用的功能却是在特性内部。为了在应用的不同特性之间共享信息，可以将信息存储在 applicationScope 变量中。

所需的信息是 notificationSessionId，它代表将要显示在 Conference Session 特性中的会话，以及"被通知"的变量，该变量标志着通知是否调用了特性。最后，在应用作用域中设置了这些值后，就指示 TAMCAPP 应用调用 Conference Session 特性。实现这一点只需要调用容器工具类的 gotoFeature()方法。

```
public void onMessage(Event event) {
  AdfELContext adfELContext = AdfmfJavaUtilities.getAdfELContext();
  JSONBeanSerializationHelper jsonHelper = new JSONBeanSerializationHelper();
  try{
    PayloadServiceResponse serviceResponse =
        (PayloadServiceResponse)jsonHelper.fromJSON(
          PayloadServiceResponse.class, event.getPayload());
    String message = serviceResponse.getCustomMessage();
    ValueExpression notificationPayloadBinding =
        AdfmfJavaUtilities.getValueExpression(
            "#{applicationScope.notificationSessionId}", String.class);
    ValueExpression ve = AdfmfJavaUtilities.getValueExpression(
    "#{applicationScope.notified}", Boolean.class);
    ve.setValue(AdfmfJavaUtilities.getAdfELContext(), Boolean.TRUE);
    // also, let's decrease the application icon badge by one
    int currentBadge =
AdfmfContainerUtilities.getApplicationIconBadgeNumber();
    if (currentBadge > 0){
      AdfmfContainerUtilities.setApplicationIconBadgeNumber(currentBadge - 1);
    }
    AdfmfContainerUtilities.gotoFeature(
              "com.tamcapp.mobilebook.ses.ConferenceSessions");
  } catch (Exception e) {
    e.printStackTrace();
  }
}
```

在之前的代码示例中，TAMCAPP 使用了通知并最终调用了 Conference Session 特性。

17.6.2 特性的生命周期监听器

可以根据通知来激活 Conference Session 特性。为了响应此次激活，通常使用一个监听器。对于 TAMCAPP 应用，我们之前创建并注册了一个应用生命周期事件监听器。应用可以使用该监听器。单个特性也可以使用该生命周期事件监听器，并且该监听器可以被用于监听激活和禁用事件。该监听器是一个 Java 类，它实现了 oracle.adfmf.feature.LifeCycleListener 类。为了能正常工作，还必须把该类分配给 Conference Session 特性(见图 17-20)。

在该生命周期监听器中，激活事件可以被拦截，并且可以添加逻辑来响应激活事件。如果激活是由通知引起的，我们就要通过调用程序化的导航来调用带有合适的会话信息的 Conference Session Detail AMX 视图。该导航调用了"featureActivated"导航实例。请注意，在 pushNotificationListener 的 onMessage()方法中设置的 applicationScope 变量，现在被用于确定此次激活是否真的是由推送通知引起的。

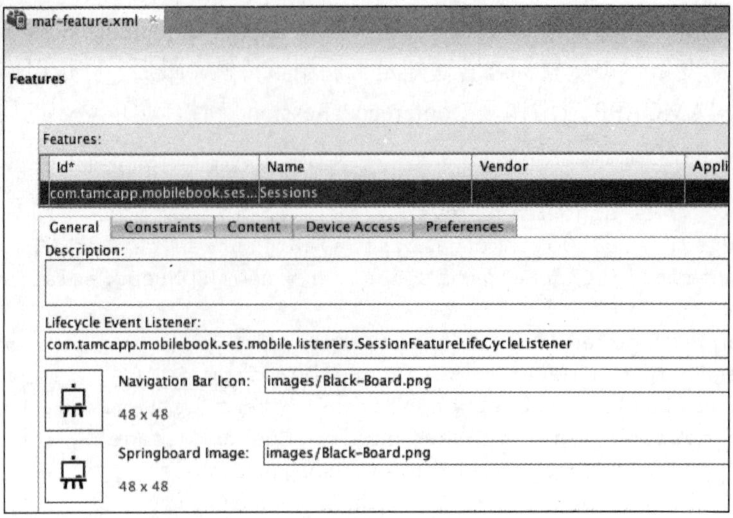

图 17-20　特性生命周期事件监听器的定义

```java
public class SessionFeatureLifeCycleListener implements LifeCycleListener {
  public SessionFeatureLifeCycleListener() {
    super();
  }
  public void activate() {
    Boolean notified = (Boolean)AdfmfJavaUtilities.evaluateELExpression(
                       "#{applicationScope.notified}");
    if(notified.booleanValue()){
      AdfmfContainerUtilities.invokeContainerJavaScriptFunction(
                        AdfmfJavaUtilities.getFeatureName(),
                        "adf.mf.api.amx.doNavigation",
                        new Object[] { "featureActivated" });
    }
  }
  public void deactivate() {
  }
}
```

调用的导航实例必须是一个通配符导航。通配符导航让你能够在任务流中的任何地方进行导航。这种名为"featureActivated"的导航规则可以导航到任务流中的路由器活动。基于是否由通知引起调用，该路由器产生了两种结果。该任务流图如图 17-21 所示。

```xml
<router id="router1">
  <case id="__9">
    <expression>#{applicationScope.notified}</expression>
    <outcome>notified</outcome>
  </case>
  <case id="__10">
    <expression>#{!applicationScope.notified}</expression>
    <outcome>notNotified</outcome>
  </case>
  <default-outcome>notNotified</default-outcome>
</router>
```

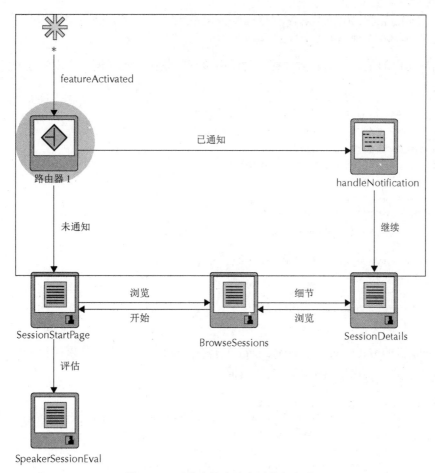

图 17-21 已修改的会议会话的任务流

当一个通知参与时,任务流继续执行到一个方法调用活动,即调用一个 Web 服务操作 (findSessionById)。该调用基于会话 ID 来检索会话信息,该会话 ID 位于通知有效载荷中,并且存放于#{applicationScope.notificationSessionId}。然后将检索结果显示在 SessionDetails AMX 页面中。

17.6.3 使用推送通知有效载荷

在 17.3 节,你已学习了如何用一个特定的有效载荷发送通知。一旦通知到达了设备,理想的情况是 TAMCAPP 应用能够使用与通知相关的有效载荷。特定的有效载荷包含有关给定特性和给定会话的信息。下面介绍 TAMCAPP 是如何使用有效载荷的。

首先,我们查看通知中从提供者应用发送来的特定部分。首先是 Android:

```
Message message = new Message.Builder()
                ….
                .addData("FeatureName", "Sessions")
                .addData("SessionId", "12")
                .build();
```

然后是 iOS:

```
payload.addCustomDictionary("FeatureName", "Sessions");
payload.addCustomDictionary("SessionId", "12");
```

发送消息使用的是同一个有效载荷。为使用该有效载荷，要创建一个表示通知有效载荷结构的自定义类：

```
public class PayloadServiceResponse {
    private double from;
    private String collapse_key;
    private String customMessage;
    private String sound;
    private String alert;
    private String FeatureName;
    private String SessionId;

    public PayloadServiceResponse() {
        super();
    }
    // all getters and setters
}
```

在 PushNotificationListener 的 onMessage()方法中，有效载荷现在可以被反序列化为我们自定义的对象了，并且可以检索并使用具体数值。

```
public void onMessage(Event event) {
  AdfELContext adfELContext = AdfmfJavaUtilities.getAdfELContext();
  JSONBeanSerializationHelper jsonHelper = new JSONBeanSerializationHelper();
  PayloadServiceResponse serviceResponse =
        (PayloadServiceResponse)jsonHelper.fromJSON(
             PayloadServiceResponse.class, event.getPayload());
  serviceResponse.getSessionId();
  serviceResponse.getFeatureName();

  // more..
}
```

17.7 小结

推送通知是一个将信息推送给 Oracle MAF 应用用户的机制。尽管该设置需要一些工作和对 Apple Push Notification Service 和 Google Cloud Messaging 服务的理解，但结果很理想。提供者应用可以把通知发送至特定设备或一整批设备。TAMCAPP 应用可以响应通知，并基于通知有效载荷调用用户所需要的功能。

本章主要内容如下：
- 设置 Apple Push Notification Service
- 设置 Google Cloud Messaging Service
- 创建一个简单的提供者应用
- 为推送通知配置一个 Oracle MAF 应用
- 使用推送通知和有效载荷

第 18 章

优化 TAMCAPP

应用做到"良好",就足够好了吗?TAMCAPP 应用会不会超出用户的需求呢?可以说,在本书的第二部分中我们开发的功能可以很好地工作,但是仍然有提升的空间。到目前为止,我们还未考虑对平板电脑布局的支持。你将在下一节学习如何实现它。之后,将学习给 TAMCAPP 添加条形码扫描的两种不同的方法。首先,将看到如何使用 URL 方案实现它,而此后将学习如何使用 Cordova 插件将条形码扫描功能添加到 TAMCAPP 应用。此条形码扫描可以用于检查与会者是否通过扫描会议通行证上的条形码注册了一个会议会话。这会加快进入会议室的过程。

另一个将要添加到 TAMCAPP 应用的优化是支持提前输入搜索会议会话功能的自定义组件。最后,你将学习实现一个后台进程,可用于检查网络连接是否可用。

18.1 实现平板电脑布局

TAMCAPP 应用主要是为屏幕相对较小的智能手机所设计和开发的。应用在平板电脑上运行是没问题的；然而，该布局没有为具有较大屏幕的平板电脑进行优化。本节你将学习如何在框架的帮助下实现优化平板电脑的布局。在我们介绍如何实现之前，你需要了解创建平板电脑布局所涉及的一些注意事项。

设计的注意事项以及框架的用处

市面上有很多设备，也就有如此之多的不同大小的屏幕。作为一名开发人员，你必须决定如何应对它。可以使用内置的框架属性，该属性会告诉你设备的尺寸，比如可用宽度、可用高度和对角线长度。

如前所述，Oracle MAF 应用不用做任何修改就能运行在一台平板电脑上。如果决定使用相同的应用，就可以直接运行。但是，如果你想修改应用以利用平板设备额外的屏幕空间，有几种选择。首先，可以根据形状因子动态显示或隐藏每个页面上的内容。你会用到像这样的表达式：

```
rendered="#{hardware.screen.diagonalSize> 6}"
```

第二种选择是在任务流程图中创建一个指定的路径，一个是适合平板电脑的活动，另一个是适合智能手机的活动。根据形状因子，应用会自动导航到任务流程图中不同的 AMX 页面。

```
<router id="formFactorRouter">
  <case>
    <expression>#{hardware.screen.diagonalSize> 6}</expression>
    <outcome>toTabletPage</outcome>
  </case>
  <case>
    <expression>#{hardware.screen.diagonalSize< 6}</expression>
    <outcome>toPhonePage</outcome>
  </case>
  <default-outcome>toPhonePage</default-outcome>
</router>
```

尽管这两种选择都工作得很好，但是，创建一个适合手机和平板的应用推荐的方法是为手机和平板电脑分别创建单独的 MAF 特性。这多少会更费时费力但非常灵活。这种方法会在下一节进行介绍。

平板电脑布局模式

可以用框架创建几种常见的、流行的平板电脑的布局模式。本节将介绍以下模式：

- 流式布局
- 拉伸布局
- 泳道布局
- 平铺布局

为了创建一个流式布局，只需要使用一个表格组件并向该组件添加行，使添加的行数多于页面可显示的行数。如果添加更多的行，应用将会自动下拉。

如果需要将布局调整到可用空间的大小而不是流的大小，就可以创建拉伸布局。

例如，如果你想把一个区域划分为四个正方形，可以使用以下方法：使用一个表格组件，该表格宽度属性为 100%，有两行，并且在行内，每两个单元组件占可用宽度的 50%。单元组件的高度可以由设备的可用高度得出(见图 18-1)。

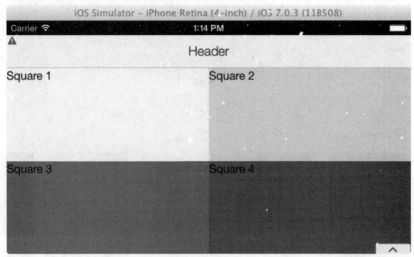

图 18-1 占据了所有可用空间的拉伸布局

提示：

为了能更精确地设定适合整个屏幕的单元组件的高度，可以使用以下表达式：height="#{deviceScope.hardware.screen.availableHeight-<height of header>}"。头部的高度是为头部定义的高度值。此框架头部高度的默认值是 44。

最终的代码如以下代码示例所示：

```
<amx:tableLayout id="t1" width="100%" shortDesc="Container">
  <amx:rowLayout id="r1">
    <amx:cellFormat id="c1"
        height="#{(deviceScope.hardware.screen.availableHeight-44)/2}"
        inlineStyle="background-color:yellow" valign="top" width="50%">
      <amx:outputText value="Square 1" id="ot1"/>
    </amx:cellFormat>
    <amx:cellFormat id="c2" inlineStyle="background-color:Aqua;"
                  valign="top" width="50%">
      <amx:outputText value="Square 2" id="ot2"/>
    </amx:cellFormat>
  </amx:rowLayout>
  <amx:rowLayout id="r2">
    <amx:cellFormat id="cf3"
        height="#{(deviceScope.hardware.screen.availableHeight-44)/2}"
        inlineStyle="background-color:red" valign="top" width="50%">
      <amx:outputText value="Square 3" id="ot3"/>
    </amx:cellFormat>
    <amx:cellFormat id="c4" inlineStyle="background-color:green;"
                  valign="top" width="50%">
      <amx:outputText value="Square 4" id="ot4"/>
```

```
            </amx:cellFormat>
        </amx:rowLayout>
    </amx:tableLayout>
```

最后，你可以创建泳道布局。在此布局中，对从左至右滚动的相互独立的内容有一个或多个水平的"道"。可以见图 18-2 所示的一个例子。创建泳道布局时可以使用嵌套的 panelGroup 布局组件。外部组件应该有 100％的内联样式宽度并把布局属性设置为 "horizontal"，并设置 scrollPolicy= "scroll"。

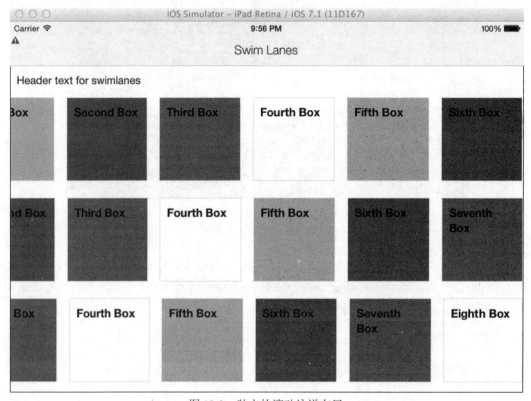

图 18-2　独立的滚动泳道布局

```
<amx:panelGroupLayout id="pgl1out" inlineStyle="width:100%" layout="horizontal"
                 scrollPolicy="scroll">
  <amx:panelGroupLayout id="pgl2a"
     styleClass="adfmf-panelGroupLayout-groupBox"
                 inlineStyle="width:100px;height:100px">
    <amx:outputText value="First Box" id="ot1a"/>
  </amx:panelGroupLayout>
  <amx:panelGroupLayout id="pgl3a"
      styleClass="adfmf-panelGroupLayout-groupBox"
                 inlineStyle="width:100px;height:100px">
    <amx:outputText value="Second Box" id="ot2a"/>
  </amx:panelGroupLayout>
…… more boxes…
</amx:panelGroupLayout>
```

当在一个 AMX 页面上有多个像这样的构造时，它们将独立滚动。

TAMCAPP 的平板电脑布局

如前所述，TAMCAPP 应用在平板电脑上运行与在智能手机上运行一样。不需要特意为 TAMCAPP 创建一个平板电脑版本。出于本书的目的，TAMCAPP 应用的一个特性会优化平板电脑布局。此特性即会议会话特性。

优化的第一个步骤是让 TAMCAPP 应用对不同的屏幕尺寸做出响应。换言之，每当屏幕尺寸超出了某个最大值，我们就假设它是一台平板电脑并使用不同的特性内容和布局。为了告知框架平板电脑的内容应该被用于特定的情境，可以使用特性约束条件(见图 18-3)。可以仅仅使用内置的属性"hardware.screen.diagonalSize"。所有这些都可以在特性定义文件中配置。注意约束条件与前面小节中路由器和显示属性使用的约束条件是一样的。

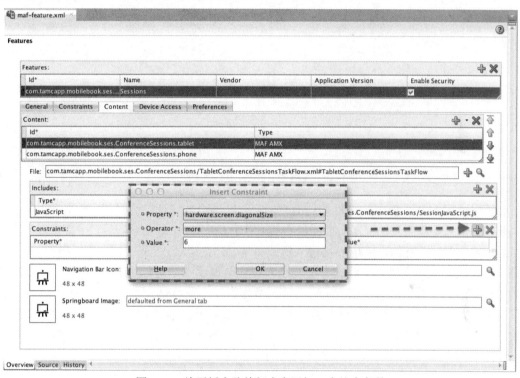

图 18-3　给平板电脑特征内容添加一个约束条件

约束条件配置 TAMCAPP 应用在屏幕尺寸超过 6 时，只使用平板电脑特性。在所有其他情况下，使用"手机"特性。

图 18-3 显示了我们想为平板电脑实现的布局。它包括一个左部侧边栏，用户可以在上面搜索指定的会话。搜索后，会以列表的形式将结果显示在侧边栏。如果用户选择其中一个搜索结果，其详细信息视图就会出现在屏幕的右手边。为了实现此布局，使用一个面板分离器组件。它含有一个可以用于显示列表的导航面，该列表控制面板分离器的面板项组件的内容。

在纵向模式下，导航面会自动缩小成一个弹窗，为面板项提供更多空间。在横屏模式下，导航器会正常显示。图 18-4 显示了纵向和横向两个方向。使用"position"属性来定义导航面的尺寸。

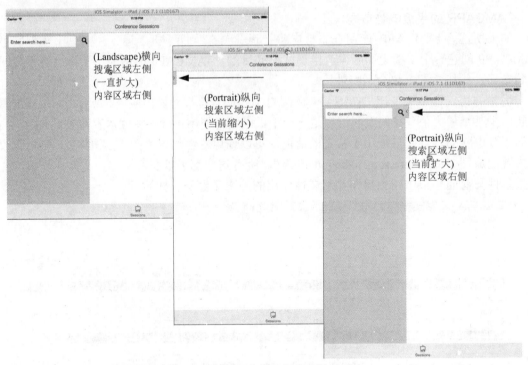

图 18-4 面板切分窗口组件可能的方向

对于 TAMCAPP 平板电脑特性的所有功能，可以重用之前开发的代码。在平板电脑布局中最主要的事情是重新组织 AMX 页面中的内容。对于 Conference Session 特性，将实现带有泳道布局的流式布局。所有的主要内容都进入流式布局。评估位于不同的区域；整体评估位于流式布局，个人评估的集合也位于流式布局。个人评估会显示在一个泳道布局中。

让我们仔细看看这是如何实现的。内容区域作为一个整体是一个流式区域。在此流式区域内有行和列。所有这些都可以通过使用表格组件来实现。该表格组件拥有你所需要的足够多的行数。只需要通过向该表格添加行，该表格就会显示为一个垂直的流式内容区域。

注意，内容区域的一般布局由四个单独的行组成。在这些行有一列或多列。这些列由单元组件定义。

第一行基本上是内容区域的头部行。它使用 columnSpan = 2 来拉伸下一行的两列。

```
<amx:tableLayout id="tab1" width="100%" shortDesc="Content Area">
  <amx:rowLayout id="rw2">
    <amx:cellFormat id="c11" columnSpan="2" width="100%"
                   shortDesc="Detail Cell">
```

下一个区域包括两列。与第一行使用一个单元组件不同，它使用两个单元组件来实现这些列。这两个单元都使用宽度 = 50%，将它们组合在一起，就能使用所有可用的空间。

```
<amx:rowLayout id="rw2">
  <amx:cellFormat id="c21" width="50%" shortDesc="Left Header" height="30">
    <amx:outputText value="Details" id="ot21"/>
  </amx:cellFormat>
  <amx:cellFormat id="c22" width="50%" shortDesc="Right Header" height="30">
    <amx:outputText value="#{bindings.title.inputValue} abstract"
```

```
            id="ot22"/>
    </amx:cellFormat>
</amx:rowLayout>
```

第三行有点特殊。它也包括两列，但右边的列横跨了几行。为此，可以使用行宽属性。

```
<amx:rowLayout id="rw3">
    <amx:cellFormat id="c31" height="50%" shortDesc="Cell" valign="top">
    ….. content for first cell
    </amx:cellFormat>
    <amx:cellFormat id="c32" height="50%" shortDesc="Cell" valign="top"
                    rowSpan="7">
    …..content for second cell
    </amx:cellFormat>
</amx:rowLayout>
```

此结果正是我们想要的流式布局。如图 18-5 所示。

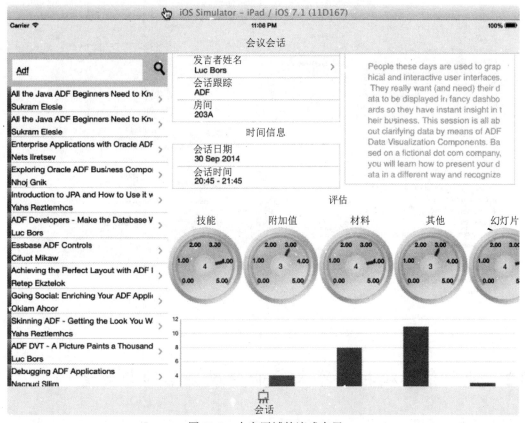

图 18-5　内容区域的流式布局

下一行包含一个含有评估内容的泳道。该泳道是用前一节描述的嵌套的 **panelGroup** 布局组件来实现的。

```
<amx:rowLayout id="rw3">
    <amx:cellFormat width="100%" halign="center" columnSpan="2">
        <amx:panelGroupLayout id="pgOUT" inlineStyle="width:100%"
                    layout="horizontal" scrollPolicy="scroll">
```

```
            <amx:panelGroupLayout id="pgIN1" inlineStyle="width:150px;height:150px">
              <dvtm:dialGauge minValue="0" maxValue="5" indicator="needleDark"
                                          background="rectangleDarkCustom"
                                          value="#{bindings.skills.inputValue}"
                                          id="dg1" animationDuration="2500">
              </dvtm:dialGauge>
            </amx:panelGroupLayout>
            add more panelgroup layout components here….
          </amx:panelGroupLayout>
        </amx:cellFormat>
      </amx:rowLayout>
```

在图 18-6 可以看到该泳道。

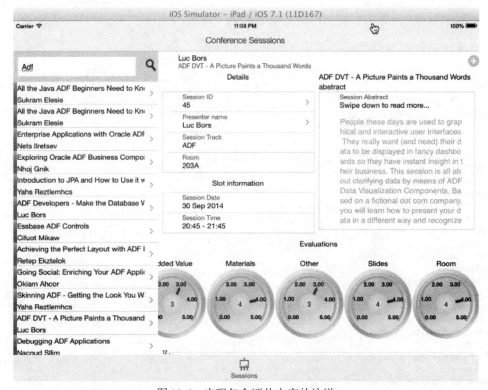

图 18-6　实现包含评估内容的泳道

18.2　使用条形码扫描器来注册会议会话的与会者

第 11 章描述了按人头计数的功能。会话中按人头计数被实现为一种"数字计时器"(见图 18-7)。这是一个很简单的功能。会议会话中的每位与会者通过单击按钮，把自己添加到总和中。等所有人都进入房间并完成计数，就提交计数总和。

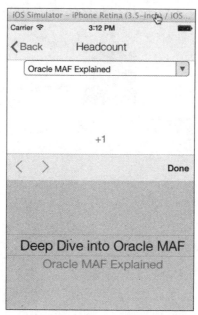

图 18-7 最初设计的"数字计时器"

现在如果会议要求预先注册会话呢？只有当你真正注册了，才允许你进入。如果组委会想要记录出席会议的具体人员该怎么做呢？他们的确需要更多的信息。通常，一个会议会分发会议通行证或名片(见图 18-8)，通行证或名片上含有与会者的姓名、公司和一些其他的信息。

图 18-8 一张典型的会议名片

在进入会议室之前，可能会被要求填写某种表格，但如果 TAMCAPP 可以记录下所有的信息，就能便利于所有参与的人员。如果使用条形码扫描器来扫描会议通行证上的条形码并向 TAMCAPP 应用返回扫描值会如何呢？那将是非常棒的，如图 18-9 所示。

图 18-9 条形码扫描应用程序

关于在 Oracle Mobile Application 框架中使用 URL 方案的说明

在第 14 章你已学习了如何通过使用电话和 Skype 的 URL 方案来调用手机功能和 Skype。Oracle MAF 也支持 URL 方案的概念。通过指定一个自定义的 URL，可以允许一个应用在设备上调用此特定的 URL 时被调用。这意味着实际上你可以为 MAF 应用定义一个自定义的 URL 方案。一旦 MAF 应用有了它自己的 URL 方案，就可以从其他运行在设备上的应用中调用它。

必须在 maf-application.xml 文件中，在应用级别定义这种 Oracle MAF 应用的 URL 方案。URL 方案必须是唯一的。如果有两个应用使用相同的 URL 方案，操作系统就无法决定应该调用哪个应用。这就意味着无法保证是否调用了正确的应用。

使用条形码扫描器

对于移动应用程序来说，条形码扫描器是常规需求。在各种各样的应用商店中可以找到多种条形码扫描应用。出于本书的目的，使用 ZXing 应用。ZXing(发音为 "zebra crossing")是一种用 Java 实现的开源条形码图像处理库。ZXing 主要使用移动手机的内置摄像头来扫描和解码设备上的条形码。ZXing 支持所有种类的条形码。

提示：

本节使用 ZXing 应用。也可以使用其他条形码扫描应用，只要你了解条形码应用的 URL 方案以及它如何将扫描码返回给被调用的移动应用。本节描述的功能也经过了 pic2shop 应用的测试，这是另一种能扫描条形码的应用：

```
"pic2shop://scan?callback=p2sclient%3A//EAN"
```

TAMCAPP 想要能够扫描条形码，用扫描码调用 Web 服务，然后在页面上显示结果。

实现条形码扫描器功能的第一步是为 TAMCAPP 创建一个 URL 方案。这个很简单，可以在应用配置文件中配置(见图 18-10)。

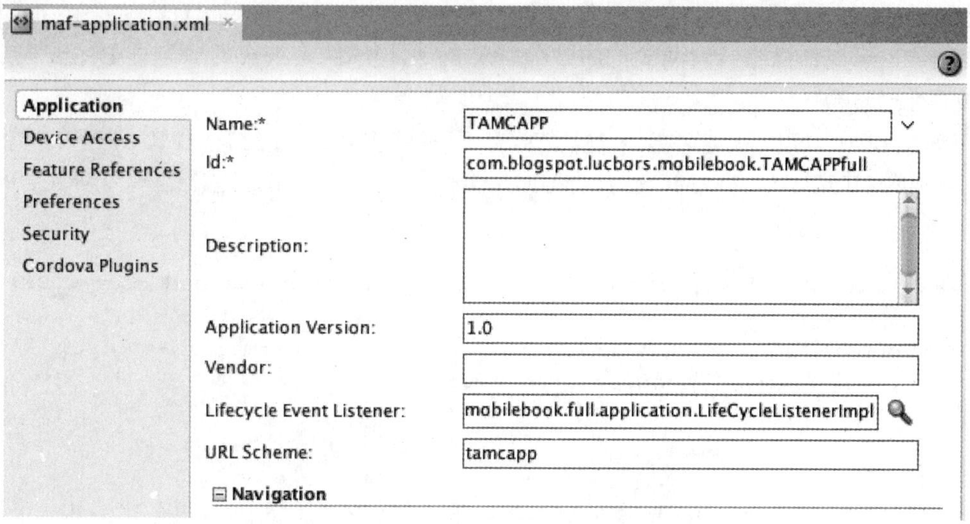

图 18-10 定义 TAMCAPP 的 URL 方案

第二步是创建一个 Listener 类，通过 URL 方案专门监听 TAMCAPP 的启动。该类需要实现 EventListener 类。在此类中，将实现响应调用的功能。

```
public class UrlSchemeCalledListener implements EventListener {
  publicUrlSchemeCalledListener() {
    super();
  }
  public void onMessage(Event event){
  }
  public void onError(AdfExceptionadfException){
  }
  public void onOpen(String string){
  }
}
```

第三步是在应用生命周期监听器的 start()方法中添加一个监听器。

```
public void start(){
  EventSourceopenUrl = EventSourceFactory.getEventSource(
              EventSourceFactory.OPEN_URL_EVENT_SOURCE_NAME);
  openUrl.addListener(new UrlSchemeCalledListener());
  // 这里是其他代码….
```

提示:
不要在应用的 URL 方案中使用下划线。如果你使用了下划线，比如 TAMCAPP_SCHEME，应用就不能正确地创建 EventSource。应用启动了，但因为没有正确地创建 EventSource，从应用外部对 URL Scheme 的任何引用都不能被 Listener 截取。

现在已配置了 TAMCAPP 应用，所以可以使用其 URL 方案来调用它。现在我们可以构建一个 AMX 页面来调出条形码扫描器并显示扫描到的条形码。

使用一个<amx:goLink/>组件可以完成 URL 方案的调用。可以使用该组件的 URL 属性。

在 ZXing 条形码扫描文档里，可以找到以下信息。ZXing 的 URL 方案是 zxing，在调用中可以使用 scan 来调用条形码扫描器。合起来就是：zxing://scan。可以在 URL 的"{CODE}"占位符中找到该条形码扫描器。回调的 URL，即 ZXing 将扫描的条形码发送到该 URL，应该把该 URL 放在"ret"参数中。

所以当 TAMCAPP 调用 ZXing 时，ZXing 应该将条形码返回到 TAMCAPP。这里涉及到 TAMCAPP 的 URL 方案。TAMCAPP 的 URL 方案是 tamcapp。我们也想确保 TAMCAPP 知道这是一个扫描事件的回调。

```
<amx:goLink url="zxing://scan/?ret=tamcapp://scan?scannedCode={CODE}"
id="gl2">
    <amx:image inlineStyle="height:102px;width:102px;margin-top:4px"
               source="/images/Barcode.png"/>
</amx:goLink>
```

提示：

一个应用只能定义一个 URL 方案。如果你想用多种方式调用此应用，比如从一个扫描器调用它，从另外一个 Oracle MAF 应用调用它等，就应该使用 URL 方案和返回参数的中间部分，来区分不同的情景。

一旦 ZXing 应用(见图 18-11)扫描了条形码，它就会立即将控制返回给调用的应用，在本例中，就是返回给 TAMCAPP。这将导致对 UrlSchemeCalledListener 类中 onMessage()方法的调用。在此方法中，我们必须找到所有关于已被扫描的条形码的信息并确保调用了 ConferenceSession 特性。

图 18-11　使用中的条形码扫描器

该过程的第一步是找出引起事件的原因和被扫描的条形码。为了找出此信息，需要处理事件的负载。该负载包含回调 URL tamcapp://scan?scannedCode={CODE}。在此 URL 中我们需要定位字符串"scan"。这能够区分扫描事件和其他 URLScheme 调用。

下一步，我们需要得到被扫描的条形码值。我们知道条形码具体所在的位置，我们需要把它从字符串中取出来。具体的位置刚好就在该事件负载中的"?scannedCode="字符串之后。

现在可以用子串从负载中把它提取出来，并将它赋值给 applicationScope 变量。最后一步，在 ConferenceSession 上发布 resetFeature。

```
public void onMessage(Event event){
  AdfELContextelctx = AdfmfJavaUtilities.getAdfELContext();
  String url = event.getPayload();
  // Isolate the action. We do this because if there are more URL-Scheme
  // callbacks, we are able to respond to this in this one single method
    String action = url.substring(url.indexOf("//") + 2, url.indexOf("?"));
    if (action.equalsIgnoreCase("scan")) {
    String codeScanned =
          url.substring(url.indexOf("?scannedCode=")+ 13, url.length());
    ValueExpression val2 = AdfmfJavaUtilities.getValueExpression(
            "#{applicationScope.scannedCode}", Object.class);
    try{
      val2.setValue(elctx, codeScanned);
    }
    catch (PropertyNotFoundException ex){
       ex.printStackTrace();
    }
    catch (Exception exw){
      exw.printStackTrace();
    }
    AdfmfContainerUtilities.resetFeature("com.blogspot.lucbors.scan.Scanner");
    AdfmfContainerUtilities.gotoFeature("com.blogspot.lucbors.scan.Scanner");
  }
}
```

现在可以在 applicationScope 中找到被扫描的条形码(见图 18-12)，并且该条形码可以用于 Web 服务调用来获取关于扫描的"Attendee"的信息。之前已经介绍过这种机制。只要在 TamcappWsAttDc 数据控件上调用 getAttendees 操作。

图 18-12　带有扫描结果的 Tamcapp 条形码扫描应用

18.3 使用 Cordova 插件

前面介绍了如何使用 URL Schemes。本例将实现与条形码扫描器的交互。也可以使用 Cordova 插件来实现条形码扫描器功能。Cordova 插件桥接了驱动应用的 WebView 和应用运行所在的本地平台之间的功能。插件由一个跨所有平台使用的 JavaScript 接口和本地实现组成，JavaScript 用来调用 MAF 的平台特定的插件接口不附带第三方 Cordova 插件。如果你想使用 Cordova 插件，必须使用 SDK 即将被部署到的平台上的 SDK 来开发。也就是说，你用 Xcode 为 iOS 应用创建一个插件，然后用 Android SDK 创建针对 Android 设备的应用的插件。插件必须和附带的使用说明(在一个 readme 文件或 Manifest 文件中)一起交付，使用说明描述了如何将插件源添加到应用。

提示：
当你想要使用一个第三方或者定制的 Cordova 插件时，必须确保该插件与 MAF 支持的 Cordova 插件版本兼容。如果要查看最新的 MAF 文档，可以找到所支持的 Cordova 版本。

本小节没有详细介绍创建自定义的 Cordova 插件，但你将会学习如何在 Oracle MAF 应用中使用一个现有的 Cordova 插件来扫描二维码。

18.3.1 准备 TAMCAPP 应用程序

当你想在 MAF 应用中使用 Cordova 插件时，必须在应用配置文件的 Cordova 插件页面上添加并配置插件。

为了在 MAF 应用中正确地配置插件，必须确保可以使用正确的插件信息。该信息包括插件综合说明和插件本身(源代码和 JavaScript 文件)。

接下来必须将插件库和插件 JavaScript 文件添加到将使用插件的 MAF 应用中。插件库必须位于 ApplicationController 工程中：

`ApplicationController\src\plugins\BarcodeScanner\Android\bin`

或者

`ApplicationController\src\plugins\BarcodeScanner\iOS\bin`

附带的 JavaScript 文件必须进入 viewController 工程：

`ViewController\public_html\plugins\BarcodeScanner\Android\js`

或者

`ViewController\public_html\plugins\BarcodeScanner\iOS\js`

一旦准备好应用并且添加了插件的 Artifacts，工作空间如图 18-13 所示。

第 18 章 优化 TAMCAPP **329**

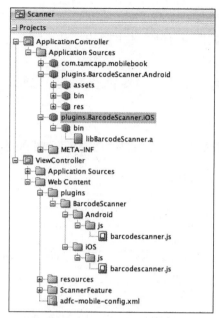

图 18-13　MAF 应用工作空间中的 Cordova 特定插件文件

18.3.2　添加 Android 条形码插件

为了将 Android 插件添加到应用中，必须仔细按照插件附带的 readme 文件中所描述的步骤操作。从 readme 文件中，你将得知插件的完整名称以及插件的实现类是什么。通常，readme 文件会让你创建一个到 Android 应用的 config.xml 文件的入口，按照以下格式：

```
<plugin name="BarcodeScanner"
        value="com.phonegap.plugins.barcodescanner.BarcodeScanner"/>
```

在一个 MAF 应用中，当添加插件到 MAF 应用时要输入这些信息，如图 18-14 所示。将名称填入 Fully Qualified Name 字段，并将其值填入 Implementation Class 字段。

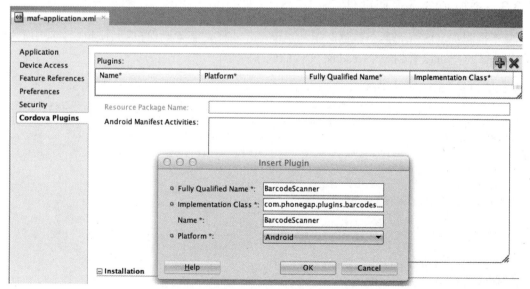

图 18-14　添加 Android 条形码扫描器插件

readme 文件会让你将活动添加到 AndroidManifest.xml 文件。在应用配置文件中由 MAF 支持此步骤。简单地从 readme 文件中复制文本并将内容粘贴到 Android Manifest Activities 框中，如图 18-15 所示。

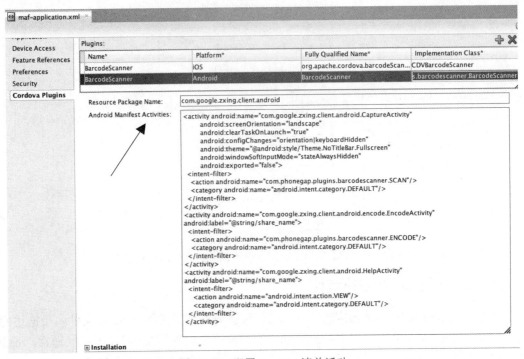

图 18-15　配置 Android 清单活动

注意：

这是一种在 Android 上配置 Cordova 插件的标准化方法。部署时，MAF 使用该信息来配置 Xcode 工程，正如 readme 文件中所描述的那样。

18.3.3　添加 iOS 条形码插件

向工程添加 iOS 条形码扫描器时，和 Android 一样，必须确保按照 readme 文件中的所有步骤操作。这里可以看到一个 readme 文件的例子：

```
Copy the .h, .cpp and .mm files to the Plugins directory in your project.
Copy the .js file to your www directory and reference it from your html file(s).
In the Supporting Files directory of your project, add a new plugin by editing
the fileCordova.plist and in the Plugins dictionary adding the following key/value
pair:

    key: org.apache.cordova.barcodeScanner
    value: CDVBarcodeScanner

Add the following libraries to your Xcode project, if not already there:

    AVFoundation.framework
    AssetsLibrary.framework
    CoreVideo.framework
```

libiconv.dylib

所有这些信息都可以在你添加一个新的插件时被添加到应用配置文件中。完全限定名称和实现类(见图 18-16)指进入 Cordova.plist 的插件字典的键/值对。

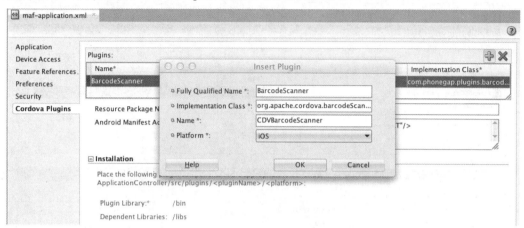

图 18-16　将 iOS 的 Cordova 插件添加到 MAF 应用

最后，可以在 Linker Flags 部分输入一些必须被添加到 Xcode 工程中的库，如图 18-17 所示。

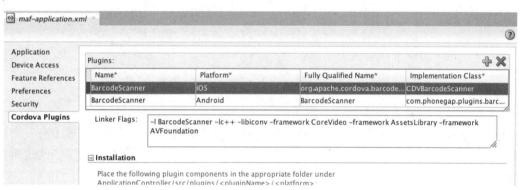

图 18-17　添加 Xcode 库的 Linker Flags

注意:

这是一种在 iOS 上配置 Cordova 插件的标准化的方法。配置时，MAF 使用该信息来配置 Xcode 工程，正如 readme 文件中所描述的那样。

现在已经将插件添加到 MAF 应用中。最后一件事是创建一个特性和 MAF 内容来实际使用该插件。

18.3.4　在 Oracle Mobile Application Framework 应用中使用插件

已经将插件添加到 MAF 应用中，现在要创建 MAF 内容来使用插件。此内容可以是 AMX 内容或者本地 HTML 内容。本节描述如何使用 AMX 内容。很显然，在为 iOS 和 Android 创建插件时，还必须为两种操作系统创建不同的内容。对于这两种操作系统，使用不同的 JavaScript 文件。必须配置特性以使用正确的 JavaScript 文件。基于操作系统，可以通过给内容添加约束条件来实现它，如图 18-18 所示。

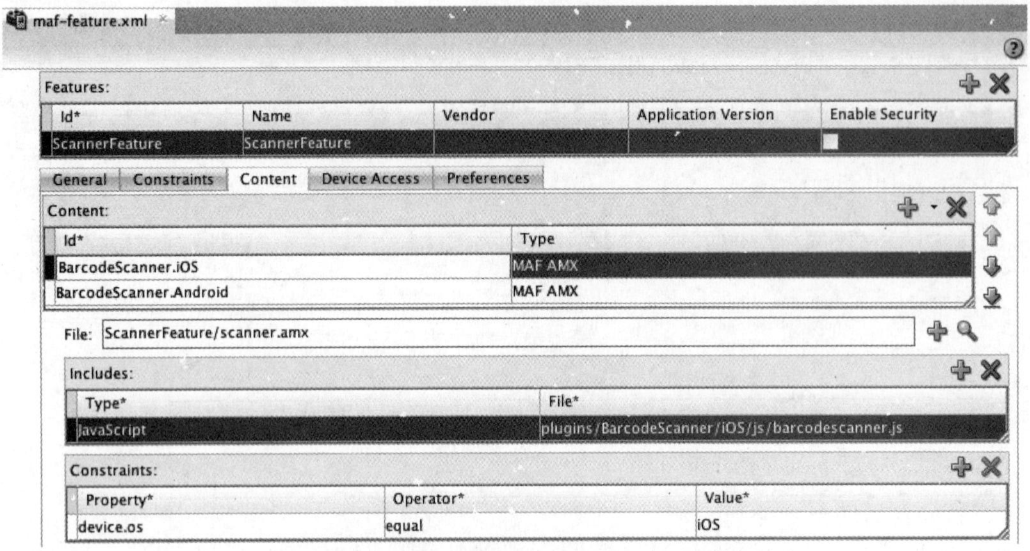

图 18-18 基于设备的操作系统添加约束条件

对于 Android，约束条件定义如下：

```
<adfmf:constraint property="device.os" operator="equal" value="Android" id="c2"/>
```

而对于 iOS，约束条件看上去相同：

```
<adfmf:constraint property="device.os" operator="equal" value="iOS" id="c1"/>
```

这将确保操作系统加载的是合适的插件。

现在必须创建 AMX 内容来使用插件。这会是一个简单的 AMX 视图，视图上有一个按钮来调用扫描器，还有一个文本组件来显示扫描到的代码。从按钮调用条形码扫描器的逻辑在一个 Java 方法中。

```
<amx:commandButton text="Scan"
                   id="cb1"
                   actionListener="#{viewScope.BarcodeBean.scanBarcode}"/>
```

实际上，对应的方法 scanBarcode 调用了一个 JavaScript 函数，该函数存放在一个自定义的 JavaScript 文件中，用来调用 Cordova API，并调用条形码插件：

```
public void scanBarcode (ActionEvent event)
{
  // The feature includes a small JavaScript function which wraps the Cordova
  // barcode scanning function in a manner that makes it more suitable for
  // invocation from Java bean code. This function is invoked below:
  AdfmfContainerUtilities.invokeContainerJavaScriptFunction (
          AdfmfJavaUtilities.getFeatureName (),
          "scanBarcodeFromJavaBean",
          new Object[]{ });
}
```

必须创建此 JavaScript 文件(BarcodeScannerFromJava.js)，而且此 JavaScript 文件一定要被作为一个特定的 JavaScript 头文件添加到特性中(见图 18-19)。

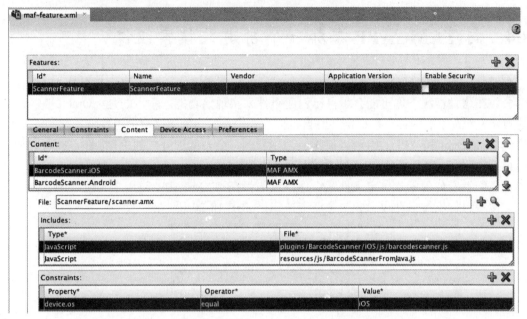

图 18-19　作为一个包含文件添加 JavaScript 文件 BarcodeScannerFromJava

对应的 JavaScript 函数封装了 Cordova 条形码扫描器，于是可以从 Java 代码调用它：

```
(function () {
    scanBarcodeFromJavaBean= function (options)
    {
     window.plugins.barcodeScanner.scan(
       function(result)
       {
        adf.mf.api.setValue( {
           "name":"#{viewScope.BarcodeBean.barcodeResult}",
           "value": "barcode = " + result.text + ",
                   Cancelled = " + result.cancelled},
          function() {},
          function() {});
       },
       function(error)
       {
          adf.mf.api.setValue( {
           "name": "#{viewScope.BarcodeBean.barcodeResult}",
           "value": "error = " + error.text },
            function() {},
            function() {});
        }
     );
    }
})();
```

该 JavaScript 函数也负责将扫描到的条形码返回给 MAF AMX 视图。

本节介绍如何在一个 MAF 应用中实现 Cordova 插件，以及如何在 AMX 页面上通过 Java 方法和 JavaScript 的组合来使用该插件。

18.4 向 TAMCAPP 添加一个自定义搜索组件

有时候，在开发 MAF 应用时，可能会遇到这种情况，你需要的功能并不是 MAF 组件库的部分。在这种情况下你可能会想自己创建组件来实现该功能，幸运的是，Oracle MAF 支持创建自定义组件。这使你可以在需要时自己创建一个组件。创建这样的组件非常简单。用 MAF 提供的 JavaScript 和 API 的组合，你就能创建新的、全功能交互式的 UI 组件，并将它们添加到标记库以便在 MAF AMX 应用特性中使用。

让我们看看如何创建自定义搜索组件以及如何在 TAMCAPP 应用中实现它来搜索会议会话。该搜索组件支持自动提示和一个清空按钮，如图 18-20 所示。

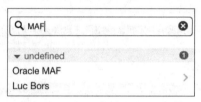

图 18-20　执行中的自定义搜索

18.4.1　创建自定义搜索组件的步骤

通常情况下，创建一个自定义组件包含四个步骤。首先，你需要创建一个 JavaScript 文件(见图 18-21)，用于注册一个标签命名空间和一系列的一个或多个使用 adf.mf.api.amx.TypeHandler.register API 的类型处理程序。当使用两个(或更多)不同的规范时，使用命名空间来避免元素名称的冲突。

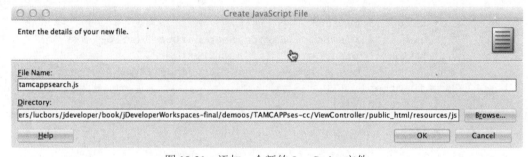

图 18-21　添加一个新的 JavaScript 文件

由 TypeHandler 处理命名空间和组件注册：

```
// TypeHandler for custom "tamcappsearch" tags:
vartamcappsearch = adf.mf.api.amx.TypeHandler.register("http://xmlns.lucbors.
    blogspot.com/tamcappcustom",
"tamcappsearch");
```

当在一个实际的 MAF AMX 页面上使用自定义组件时,这是之后必须使用的命名空间。组件的名称是 tamcappsearch,将在 lucbors.blogspot.com/tamcappcustom 命名空间中注册它。

在声明了组件名和命名空间后,必须实现自定义组件的呈现函数:

```
tamcappsearch.prototype.render = function(amxNode, id)
    { ….
…..}
```

在此函数中,编写代码来呈现自定义组件,同时添加一个组件使用的事件监听器,例如用于响应用户输入。在该自定义搜索组件的例子中,添加了两个监听器:一个加在输入组件上,用于监听按键事件以便该组件对用户输入做出响应,另一个监听器加在持有清除按钮的元素上,以便每次用户单击清空按钮时,就清空搜索区域。注意,这些事件监听器调用了位于 JavaScript 文件中的一个单独的函数,该函数实现了处理文本修改或清空搜索区域的<u>实际逻辑</u>。

```
adf.mf.api.amx.addBubbleEventListener(
        inputElement,
        "keyup",
        this._handleTextChange,
        eventData);

adf.mf.api.amx.addBubbleEventListener(
        anchorElement,
        "tap",
        this._clearText,
        eventData);
        }
```

清空搜索区域(_clearText)的函数并不只是清空文本区域,还设置了元素的类名。此类名指向自定义搜索组件附带的 CSS 文件中的一个条目。类名 clear_button 是一个样式类,使清空按钮不可见。

```
tamcappsearch.prototype._clearText = function(event)
{
  varinputElementId = event.data["inputElement.id"];
  varinputElement = document.getElementById(inputElementId);
  inputElement.value = "";
  varanchorElementId = event.data["anchorElement.id"];
  varanchorElement = document.getElementById(anchorElementId);
  anchorElement.className = "clear_button";
  var context = event.data["context"];
  context._handleTextChange(event, true);
};
```

如前所述,该组件"附带"了一个 CSS 文件,它包含自定义组件的样式类。必须首先创建该样式表(见图 18-22)。

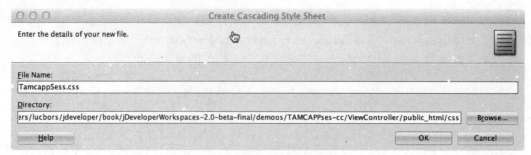

图 18-22　组件样式类的新 CSS 文件

样式表是自定义组件的一部分,它包含用于显示或隐藏一个清空图标的样式类。有两种简单的样式类使用了显示属性和背景图片,参见以下代码示例。

```
.clear_button {
……
  display: none;
 .…
  background-image: url("x_icon.svg");
….
}
.clear_button_visible {
 .…
  display: inline-block;
 .…
 background-image: url("x_icon.svg");
 .…
}
```

18.4.2　准备特性以使用组件

一旦完成了自定义组件的 JavaScript 文件和附带的 CSS 文件,就需要将它们附加在所有特性中,这些特性将使用你新创建的自定义组件。这在特性配置文件中进行配置,如图 18-23 所示。

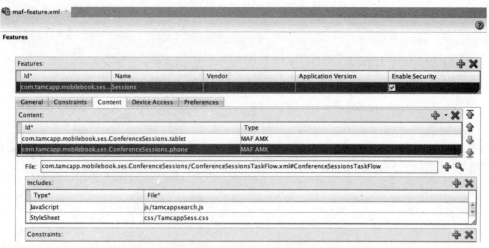

图 18-23　将 CSS 和 JavaScript 文件添加到一个特性中

现在你可以开始在 MAF 页面中使用自定义组件。首先，必须将组件的命名空间添加到使用自定义组件的 MAF AMX 页面中。只需要在视图元素中添加一个 xmlns 条目：

```
<?xml version="1.0" encoding="UTF-8" ?>
<amx:viewxmlns:xsi=http://www.w3.org/2001/XMLSchema-instance
    xmlns:amx=http://xmlns.oracle.com/adf/mf/amx
    xmlns:dvtm=http://xmlns.oracle.com/adf/mf/amx/dvt
    xmlns:tamcappcustom="http://xmlns.lucbors.blogspot.com/tamcappcustom">
    <amx:panelPage id="pp1" styleClass="tampcapp-background">
```

当完成命名空间的声明后，就可以将自定义组件添加到 AMX 页面：

```
<tamcappcustom:tamcappsearch id="custom1"
    value="#{bindings.searchString.inputValue}"
    hintText="type search value here"
    valueChangeListener="#{bindings.searchConferenceSessions.execute}"
    inlineStyle=""
    rendered="true"/>
```

如果在运行时使用该组件，就会看到初始时提示文本是可见的。一旦你开始在搜索区域中输入内容，提示文本就消失了，而且清除图标变成可见，如图 18-24 所示。

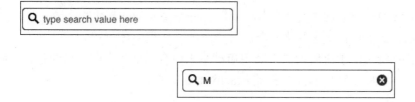

图 18-24　带有提示文本和清除图标的搜索框

18.5　实现一个后台进程

可以使用后台进程或后台线程处理长时间运行的进程或者连续检查设备状态，既可以在设备上也可以远程在后台进行以上操作。线程运行时用户不会注意到它，直到该线程专门通知用户界面。例如，如果在显示用户界面之前，你有一些大型应用初始化代码，需要调用多个 Web 服务，这时你就可以在后台线程中执行此代码。在应用可以被使用之前，用户将不必等待线程完成，而且整个应用会令人感觉更加敏捷。一旦线程完成，任何 UI 中数据的改变都会传递给 UI，并且用户可以看到。

在第 13 章中，你使用网络状态来检查数据是否必须被保存在设备上的 SQLite 数据库中或企业服务器数据库中。在任何给定时间，网络状态都可能改变；然而，该框架当前只在应用启动时检查网络状态。如果在这之后网络状态发生改变，应用将无法作出响应。为了持续访问网络状态，我们可以创建一个后台线程来检查网络状态。

后台线程的实现很简单。你可以将它视为一个工作线程，专门在后台做一些处理或进行检查，不需要让用户长时间等待，也不是一个停滞的应用。

为了创建一个后台线程，只需要新建一个实现了 Runnable 的类(见图 18-25)。

图 18-25 创建一个实现了 Runnable 的 Java 类

现在可以新建一个实现了此类的实例，并在一个单独的线程中启动它。只要在此新线程中调用启动方法，此类中的 run 方法就会在一个单独的线程中被执行。

在会议会话特性的生命周期监听器中启动用来检查网络状态的后台线程。它是在 activate() 方法中启动的。在停用特性后，线程被 deactivate()方法中断。

```java
public class SessionFeatureLifeCycleListener implements LifeCycleListener {
  privateCheckNetworkStatusWorkercnsw = new CheckNetworkStatusWorker();
  private Thread cnswt = new Thread(cnsw);

  publicSessionFeatureLifeCycleListener() {
    super();
  }
  public void activate() {
    cnswt.start();
    ….. other code here
  }
  public void deactivate() {
    cnswt.interrupt();
  }
}
```

可以使用一个后台线程来调用 Web 服务，并且用户不必等待结果。至于 TAMCAPP，我们采用后台线程来持续检查网络状态。它会每 60 秒进行一次。需要调用 AdfmfJavaUtilities.flushDataChangeEvent()，以便通知用户界面由后台线程引起的模型中数据的任何更改。

CheckNetworkStatusWorker 类包含在线程中执行的逻辑，在该类中，我们只是无限循环，并每 60 秒检查网络状态。如果线程被中断，就抛出一个异常。捕获到异常后，就退出循环。

```java
public class CheckNetworkStatusWorker implements Runnable {
  publicCheckNetworkStatusWorker() {
    super();
  }
  public void run() {
    for (int i = 0; i <= i; ++i) {
    try {
        AdfmfContainerUtilities.invokeContainerJavaScriptFunction(
                "com.tamcapp.mobilebook.Sessions",
                "application.checkConnection",
                new Object[] { });
        AdfmfJavaUtilities.flushDataChangeEvent();
    } catch (Throwable t) {
      System.err.println("Error in the background thread: " + t);
    }
    try {
      Thread.sleep(60000); /* sleep for 60 seconds */
    } catch (InterruptedException ex) {
      break;
    }
   }
  }
}
```

如果使用后台线程，要知道 iOS 和 Android 在应用进入后台时的表现不同，比如说切换到另一个应用。在 iOS 上，这个应用就会被悬挂；而在 Android 上，应用会继续在后台运行。每当特性(或应用)被激活时，就启动线程，如果它被停用了，就要停止线程。这样，操作系统之间的差异就不再是问题了，因为你一直停止线程。如果你需要保存线程的状态，则可以用应用作用域来实现，并且一旦特性和线程被重启，就从应用作用域中恢复信息。

18.6 小结

本章是本书的最后一章。你已经学习了关于 Oracle Mobile Application Framework 的所有内容，并且在本章还学习了一些额外的知识。本章介绍了应用能够彼此交互的重要性以及如何使用 URL Schemes 来实现它。实际上，设备的尺寸繁多，这使应用能够对设备的不同尺寸做出响应十分重要。Oracle MAF 让你能够做到这点，并且提供了几种专门针对平板布局的布局组件。此外，实现后台运行的线程给应用增添了额外的能力。现在你已经知道该如何使用它们。

本章主要内容如下：
- 实现平板电脑布局
- 使用 URL Schemes
- 实现条形码扫描
- 使用后台线程